国家重点研发计划项目（2017YFC0404903）
中国水利水电科学研究院科研专项（EB0145B382016）

国家重大水利水电工程边坡抗震分析理论与试验研究

张伯艳　李德玉　李春雷　王璨　刘彪　著

中国建材工业出版社

图书在版编目（CIP）数据

国家重大水利水电工程边坡抗震分析理论与试验研究/张伯艳等著．--北京：中国建材工业出版社，2022.3

ISBN 978-7-5160-3040-0

Ⅰ.①国… Ⅱ.①张… Ⅲ.①水利水电工程一边坡一抗震一动力学分析 Ⅳ.①TV

中国版本图书馆 CIP 数据核字（2020）第 164709 号

国家重大水利水电工程边坡抗震分析理论与试验研究

Guojia Zhongda Shuili Shuidian Gongcheng Bianpo Kangzheng Fenxi Lilun yu Shiyan Yanjiu

张伯艳　李德玉　李春雷　王璨　刘彪　著

出版发行：中国建材工业出版社

地　　址：北京市海淀区三里河路 1 号

邮　　编：100044

经　　销：全国各地新华书店

印　　刷：北京鑫正大印刷有限公司

开　　本：787mm×1092mm　1/16

印　　张：13.25

字　　数：320 千字

版　　次：2022 年 3 月第 1 版

印　　次：2022 年 3 月第 1 次

定　　价：69.80 元

本社网址：www.jccbs.com，微信公众号：zgjcgycbs

序

我国西部一系列的高坝建设，对水资源的合理配置利用，抗旱、防洪、减灾，以及应对当前气候变化，开发可再生清洁水电能源，促进化石能源“减排”，都具有无可替代的战略意义。然而，我国西部的高坝工程场址都位于强震区，建设高坝工程难以避让复杂的抗震安全问题。在强烈地震作用下，边坡的失稳，尤其是邻近坝肩的高陡边坡的失稳，可能会影响坝体的安全，甚至存在溃坝的风险，边坡的抗震稳定是大坝安全的基础和前提条件之一。

在长期的工程实践和科学探索中，人们对重大水利水电工程高陡边坡的静力稳定性研究取得了长足的进展，而相对薄弱的环节是强震作用下，高陡边坡的动力稳定性问题。由于高陡边坡抗震安全问题很复杂，尚有待不断地深化研究和探索。

本书的作者有中国水利水电科学研究院的工程抗震研究中心团队的核心成员，他们在承担国家重点科技攻关项目、部重点项目、国家自然科学基金项目、研究解决重大水利水电工程抗震问题中攻坚克难，取得了一些结合工程实例、深入探索和研究边坡抗震的重要科研成果。多年来他们基于为解决实际工程中高陡边坡抗震稳定问题所进行的分析计算和振动台模型试验研究的成果和经验，撰写了这部《国家重大水利水电工程边坡抗震分析理论与试验研究》著作，以支撑和实施国家为保障人民生命财产安全和社会经济安全可持续发展的防灾减灾重大战略需求为导向的、对重大水利水电工程高陡边坡抗震安全评价为目标的研究。该书为国家重大水利水电工程高陡边坡抗震设计提供了重要参考，并推动了对其抗震安全深化研究的学科发展。

陈厚群

中国工程院院士

2021 年 12 月

前　言

水利水电工程边坡，一般是指修建水利水电工程形成的、因修建水利水电工程有可能影响其稳定的以及对水利水电工程安全有影响的边坡。从这一定义可知，水利水电工程边坡的稳定性对水利枢纽工程建设与运行安全起着至关重要的作用。在长期的工程实践和科学探索中，人们对水利水电高陡边坡的静力稳定性研究取得了长足的进展，而相对薄弱的环节是强震作用下，高陡边坡的动力稳定性问题。然而，我国大型水利水电工程大多建于西部地区，西部地区是我国的主要地震区，地震烈度大、频度高，是影响水工建筑物安全的重要因素，以致于水利水电工程高陡边坡稳定分析不可避免地应考虑地震作用这一重要因素。

目前，工程设计部门对边坡的动力稳定分析，还是以刚体极限平衡分析为主要手段，对边坡地震的输入机制、地震沿边坡的放大效应，均缺乏深入认识。为了方便广大水利水电工作者、相关专业的科研人员和高等院校师生较全面地了解水利水电工程边坡动力分析理论与试验的最新成果，作者基于多年实际工程高陡边坡稳定分析计算和试验的经验，编写此书。

本书是一本关于水利水电工程高陡边坡抗震稳定性研究与应用的著作，共 7 章。第 1 章：绪论。主要论述研究背景及意义，介绍边坡地震反应分析方法和边坡地震动输入方式研究进展。第 2 章：基于无反射边界的地震动输入机制。介绍了地震动参数的确定及地震波人工合成原理，采取由浅入深的方式，讲解了基于无反射边界的自由场输入机制，并将理论分析与算例验证相结合，最终实现在大型通用有限元软件 ANSYS/LS-DYNA 上的应用，给出了在 ANSYS/LS-DYNA 软件上应用分析的输入程序。第 3 章：地震作用下边坡的场地效应。介绍了在地震作用下，边坡场地效应的研究对水利水电工程边坡在设计、开挖和维护时的重要性，采用自主编制的计算程序对边坡地震动斜入射、地震沿边坡的放大效应等方面内容开展了研究，总结出了平面 P 波和 SV 波斜入射不同坡度下岩质边坡时的动力响应规律，为拟静力法中合理确定地震作用系数提供了应用参考。第 4 章：LDDA 理论与计算机程序。系统介绍了 LDDA 基本理论，动接触力的迭代算法，大型稀疏矩阵线性代数方程组的快速求解技术，LDDA 计算机程序以及 LDDA在水利水电工程边坡地震反应分析中的应用。第 5 章：基于强度折减原理的有限元方法。详细介绍了基于强度折减原理的有限元方法及在通用软件上的实现方式，推荐将极限平衡方法与基于强度折减的有限元方法结合进行边坡稳定分析，具有合理确定初始滑动面的优点，并完成了某水电站 C_1 崩坡积体的抗震稳定计算和分析研究。第 6 章：岩质边坡动力模型试验研究。针对具体工程实例，进行了岩质边坡的动力模型试验，介绍了模型设计，阻尼边界的处理，边坡试验时地震动输入方法，并将试验与 LDDA 数值分析成果进行了比较，结果互相印证，进一步证明了试验方法和计算分析方法的合理性和有效性，得出可供工程设计部门参考借鉴的研究成果。第 7 章：土质边坡动力模型试验研究。介绍了土质边坡模型试验研究的背景、目的和具体的试验流程，通过数据分析和计算对比，进一步确证了土坡的滑移模式以及地震动沿坡高的放大效应。

本书是作者多年来从事水利水电工程边坡抗震稳定工作的总结。书中部分内容取自第一作者的研究生王璨和刘彪的部分工作项目。

在本书的写作过程中，作者得到了中国工程院院士陈厚群教授的悉心指导，在此表示深深的感谢。此外，作者还要感谢中国水利水电科学研究院工程抗震研究中心的同事们，书中许多研究成果是在抗震中心同仁们共同协作下完成的。

本书工程实例的基础资料，由华东勘测设计研究院、成都勘测设计研究院、昆明勘测设计研究院和中南勘测设计研究院提供，作者借此机会对上述单位和有关人员表示衷心感谢。

中国建材工业出版社胡京平女士为本书的编辑出版付出了辛勤的劳动，提出了许多中肯的建议，为本书的顺利出版提供了很大的帮助。

最后，感谢国家重点研发计划项目（2017YFC0404903）、中国水利水电科学研究院科研专项（EB0145B382016）的支持。

由于作者水平所限，书中难免存在不足之处，敬请读者批评指正。

著　者

2022 年 3 月

目　录

第 1 章　绪论 …… 1
1.1　研究背景及意义 …… 1
1.2　边坡地震反应分析方法研究进展 …… 2
1.2.1　极限平衡分析方法 …… 2
1.2.2　基于连续介质力学理论的应力变形分析 …… 3
1.2.3　基于不连续介质力学理论的应力变形分析 …… 3
1.2.4　Newmark 滑块分析法 …… 5
1.2.5　关键块理论 …… 6
1.2.6　模型试验 …… 6
1.2.7　非确定性方法 …… 7
1.3　边坡地震动输入方式研究进展 …… 7
1.3.1　人工边界理论概述 …… 7
1.3.2　边坡地震动输入方法概述 …… 8
1.4　本书主要内容 …… 9
参考文献 …… 10

第 2 章　基于无反射边界的地震动输入机制 …… 16
2.1　引言 …… 16
2.2　地震动参数的确定及地震波人工合成 …… 16
2.2.1　地震动参数的确定 …… 16
2.2.2　地震波人工合成 …… 18
2.3　无反射边界理论及程序应用 …… 19
2.3.1　ANSYS/LS-DYNA 简介 …… 20
2.3.2　LS-DYNA 无反射边界理论 …… 21
2.3.3　数值算例验证 …… 22
2.4　基于无反射边界的自由场输入理论 …… 23
2.4.1　地震动输入方法 …… 23
2.4.2　地震动输入的程序实现 …… 27
2.4.3　数值算例验证 …… 27
2.5　本章小结 …… 29
附录 …… 29
参考文献 …… 36

第3章　地震作用下边坡的场地效应 …… 38
3.1　引言 …… 38
3.2　场地效应的研究现状 …… 40
3.3　地震动斜入射研究进展 …… 43
3.4　边坡地震斜入射模型 …… 44
3.4.1　黏弹性边界 …… 45
3.4.2　地震波斜入射输入 …… 47
3.4.3　算例验证 …… 55
3.5　P波作用边坡动力放大效应 …… 59
3.5.1　P波斜入射对坡面位移的影响 …… 62
3.5.2　P波斜入射对坡面加速度的影响 …… 65
3.5.3　P波斜入射对坡顶纵向加速度的影响 …… 70
3.5.4　坡度变化对坡面加速度的影响 …… 71
3.5.5　弹性模量对坡面加速度的影响 …… 73
3.6　SV波作用边坡动力放大效应 …… 74
3.6.1　SV波斜入射对坡面位移的影响 …… 75
3.6.2　SV波斜入射对坡面加速度的影响 …… 77
3.6.3　SV波斜入射对坡顶纵向加速度的影响 …… 81
3.6.4　坡度改变对坡面加速度的影响 …… 83
3.6.5　弹性模量对坡面加速度的影响 …… 84
3.7　本章小结 …… 85
附录 …… 86
参考文献 …… 95

第4章　LDDA理论与计算机程序 …… 98
4.1　引言 …… 98
4.2　LDDA基本理论 …… 99
4.2.1　系统的动力平衡方程 …… 99
4.2.2　有限元方程 …… 100
4.2.3　关于瑞利阻尼系数的取值 …… 101
4.2.4　关于计算时间步长 …… 103
4.3　LDDA的完善 …… 103
4.3.1　动接触力的迭代求解方法 …… 103
4.3.2　系数矩阵为大型稀疏矩阵的线性代数方程组的求解 …… 104
4.4　LDDA的计算机程序 …… 106
4.5　LDDA算例 …… 107
4.6　LDDA在工程上的应用 …… 110
4.6.1　工程背景 …… 110
4.6.2　基本资料 …… 111
4.6.3　有限元模型 …… 113
4.6.4　计算结果及分析 …… 114
参考文献 …… 117

第 5 章　基于强度折减原理的有限元方法 …… 119
5.1　引言 …… 119
5.2　有限元强度折减方法 …… 119
5.2.1　强度折减法原理 …… 119
5.2.2　有限元强度折减方法的实现 …… 120
5.2.3　数值算例验证 …… 121
5.3　有限元方法与极限平衡方法的结合 …… 122
5.3.1　极限平衡方法原理 …… 122
5.3.2　极限平衡方法与有限元方法的结合 …… 122
5.4　某水电站 C_1 崩坡积体抗震稳定计算 …… 123
5.4.1　某水电站 C_1 崩坡积体简介 …… 123
5.4.2　C_1 崩坡积体的地震作用 …… 125
5.4.3　有限元计算分析 …… 127
5.4.4　极限平衡计算分析 …… 130
5.5　本章小结 …… 135
参考文献 …… 136

第 6 章　岩质边坡动力模型试验研究 …… 137
6.1　引言 …… 137
6.2　某水电工程左岸边坡概况 …… 138
6.3　模型试验研究内容及方法 …… 139
6.3.1　模型总体设计 …… 139
6.3.2　阻尼边界 …… 142
6.3.3　地震动输入方法 …… 145
6.3.4　试验方案 …… 151
6.4　试验模型的数值计算分析 …… 153
6.4.1　边坡基频的比较 …… 154
6.4.2　边坡地震放大系数的比较 …… 155
6.4.3　加速度时程的比较 …… 158
6.5　试验结果及分析 …… 159
6.5.1　边坡体基本动力特性分析 …… 159
6.5.2　加速度响应分析 …… 160
6.5.3　位移响应分析 …… 161
6.5　本章小结 …… 162
参考文献 …… 162

第 7 章　土质边坡动力模型试验研究 …… 164
7.1　引言 …… 164
7.2　研究目标 …… 165
7.3　试验设计 …… 165
7.4　试验方案 …… 166
7.4.1　模型设计 …… 166
7.4.2　模型制作 …… 166
7.4.3　测点布置 …… 167
7.4.4　试验前分析 …… 168
7.4.5　地震波选取 …… 168
7.4.6　试验流程 …… 171
7.5　试验结果及数据分析 …… 172
7.5.1　边坡坡面各测点自振特性分析 …… 172
7.5.2　25°坡角原波试验数据分析 …… 175
7.5.3　25°边坡压缩波试验数据分析 …… 181
7.5.4　45°边坡原波试验数据分析 …… 185
7.5.5　45°边坡压缩波试验数据分析 …… 190
7.6　基于试验参数的计算分析 …… 194
7.7　本章小结 …… 197
参考文献 …… 198

第1章 绪 论

01

1.1 研究背景及意义

修建水利水电工程形成的、因修建水利水电工程有可能影响其稳定的以及对水利水电工程安全有影响的边坡统称为水利水电工程边坡。

水利水电工程边坡的特点是[1]地处深山峡谷，地形地质条件复杂，边坡开挖深，高度大，处理难度高，其稳定性往往成为工程设计、运行管理的关键技术问题。例如，位于广西和贵州界河南盘江下游的天生桥二级水电站厂区边坡总高达380m；位于云南省云县与景东县交界的澜沧江中游河段的漫湾水电站左岸坝肩下游曾发生土石方量约10.6万m^3大范围平面型滑坡；位于黄河干流上的小浪底水利枢纽工程存在左岸进出口高边坡的稳定性问题；长江三峡水利枢纽船闸工程，在开挖过程中，形成了高170m，长1607m的高边坡；位于贵州省乌江干流北源六冲河下游的洪家渡水电站，由于枢纽布置的需要，在左岸坝肩形成了高达310m的岩质陡边坡；位于红水河干流广西天峨县境内龙滩水电站，由于处理左岸坝肩蠕变岩体及采用全地下厂房布置方案，全部9台机组的进水口均布置在左岸，因而形成了长约400m，最大组合坡高达435m的、轮廓复杂的反倾向层状结构岩质高边坡；位于澜沧江中游的小湾水电站存在左岸坝前饮水沟堆积体高达700m的开挖边坡；位于四川省凉山彝族自治州盐源县和木里县境内的锦屏水电站，因修建高拱坝开挖坝肩以及缆机平台的需要，形成了高达530m的高陡边坡；此外，大岗山、溪洛渡和白鹤滩等水电站工程，均存在高陡边坡的稳定性问题。

在长期的工程实践和科学探索中，人们对水利水电高陡边坡的静力稳定性研究取得了长足的进展，而相对薄弱的环节是强震作用下，高陡边坡的动力稳定性问题。由于高坝大库大多建于西部地区，西部地区是我国的主要地震区[2]，地震烈度无论在时间还是空间的分布上，西部地区都大于东部地区，近代中国大陆82%的强震都发生在该地区。因此，水利水电工程高陡边坡稳定分析不可避免地应考虑地震作用这一重要因素。

通过对地震灾害，特别是水利水电工程地震灾害的调查研究，可以发现，地震造成的滑坡、崩塌、地基失效等很大程度上是地震引发巨大破坏、造成严重损失的罪魁祸首。如2008年发生在汶川的5·12特大地震，地震引发的大量山体滑坡不仅掩埋村庄、阻塞道路，滑坡形成的巨石更是截断河流形成堰塞湖危及下游安全，此外，岷江流域不少水利水电工程如太平驿水电站、姜射坝、沙牌拱坝等由于两岸边坡失稳而遭受到不同程度的破坏。由此可见，加强水利水电高陡边坡的动力稳定性研究是十分必要的。

然而，对边坡地震的输入机制，地震沿边坡的放大效应，均缺乏深入认识，边坡的抗震稳定分析和研究相对于边坡静力稳定分析而言要薄弱得多，才刚刚起步；边坡抗震稳定分析和研究相对于高坝的抗震分析而言，也显得不足。强震作用下的高坝安全问题已引起工程设计和研究人员的极大关注并已取得极大进步[2-6]，但关注的重点仍是坝体本身。在地震作用下，边坡尤其是近坝高陡边坡的失稳，可能会导致大坝的功能丧失，甚至有产生溃坝的风险，边坡的抗震稳定是大坝安全的基础和前提条件。因此，对地震作用下水利水电工程高陡边坡的动力稳定性分析和研究，无论是从工程应用的角度，还是从学科发展的角度都具有深远意义。

近年来，地震作用下水利水电工程边坡稳定分析和研究得到了越来越多的关注。基于这一现状，本书拟对人工边界理论、边坡地震动输入机制、基于强度折减的动力有限元方法、地震作用下边坡的场地效应、边坡动力模型试验等方面的最新进展进行简单介绍，为水利水电行业工程技术人员、高校师生提供借鉴与参考。

1.2 边坡地震反应分析方法研究进展

水利水电工程边坡在地震作用下的稳定分析研究，除涉及静力作用（如自重、降雨、开挖应力、水岩耦合等）外，主要研究边坡的地震反应，它包括地震动引起的边坡加速度、速度、位移、内力、地震引发的边坡永久位移、边坡动力失稳机理及其稳定性判据等。

为了能够考察边坡在地震作用下的真实物理反应，并形成一套完整成熟的理论，国内外学者们逐渐发展了多种边坡地震反应分析方法，从分析途径来说，可以分为计算分析与模型试验两大类，计算分析又可分为确定性方法和非确定性方法等，以下对各种分析与试验方法作简单介绍。

1.2.1 极限平衡分析方法

极限平衡方法作为堤坝、天然边坡以及其他岩土结构中主要的稳定分析方法，一直具有很重要的意义。这一方法起源于经验背景，后由 Bishop[7]、Janbu[8]、Spencer[9]、Morgenstern[10]、Sarma[11]、陈祖煜[12-13]等学者做出了一系列的改进，形成了一个满足静力平衡要求，适用于任意形状滑裂面的较严格的方法。在极限平衡分析中，考虑地震作用时，均使用拟静力方法。即将作用于边坡体上的地震惯性力作为大小和方向均不变的静力荷载施加在边坡体上。为此，引入地震作用系数 k_h 和 k_v，相当于水平或竖直加速度与重力加速度的比值。其优点是，简单易行，且广泛应用于实际的工程项目中，并被纳入相关规范[14-15]中。合理确定地震作用系数是拟静力法的难点，不同的研究者，采用不同的动力稳定安全系数标准，会推荐采用不同的地震作用系数[16-17]，水平地震作用系数为 0.1～0.5。Stewart 等[18-19]建议将地震作用系数与工程场址允许地震位移相关联，地震作用系数是最大水平地面加速度、地震震级、震源距离、谱加速度和允许地震位移的函数。需要指出的是，地震作用系数虽然与设计峰值地震加速度（PGA）有一定的关联，但两者并非相等，一般认为地震作用系数为 PGA 的 0.3～0.5 倍[20]。遗憾的是，我国与水利水电工程边坡有关的三个现行规范[14-15,21]，对地震作用系数的取值均无条文规定，这导致边坡抗震设计具有较大的随意性。

一般来说，随高程的增加，地震作用于水工建筑物上的加速度会有所放大，对边坡而言，也存在这种放大效应，Bourdeau 等[22-23]初步研究了边坡场地的地震放大效应。

水利水电工程边坡具有开挖深、高度大的特点，在其抗震设计的拟静力法中，考虑这种地震的放大效应，可能对边坡的抗震稳定性有重要影响，这是值得深入探讨的问题。

虽然拟静力法对地震的作用过分简化，不能充分反映地震作用的多种因素：大小、方向、持续时间、频率成分与地震沿边坡的放大效应，但作为边坡抗震设计的初步分析方法，拟静力法仍然是边坡抗震设计最重要、最广泛使用的方法之一。通过拟静力法筛选而得到的潜在滑动边坡，在进一步的动力分析中，宜选用应力变形分析或 Newmark 滑块分析法，研究其稳定性。

1.2.2 基于连续介质力学理论的应力变形分析

基于连续介质力学理论的应力应变分析方法日益发展成为解决高陡边坡问题的不可或缺的技术手段，主要包括有限元和有限差分方法。有限元的概念是由 Clough 在 1960 年首先提出的[24]，其后得到长足的发展，并在土坝和边坡抗震分析中得到应用[25-26]。应力变形分析具有强大的能力，可以处理复杂几何边界条件并满足材料非线性特征，同时，也可模拟有限条数的岩体结构面。由于能严格考虑岩体及结构面的应力应变特征，加之大型通用软件（ANSYS、FLAC）的应用和普及，这些方法已成为研究高陡边坡变形问题的主要手段。运用 ANSYS 软件，Fayou A 等[27-28]研究开挖角对地震响应的影响，得出减小开挖角是改善边坡动力性能的重要措施，研究顺层边坡与反倾边坡的动力响应，得出顺层边坡的动应力、位移和加速度总比反倾边坡大的结论，这与汶川地震后观察到的结果一致；Wu 等[29]利用 FLAC 3D 软件研究地震高发地区云南省路堑边坡的临界高度，对其抗震设计提供指导。为了与传统极限平衡方法的安全系数挂钩，应力变形分析方法正尝试用强度折减技术和动力超载方法来求解边坡稳定的强度储备安全系数和超载安全系数，取得了有益的成果[29-32]，并且在工程中进行了初步应用。应力变形分析的缺点主要是，需要高质量描述边坡体的几何与地质数据和复杂的岩土体本构模型作为支撑，计算比较费机时，因此，只适用于针对特定问题的重要边坡，而难以应用于面广量多的区域问题。一般来说，水电工程边坡，尤其是近坝边坡，因为其重要性，建议使用应力变形分析方法，计算研究其动力稳定性。

大多数岩土边坡问题都涉及无限域或半无限域，而离散化只能在有限的范围内进行，为了使这种离散化不产生大的误差，或要求地震波的散射波场在人工截断边界处不产生反射，应使用吸能边界计入无限地基辐射阻尼的影响，在现有的大型通用有限元程序 ANSYS/LS-DYNA 和 FLAC 3D 中[33-34]，有可供选用的吸能边界。应力变形分析的另一个挑战是如何选取输入地震动时程，为水库大坝抗震分析选取输入地震动的方法[35]，为边坡工程的地震动选用提供了好的借鉴。最近，基于谱元法（Spectral Element Method）的边坡稳定弹塑性分析[36-37]是应力应变分析的一个新亮点，它兼具有限元的灵活性和谱方法的精度，可大幅降低计算费用，是值得关注的研究方向之一。

1.2.3 基于不连续介质力学理论的应力变形分析

对于一般的岩土结构来说，其介质通常都为非连续，不连续介质力学恰恰考虑了岩体的这一特征，近年来许多学者都致力于这方面的研究。而对于非连续介质应力应变分析，学者们最近也研究出了一系列新的方法，如界面元、离散元、DDA、流形元等，为研究如岩体之类的非连续介质提供了一些比较好的手段。

1.2.3.1 离散单元法

离散元[38-40]（Distinct Element Method，DEM）最初作为模拟岩石边坡渐进破坏过程的一种手段，由美国学者肯代尔（CunDall）提出。其既可以反映岩石块体接触面之间的滑移、分离和倾覆，也能够计算块体内部的变形与应力。对于边坡稳定性计算，该方法假设边坡由满足运动方程的各刚性元素组成，从而通过求解方程得出各刚性元素在平衡或者非平衡状态下的位移或破坏状况。这种直接求解方程组的方法称为直接法，然而由于在地震作用下各单元之间连接方式会不断发生变化，直接法不能很好地适应这种情况。基于此，常常采用松弛法进行求解，松弛法利用增量逼近的方式进行求解计算。由于离散元法在阻尼系数的确定上还存在一些问题，因此大多只被应用于二维边坡的动力稳定性求解[41-42]。王泳嘉等学者[43]将离散元法应用于岩土力学，Lemos、Zhang Chuhan和王吉亮等[44-46]则将其成功应用于拱坝坝肩和岩质高边坡的稳定性分析中。

1.2.3.2 不连续变形分析

不连续变形分析[47-48]（Discontinous Deformation Analysis，DDA），作为求解岩石中不连续体的变形及运动的一种方法，是由石根华博士在1986年提出的，可以模拟许多水利水电工程以及大型的边坡工程中接触缝面的开合运动。DDA将不连续的块体作为分析单元，且对单元形状的要求比较宽松，几乎可以为任何凹形体、凸形体，甚至带孔多边形，因此对于带有接触缝面的边坡来说，DDA具有很强的适用性。DDA采用最小势能原理来建立平衡方程，将位移作为未知量，从而联立方程进行求解。DDA方法具有一定的优势，其理论数值可靠，可以模拟动力加载直到结构破坏的整个过程。然而DDA理论也存在着一些问题，如块体单元内部被视为常应力常应变，因此划分单元块体需要相对较小，且有可能会导致精度不是很高，另外由于是不连续变形，而采用的网格节点上的位移也不相容，因此要计算整个过程的变形情况需要很大的计算量。目前，DDA理论主要被应用于平面域内，由于边坡稳定分析中需要考虑不连续缝面的接触问题，因此DDA方法在边坡工程中也得到了较为普遍的应用[49-53]。考虑DDA方法中接触弹簧的不确定性，梁国平、蔡永恩等学者又提出了一种拉格朗日不连续变形分析方法，即LDDA方法[54-55]。该方法在接触缝面上使用拉格朗日乘子来表示接缝法向和切向接触力，以此来替代接触弹簧的作用，进而模拟接触面的张裂和滑动。接触力的计算收敛性是LDDA的一个难点，张伯艳等给出了一个高效的迭代算法[56]。LDDA采用有限单元来模拟块体，从而计算其内部的应力和变形，块体本身形状可变，特别适合三维问题的处理，但只适用计算前已知接缝位置的情形。LDDA已应用于多个有缝混凝土坝、地基系统的动力分析，并取得较好的效果[57-59]。对于具有明确滑面的边坡动力稳定问题，LDDA也同样具有较高计算效率和处理实际工程边坡的能力[32]。

1.2.3.3 数值流形法

数值流形法[48]（Numerical Manifold Method，NMM）作为一种最新提出的数值计算方法，能够同时处理连续与非连续问题，且可以有效模拟边坡的倾倒破坏，具有广阔的发展前景。数值流形法的核心是基于“流形”的有限覆盖技术，其分析过程同样遵守能量守恒定律，但并不受边界条件的阻碍，单元可以为任意不规则的形状，模型材料需要服从摩尔-库仑定律。

目前，二维数值流形方法已经比较成熟，并在岩土工程中得到了一些应用[60-61]。制约数值流形法应用的主要因素在于怎样定义物理和数学覆盖并形成计算所需数据，对于具有复杂工程背景的三维问题，这是一个具有挑战性的难题，迄今为止还没有很好的解决方案。

1.2.3.4 界面元

界面元[62-63]（Interface Stress Element Method），是由刚体弹簧元发展而来的，实质为将单元交界面处的变形情况作为研究对象，而结构整体的应力应变特征是通过各交界面处的变形积累而成的。在各单元形心点处建立静力和动力平衡方程，方程的未知量为形心点的位移，且界面层的位移不连续，同时该方法还引入了各单元的弹塑性以及黏性变形。另外，卓家寿教授等提出了干扰能量法[64]，在动力分析时，利用干扰能量来判定结构的稳定特性。这与传统的利用阻滑力与滑动力的比值判定稳定性的方法有所不同，现行的规范中采用的是后者，两者有何相关性是后续研究的方向。

基于不连续介质力学理论的应力变形分析，主要用于节理、裂隙较发育的不能简化为连续体的岩质边坡分析，现以处理二维问题为主，是有限元和有限差分的有益补充。

1.2.4 Newmark 滑块分析法

利用应力应变分析方法进行边坡极限荷载的求解，虽然在理论上已经比较成熟，但对于实际的工程应用，也面临着一些问题：①应力应变分析需要事先确定很多材料力学性能参数，但很多参数很难通过实验确定，计算参数的取值存在一定的困难；②不同应力应变分析程序计算结果之间存在很大的差异，其原因是模型材料进入弹塑性阶段之后不同程序对其处理方式不一致；③目前，工程界仍广泛应用安全系数来评价边坡的安全性，但应力应变分析方法提供的是边坡岩体不同点的应力、变形信息，如何将这些信息与安全系数联系起来，目前尚无公认的解决办法，这也在一定程度上制约了应力应变分析在边坡稳定分析中的应用。

Newmark 滑块分析法[65]计算边坡在地震作用下产生的不可恢复的永久位移，以永久位移的大小作为判断边坡稳定性的标准。相对拟静力法分析，Newmark 滑块分析法能给出地震作用下边坡的更多动力响应信息，而不需要应力应变分析的复杂材料参数，起连接拟静力分析与应力应变分析的桥梁作用。Newmark 滑块分析法的地震输入是加速度时程，当地震动超过临界加速度时，将块体加速度经过两次积分从而得到位移，在整个时程计算中，上述通过积分而得到的位移是累计相加的。Newmark 滑块分析法包括以下 4 个假定[16]：①动、静力抗剪强度相同；②临界加速度不依赖应变，在整个计算过程中维持不变；③块体向上坡滑动是不允许的；④动孔隙水压力的影响是忽略的。前 3 个假定在早期的简单计算中被应用，在近期的改进中，已不需要。关于动孔隙水压力的假设是唯一的约束条件。模型试验和对天然边坡的计算分析证实[66-68]，在边坡的几何特性、土的力学特性和地震地面运动已知的情况下，Newmark 滑块分析法能相当精确地预测边坡地震永久位移。

自 1965 年 Newmark 提出滑块分析法以来，这一方法受到理论和工程界的普遍关注，得到长足的进展，除 Newmark 早年提出的刚性滑块分析外，现已发展了非耦合分析和耦合分析方法。非耦合分析是基于这样的事实而研发的，滑动块在地震作用下其内部是可变形的，并非刚体。通常包括两步[69-70]计算：①求假设边坡在无滑面的情况下的场地动力反应，得到边坡内部若干点的加速度时程，取这些时程的平均值作为滑坡体上作用的加速度。场地动力反应一般需要材料的剪切波速、潜在滑坡体的厚度、阻尼比等，等效非线性分析时，还需要剪切模量与阻尼比关系曲线。②将得到的时间历程应用于刚性块体分析，得到地震永久位移。从上述计算过程可见，非耦合分析未计入块体永久位移对地面运动的影响，而耦合分析将计入这种影响[71-72]，耦合分析的计算是滑块分析中最复杂的，Bray 和 Travasarou 提出了一个半经验公式[73]，通过屈服加速度、场地基本周期（T_s）和地面运动在 $1.5T_s$ 处的谱加速度来预测滑块永久位移。针对不同的场地和地震地面运动，Jibson[16]指出了最合适的 Newmark 滑块分析类型，为正确选用不同类型的 Newmark 滑块分析方法预测边坡永久位移提供了指导。另外，以 Newmark 滑块分析法为基础制作地震诱发滑坡灾害图[74-75]是值得关注的应用。

1.2.5 关键块理论

关键块理论[76-77]是由著名学者石根华提出的，后与 Goodman 合作进行完善。该理论认为岩体结构并不是一个整体，而是由很多空间块体组成的，这些块体是由结构缝面分割而成。当岩体结构处于自然状态时，各空间块体保持平衡，然而，当周围环境发生变化，岩体结构遭受到来自外界的力的作用时，静力平衡状态即被打破，暴露在结构表面上的某些块体发生位移的突变，产生滑移、失稳等现象，进而带动附近块体产生连锁反应，最终造成整个岩体结构的破坏。

关键块理论包含有限性定理及可动性定理这两个基本定理。其中有限性定理是指设某凸块体由几个半空间的交集构成，将各半空间面进行平移从而形成棱锥。若棱锥为空集，则认为相应的凸块体有限；若棱锥为非空集，则认为相应的凸块体无限。可动性原理是指由结构面和临空面共同构成的块体为有限，若仅由结构面构成的裂隙块体为无限，则认为该块体可动；反之，若仅由结构面构成的裂隙块体也为有限，则认为该块体不可动。关键块理论的核心就是找出临空面上的关键块体。关键块理论是根据实际节理参数定出关键块体，运用起来十分方便。块体系统完整的分析步骤通常包括[78-79]：①由节理、裂隙和岩石表面对块体系统做几何切割；②发现潜在的可能滑动的关键块和可能的滑动模式；③计算稳定安全系数或地震荷载作用下块体的永久位移。关键块理论分析结果易与极限平衡和 Newmark 滑块法挂钩，其缺点是未考虑块体本身的变形。

在节理发育的岩质边坡抗震稳定分析中，运用关键块理论与极限平衡或 Newmark 滑块分析相结合应是一个较好的选择。值得关注的是，三维块体的 Newmark 滑块分析要考虑在地震过程中滑动模式从单面到双面滑动的交替变化[79]。

1.2.6 模型试验

模型试验是边坡稳定分析研究的重要方面，20 世纪 70 年代以前，大多针对土石坝进行，模型较小，地震波单一，以固定频率的正弦波为主，随着大型地震模拟振动台的增多，针对土质和岩质边坡的地震模拟震动台试验有明显增多的趋势[80-88]。这些试验中以研究土质和岩质边坡地震作用的破坏机理为主，Lin 和 Wang[80] 在长宽高分别为 4.4m、1.3m 和 1.2m 的模型箱内，制作了高为 0.5m、宽为 1.3m、坡角为 30°的均质土坡，在不同频率和振幅波的激励下，得到加载频率低于8.9Hz，幅值小于0.4g时，模型土坡显现线性反应；加载幅值超过0.5g时，土坡显现非线性反应，且模型土坡的破坏与原型观察相一致。徐光兴等[81]在长宽高分别为3.5m、1.5m和2.15m，坡角约为38°的模型土坡上，通过输入不同类型、幅值、频率的地震波以及白噪声激励，研究了模型边坡在地震作用下的动力特性与动力响应规律，以及地震动参数对其的影响，从而得出一些结论，随着输入地震动的振动次数、卓越频率、幅值等的不同，边坡土体反应也随之产生一些变化。李振生等[82]对陡倾层状岩质边坡，杨国香等[83]对反倾层状结构岩质边坡，邹威等[84]对层状岩质斜坡的振动台试验表明：边坡在地震作用下的稳定性状况，不仅受输入地震波的各种参数变化影响，还与边坡的自身特性，如岩体特性、边坡高程、地质条件等因素有关。与土坡一样，岩质边坡中地震波沿坡高有一定的放大效应。叶海林等[85]利用振动台试验了预应力锚索的作用机制，Srilatha等[86]研究边坡加固措施的效果，Murakami等[87]研究岩石螺栓和绳网对边坡的加固作用和机理，并推导了用于加固设计的简化公式，于玉贞、邓丽军[88]利用离心机试验，研究了抗滑桩加固边坡地震响应，分析了抗滑桩的加固效果和作用机制。

边坡模型试验的主要局限性，在于难以满足应力、变形、材料特性的严格相似，因此，难以得到原型边坡的定量结果，多用于定性和宏观破坏现象的研判，或用于计算模型的试验验证。由于实际水电工程边坡往往规模巨大，在振动台上做模型试验，需要大的几何比尺，试验难度会更大，这类试验研究有利于水利水电工程师做出直观研判，因此受到工程界的青睐；此外，模型试验可用于检验计算模型的合理性，是极具价值的研究手段。

1.2.7 非确定性方法

在边坡抗震稳定分析中，存在如输入地震动特性以及边坡材料特性等的随机性问题，由此发展了非确定性的分析方法。Lin等[89]基于块体为刚体和把强地震动看作高斯过程的假设研究了块体失效的概率。Christian等[90]考虑土特性的不确定性和一次二阶矩方法应用于土坝设计。Massih等[91]利用极限分析的拟静力模型和Newmark滑块分析模型，分别以边坡的安全系数和坡脚永久位移作为功能函数，土的抗剪强度为随机变量，用Hasofer-Lind可靠度指标评估边坡稳定性，得出拟静力法具有比Newmark滑块分析更保守的结论。Al-Homouda等[92]进行了三维边坡的可靠性分析，除安全系数和地震永久位移外，还增加了临界和总坡宽为两个新的重要参数，不确定性包括材料的抗剪强度及空间变化、地震发生的随机性和地震诱发加速度。参数研究表明：震源距离和震级对地震永久位移有主要的影响。Juang和He等[93-94]将模糊数学引入边坡稳定分析中，初步进行了地震作用的边坡稳定模糊可靠性分析。与确定性方法相比，边坡稳定的不确定性分析开展得还比较少，有待深入研究。

1.3 边坡地震动输入方式研究进展

1.3.1 人工边界理论概述

地基对边坡的影响作用不可忽略。对于边坡在静力状态下的稳定性分析，通常将地基范围取得足够大，以此来模拟地基的影响。然而对于边坡在地震作用下的稳定性分析，考虑地震波要向无限远域传播，且外传波在计算截取的有限范围地基边界发生反射，有可能会人为地夸大坡体的动力响应，继而导致即使计算时取足够大的地基范围也不能有效模拟地基与边坡的动力相互作用，怎样消除这一反射效应是边坡动力分析需要解决的问题。一般采用的方法是截取有限范围地基，并在截断面上设置人工边界，如黏性边界、黏弹性边界等用以吸收外传波，进而模拟无限地基辐射效应[95-96]。

现行的人工边界主要包括全局人工边界和局部人工边界[97]。其中全局人工边界包括边界元、无穷元、一致边界、级数解法等。这类方法通常要求外传波满足无限域的所有物理方程和辐射条件，因此在空间和时间上耦联，通常要求频域求解，具有一定的局限性。如边界元法虽具有较高的精度，但其应用前提是存在相应微分算子的基本解，因此对于非均匀介质等问题难以实现；无穷元的边界条件要求满足有限性及辐射条件，因此在描述远场时一般假设其为线弹性介质，对于非线性问题有所局限。

另一类为局部人工边界，包括透射边界、黏性边界、弹性边界、黏弹性边界、叠加边界等。该类方法仅模拟外传波穿过人工边界向无穷远处传播的特性，并不需要严格满足所有的物理方程及辐射条件，如 Deeks 和 Randolph[98] 提出的黏弹性边界是时域解耦的，因而在实际工程中应用更加普遍。廖振鹏[99] 提出的透射边界主要用来模拟地震波在人工边界上穿过的过程，多次透射可以使得计算具有较高的精度，然而需要在人工边界附近增加大量的节点和单元以模拟透射边界处理区域，因此当模型较大时，会大大增加计算的时间，且计算中可能存在高频振荡失稳等问题。叠加边界是采用叠加的思想，考虑透射边界由两个非透射边界组合而成，首先分别求解这两个非透射边界，然后将结果进行叠加，得到所要求得的透射边界的解。叠加边界在处理多次反射问题时还存在着一些不足。黏性边界的基本思想是在人工边界上设置相应的阻尼器，用来吸收外传波的能量，该边界在很多大型商业软件中得到普遍应用，如 LS-DYNA、FLAC、ADINA、ABAQUS[100] 等，然而其人工边界仅模拟了地基的阻尼效应，未能模拟远域地基的弹性恢复性能，因此有可能造成低频失稳[101]。之后 Deeks[98]、刘晶波[102-103] 等在黏性边界基础上改进提出了黏弹性边界，在人工边界上设置弹性元件模拟无限地基的弹性恢复性能，克服了黏性边界的低频失稳问题，具有良好的低频和高频稳定性。黏性边界和黏弹性边界由于同时满足了精度和计算效率两方面的要求，在工程中得到了普遍的应用。

1.3.2 边坡地震动输入方法概述

边坡地震动输入方法是指在边坡动力计算或者模型试验的过程中，如何将目标地震波作用于模型结构，从而使计算结果能更好地反映边坡在实际地震作用下的动力响应，其输入方法的合理性直接关系计算和试验结果的准确性，因而是边坡动力稳定分析研究的重要因素，另外，采用合理有效的地震动输入方法也是边坡动力计算的难点。对于传统的极限平衡方法，常采用拟静力法，即假设地震作用为大小和方向不变的荷载。对于时程计算和分析，按照系统的封闭与开放特性，可以分为封闭的振动体系输入和开放的波动体系输入[104]。按照地震波输入的外源和内源特性，可以分为外源波动输入和内源地震动输入[105]，按照是否考虑地面运动随空间变化的特性，可以分为一致激励法（单点输入法）和多点激励法[106]。

不管是哪种分类方式，其实质都是从动力方程出发来进行工程结构的地震响应分析，动力方程可以表示为：

$$\boldsymbol{M}\ddot{\boldsymbol{u}}+\boldsymbol{C}\dot{\boldsymbol{u}}+\boldsymbol{K}\boldsymbol{u}=\boldsymbol{F} \tag{1.1}$$

式中 $\boldsymbol{M}$、$\boldsymbol{C}$、$\boldsymbol{K}$——结构体系的质量矩阵、阻尼矩阵和刚度矩阵；

$\ddot{\boldsymbol{u}}$、$\dot{\boldsymbol{u}}$、$\boldsymbol{u}$——系统的加速度、速度和位移响应；

$\boldsymbol{F}$——外力。

对于作为封闭系统的振动问题，在求解动力方程时不计结构与地基的相互作用，将结构的惯性力 $\boldsymbol{F}=-\boldsymbol{M}a_g$ 作为外力作用在地基面上，其中 a_g 为工程场区设计地面地震加速度，方程中的 $\boldsymbol{M}$、$\boldsymbol{C}$、$\boldsymbol{K}$ 都不包括地基作用在内，且 $\ddot{\boldsymbol{u}}$、$\dot{\boldsymbol{u}}$、$\boldsymbol{u}$ 也都是地面运动的相对值。此方法适用于结构刚度相对较小、输入波频率低、结构尺寸远小于其需考虑的最短波长的情况，因此对于大型工程项目不太适用，仅适用于一般工业和民用建筑的抗震分析。

相比较而言，作为开放系统的波动输入法由于考虑了结构和地基的相互作用，因此更适用于大型边坡工程项目的抗震分析和试验。将地基视为一个具有质量、阻尼和刚度的体系，动力方程中的 $\boldsymbol{M}$、$\boldsymbol{C}$、$\boldsymbol{K}$ 也都将地基包含在内，作为结构动力响应的 $\ddot{\boldsymbol{u}}$、$\dot{\boldsymbol{u}}$、$\boldsymbol{u}$ 也是包括地面运动在内的绝对值。

地震动的外源波动输入和内源地震动输入方法一般都与人工边界如黏弹性边界的设置相联系，由人工边界吸收散射波。其中，外源波动输入是向计算模型输入外源地震波，在人工边界施加自由场荷载。内源地震动输入[105]方法中地震波的形成只考虑结构质量而不考虑地基质量，结构在上述地震波作用下的动力响应与地基质量有关，该输入方式与常规的无质量地基输入也有所区别，一般应用于地震动均匀输入，或者不均匀地震动较小的情况。

一致激励法，或称单点输入法，该方法假定所有支撑点的输入地震动一致，由于忽略了地震地面运动随空间的变化特性，而被认为与封闭的振动体系输入一样只适用于平面尺寸较小的工业或民用建筑物。多点激励地震动输入一般包括直接求解法、相对运动法、大质量法、等效荷载法等，其中等效荷载法也适用于一致激励法输入。

1.4 本书主要内容

本书介绍水利水电工程边坡动力分析理论与试验最新进展，全书共7章，各章节安排如下：

第1章：首先介绍了边坡地震反应分析研究背景及意义，介绍了各种分析与试验方法，对每一种方法的研究现状和存在的问题进行了说明；其次介绍了边坡地震动输入方式及其理论。

第2章：介绍了基于无反射边界的地震动输入机制。主要包括三个方面的内容：一是地震动输入前的地震动参数确定以及地震波人工合成的方法；二是 ANSYS/LS-DYNA 软件中无反射边界理论及其在程序中的应用；三是基于上述无反射边界理论，提出一种新的适用于 LS-DYNA 的自由场输入理论，其中介绍了具体的理论计算过程，并给出了在 ANSYS/LS-DYNA 程序中输入的详细命令流，经过数值算例验证，也证明了该方法的可行性。

第3章：介绍地震作用下，边坡的场地效应，建立了边坡地震斜入射模型，采用自主编制的计算程序计算了P波和SV波斜输入对边坡地震响应的影响，研究了地震沿边坡的放大效应，总结出了P波和SV波斜入射时，不同坡度下岩质边坡时的动力响应规律，为拟静力法中合理确定地震作用系数提供了参考依据。

第4章：介绍了LDDA基本理论、动接触力迭代算法和LDDA程序，通过简单算例验证了LDDA理论与程序的正确性，最后详细介绍了LDDA方法在白鹤滩左岸边坡的工程应用。

第5章：提出基于强度折减原理的有限元方法，适用于边坡静力和动力的有限元计算。首先，介绍了有限元强度折减方法，包括强度折减法原理、在ANSYS/LS-DYNA中的实现方式以及数值算例验证；其次，将有限元方法与极限平衡方法进行比较，提出将两种方法进行结合，可使计算结果更加准确可靠；最后，给出强度折减有限元方法在实际工程中的应用，对某水电站C_1崩坡积体进行静力和动力强度折减计算以及有限元计算，并将两种方法计算结果进行比较，证明该方法的工程实用性。

第6章：岩质边坡动力模型试验，对金沙江白鹤滩水电站左岸边坡进行振动台模型试验研究。研究内容包括模型的总体设计、人工边界实现方法、地震动输入方法等，并利用LDDA程序进行试验模型的有限元计算，将计算值与试验实测值进行比较，深入分析各种试验结果与观察现象的成因，并检验计算方法与计算模型的合理性。另外，详细介绍了模型的有限元网格剖分软件及方法，为以后可能遇到的复杂边坡模型网格剖分提供一些可供参考的建议。

第7章：介绍了土质边坡模型试验研究的背景、目的和具体的试验流程，进一步确证了土坡的滑移模式以及地震动沿坡高的放大效应。

参考文献

[1] 周建平，杨泽艳，翁新雄．中国典型工程边坡：水利水电工程卷［M］. 北京：中国水利水电出版社，2008.

[2] 陈厚群．混凝土高坝抗震研究［M］. 北京：高等教育出版社，2011.

[3] 林皋．混凝土大坝抗震技术的发展现状与展望：Ⅰ［J］. 水科学与工程技术，2004（6）：1-3.

[4] 林皋．混凝土大坝抗震技术的发展现状与展望：Ⅱ［J］. 水科学与工程技术，2005（1）：1-3.

[5] Anil K. Chopra. Earthquake analysis of arch dams：factors to be considered［C］. The 14th World Conference on Earthquake Engineering，Beijing，2008.

[6] 张楚汉，金峰，王进廷，等．混凝土坝非线性特性与地震安全评价［M］. 北京：清华大学出版社，2012.

[7] A. W. Bishop. The use of slip circles in the stability analysis of earth slopes［J］. Geotechnique，1955，5（1）：7-17.

[8] N. Janbu. Slope stability computations，Embankment Dam Engineering：Casagrande Volume［M］. New York：John Wiley & Sons，Inc.，1973.

[9] E. Spencer. A method of analysis of the stability of embankments assuming parallel inter-slice forces［J］. Geotechnique，1967，17（1）：11-26.

[10] N. R. Morgenstern，V. E. Price. The analysis of the stability of general slip surfaces [J]. Geotechnique，1965，15 (1)：79-93.

[11] S. K. Sarma. Stability analysis of embankments and slopes [J]. Geotechnique，1973，23 (4)：423-433.

[12] 陈祖煜，汪小刚，杨健，等．岩质边坡稳定分析：原理·方法·程序 [M]. 北京：中国水利水电出版社，2005.

[13] 陈祖煜．土质边坡稳定分析：原理·方法·程序 [M]. 北京：中国水利水电出版社，2003.

[14] 中华人民共和国水利部．水利水电工程边坡设计规范（附条文说明）：SL 386—2007 [S]. 北京：中国水利水电出版社，2007.

[15] 中华人民共和国国家发展和改革委员会．水电水利工程边坡设计规范：DL/T 5353—2006 [S]. 北京：中国电力出版社，2007.

[16] R. W. Jibson. Methods for assessing the stability of slopes during earthquakes-A retrospective [J]. Engineering Geology，2011，122 (1)：43-50.

[17] A. J. Li，A. V. Lyamin，R. S. Merifield. Seismic rock slope stability charts based on limit analysis methods [J]. Computers and Geotechnics，2009，36 (1)：135-148.

[18] J. P. Stewart，T. F. Blake，R. A. Hollingsworth. A screen analysis procedure for seismic slope stability [J]. Earthquake Spectra，2003，19 (3)：697-712.

[19] J. D. Bray，T. Travasarou. Pseudostatic coefficient for use in simplified seismic slope stability evaluation [J]. Journal of Geotechnical and Geoenvironmental Engineering，2009，135 (9)：1336-1340.

[20] D. Leshchinsky，H. I. Ling，J-P Wang，et al. Equivalent seismic coefficient in geocell retention systems [J]. Geotextiles and Geomembranes，2009，27 (1)：9-18.

[21] 中华人民共和国住房和城乡建设部．水工建筑物抗震设计标准：GB 51247—2018 [S]. 北京：中国计划出版社，2018.

[22] C. Bourdeau，H. B. Havenith：Site effects modelling applied to the slope affected by the Suusamyr earthquake (Kyrgyzstan，1992) [J]. Engineering Geology，2008，97 (3)：126-145.

[23] Li Yang，Li Tongchun，Zhao Lanhao. In study on distribution of seismic coefficient for rock slopes [C]. Earth and Space 2012@ Engineering，Science，Construction，and Operations in Challenging Environments，2012：1003-1014.

[24] R. W. Clough. The finite element method in plane stress analysis. Proceedings of the 2nd Conference on Electronic Computation，American Society of Civil Engineers，Structural Division [C]. Pittsburgh，PA. 1960.

[25] H. B. Seed，K. L. Lee，I. M. Idriss，et al. Analysis of the slides in the San Fernando dams during the earthquake of Feb. 9，1971，Report No. EERC 73-2，Earthquake Engineering Research Center [R]. University of California，Berkeley，1973.

[26] K. L. Lee. Seismic permanent deformation in earth dams，Report No. UCLA-ENG-7497，School of Engineering and Applied Science [R]. University of California，Los Angeles，1974.

[27] Fayou A，J. M. Kong，Z. Q. Ni. Research the excavation angle affect on seismic dynamic response of slope [J]. Advanced Materials Research，2012，374：2583-2587.

[28] Fayou A，J. M. Kong，Z. Q. Ni. Research the layered structure affect on seismic dynamic response of rock slope [J]. Advanced Materials Research，2012，382：439-443.

[29] G. X. Wu，G. Y. Cheng，J. S. Ding，J. Luo. Determination of critical height of cut slope of red-bed soft rock under seismic loading [J]. Advanced Materials Research，2011，261 (5)：1660-1664.

[30] T. Zhao, J. Sun, B. Zhang, et al. Analysis of slope stability with dynamic overloading from earthquake [J]. Journal of Earth Science, 2012, 23 (7): 285-296.

[31] 万少石，年廷凯，蒋景彩，等．边坡稳定强度折减有限元分析中的若干问题讨论 [J]．岩土力学，2010，31 (7)：15-22.

[32] 张伯艳，李德玉．白鹤滩水电站左岸边坡抗震分析 [J]．工程力学，2014，31 (S1)：149-154.

[33] Itasca Consulting Group Inc. FLAC3D (Fast Lagrangian Analysis of Continua in 3 Dimensions) user' ns Manuals Version 2.1, mineapolis, minnesota, 2002.

[34] J. O. Hallquist. LS-DYNA theory manual [J]. Livermore Software Technology Corporation, 2006, 33 (6): 34-39.

[35] Chen Houqun, Li Min, Zhang Boyan. Input ground motion selection for Xiao Wan High Arch Dam [C]. 13th World Conference on Earthquake Engineering, Vancouver, B. C., Canada, 2004.

[36] T. R. Chandra, B. N. Prakash, Y. Ryuichi. High-Order FEM formulation for 3-D slope instability [J]. Applied Mathematics, 2013 (4): 8-17.

[37] H. N. Gharti, D. Komatitsch, V. Oye, et al. Application of an elastoplastic spectral-element method to 3D slope stability analysis [J]. International Journal for Numerical Methods in Engineering, 2012, 91 (1): 1-26.

[38] P. A. Cundall. Formulation of three-dimensional distinct element model [J]. Part Ⅰ, A scheme to detect and represent contacts in a system composed of many polyhedral blocks, International Journal of Rock Mechanics and Mining Sciences & Geomechanics Abstracts, Elsevier, 1988, 25 (3): 107-116.

[39] R. Hart, P. A Cundall, J. Lemos. Formulation of three-dimensional distinct element model [J]. Part Ⅱ, Mechanical calculations for motion and interaction of a system composed of many polyhedral blocks, International Journal of Rock Mechanics and Mining Sciences & Geomechanics Abstracts, 1988, 25 (3): 117-125.

[40] P. A. Cundall. A computer model for simulating progressive large scale movement in blocky systems. In Proc. Symp. Int. Soci. Rock Mech., Vol. 1, paper on. Ⅱ-8, Nancy [C]. France, 1971.

[41] V. Kveldsvik, A. M. Kaynia, F. Nadim, et al. Dynamic distinct-element analysis of the 800m high Åknes rock slope [J]. International journal of rock mechanics and mining sciences, 2009, 46 (4): 686-698.

[42] M. Barbero, G. Barla. Stability analysis of a rock column in seismic conditions [J]. Rock Mechanics and Rock Engineering, 2010, 43 (6): 845-855.

[43] 王泳嘉，邢纪波．离散单元法同拉格朗日元法及其在岩土力学中的应用 [J]．岩土力学，1995，16 (2)：1-14.

[44] J. Lemos. A distinct element model for dynamic analysis of jointed rock with application to dam foundations and fault motion [D]. Ph. D. Thesis, University of Minnesota, June, 1987.

[45] Zhang Chuhan. Application of distinct element method in dynamic analysis of high rock slopes and blocky structures [J]. Soil Dynamic and Earthquake Eng, 1997, 16 (6): 385-394.

[46] 王吉亮，李会中，杨静，等．乌东德水电站右岸引水洞进口边坡稳定性研究 [J]．水利学报，2012，11 (9)：1271-1278.

[47] Shi Genhua. Block System Modeling by Discontinuous Deformation Analysis [M]. Southampton UK and Boston USA, 1993.

[48] 石根华．数值流形方法与非连续变形分析 [M]．裴觉民，译．北京：清华大学出版社，1997.

[49] Y. H. Hatzor, R. Benary. The Stability of a Laminated Voussoir Beam: Back Analysis of a Historic

Roof Collapse Using DDA [J]. Int. J. Rock Mech. Min. Sci. , 1998, 35 (2): 165-181.
[50] Y. H. Hatzora, A. Feintuch. The validity of dynamic block displacement prediction using DDA [J]. Int. J. Rock Mech. Min. Sci. , 2001, 38 (4): 599-606.
[51] 王书法，李树忱，李术才，等．节理岩质边坡变形的DDA模拟 [J]. 岩土力学，2002，23 (3): 352-354.
[52] 孙东亚，彭一江，王兴珍．DDA数值方法在岩质边坡倾倒破坏分析中的应用 [J]. 岩石力学与工程学报，2002，21 (1): 39-42.
[53] 王如路，陈乃明，刘宝琛．三维块体不连续变形分析理论简析 [J]. 岩石力学与工程学报，1996，15 (3): 219-224.
[54] Y. Cai, T. He, R. Wang. Numerical simulation of dynamic process of the Tangshan earthquake by a new method LDDA [J]. Pure and Applied Geophysics, 2000, 157 (11-12): 2083-2104.
[55] L. B. L. Hilbert, Y. W. Jr. , N. G. W. Cook, et al. A new discontinuous finite element method for interaction of many deformable bodies in geomechanices [C]. In: Pro 8th Int. Conf. Comp Meth, Adv. Geomech, 1994, 931-936.
[56] 张伯艳，陈厚群．LDDA动接触力的迭代算法 [J]. 工程力学，2007，24 (6): 1-6.
[57] 张伯艳，李德玉，何建涛．施工期裂缝对拱坝静动力响应的影响 [J]. 水力发电学报，2012，31 (1): 72-76.
[58] 李德玉，张伯艳，何建涛．官地重力坝极限抗震能力初探 [J]. 水力发电学报，2011，30 (6): 118-121.
[59] 张伯艳，李德玉，涂劲．乌东德拱坝非线性地震反应分析 [J]. 水力发电学报，2009，28 (5): 62-67.
[60] Weiyuan Zhou, Qiang Yang, Xiaodong Kou. Manifold method and its application to engineering [C]. Proc. of ICADD-2, The second international conference on analysis of discontinuous deformation. Kyoto Japan, 1997: 274-281.
[61] 周维垣，杨若琼，剡公瑞．流形元法及其在工程中的应用 [J]. 岩石力学与工程学报，1996，15 (3): 211-218.
[62] ZhuoJia Sheng, Qing Zhang, Ning Zhao. Interface stress element method for deformable body with discontinuous medium such as rock mass [C]. Proc. of ISRM-8, 1995: 939-941.
[63] 方义琳，卓家寿，章青．具有任意形状单元离散模型的界面元法 [J]. 工程力学，1998，15 (2): 27-37.
[64] 卓家寿，邵国建，陈振雷．工程稳定问题中确定滑坍面、滑向与安全度的干扰能量法 [J]. 水利学报，1997 (8): 80-84.
[65] N. M. Newmark. Effects of earthquakes on dams and embankments [J]. Geotechnique, 1965 (15): 139-160.
[66] J. Wartman, J. D. Bray, R. B. Seed. Inclined plane studies of the Newmark sliding block procedure [J]. Journal of Geotechnical and Geoenvironmental Engineering, 2003, 129 (8): 673-684.
[67] J. Wartman, R. B. Seed, J. D. Bray. Shaking table modeling of seismically induced deformations in slopes [J]. Journal of Geotechnical and Geoenvironmental Engineering, 2005, 131 (5): 610-622.
[68] R. C. Wilson, D. K. Keefer. Dynamic analysis of a slope failure from the 6 August 1979 Coyote Lake, California, earthquake [J]. Bulletin. Seismological Society of America, 1983, 73 (3): 863-877.
[69] F. I. Makdisi, H. B. Seed. Simplified procedure for estimating dam and embankment earthquake-induced deformations [J]. ASCE Journal of the GeotechnicalEngineering, 1978, 104: 849-867.

[70] J. D. Bray, E. M. Rathje. Earthquake-induced displacements of solid-waste and fills [J]. Journal of Geotechnical and Geoenvironmental Engineering, 1998, 124 (3): 242-253.

[71] E. M. Rathje, J. D. Bray. An examination of simplified earthquake-induced displacement procedures for earth structures [J]. Canadian Geotechnical Journal, 1999, 36 (1): 72-87.

[72] E. M. Rathje, J. D. Bray. Nonlinear coupled seismic sliding analysis of earth structures [J]. Journal of Geotechnical and Geoenvironmental Engineering, 2000, 126 (13): 1002-1014.

[73] J. D. Bray, T. Travasarou. Simplified procedure for estimating earthquake-induced deviatoric slope displacements [J]. Journal of Geotechnical and Geoenvironmental Engineering, 2007, 133 (4): 381-392.

[74] R. Romeo. Seismically induced landslide displacements: a predictive model [J]. Engineering Geology, 2000, 58 (3): 337-351.

[75] W. F. Peng, C. L. Wang, S. T. Chen, et al. Incorporating the effects of topographic amplification and sliding areas in the modeling of earthquake-induced landslide hazards, using the cumulative displacement method [J]. Computers & Geosciences, 2009, 35 (5): 946-966.

[76] Gen-hua Shi. A Geometric Method of Stability Analysis of Discontinuous Rocks [J]. Science in China, 1982, 25 (1): 125-148.

[77] R. E. Goodman, G. H. Shi. Block theory and its application to rock engineering [M]. London: Prentice Hall Inc, 1985.

[78] V. Greif, J. Vlcko. Key block theory application for rock slope stability analysis in the foundations of medieval castles in Slovakia [J]. Journal of Cultural Heritage, 2013, 14 (4): 359-364.

[79] G. H. Shi. In single and multiple block limit equilibrium of key block method and discontinuous deformation analysis [C]. Stability of Rock Structures, 2002: 3-43.

[80] M. L. Lin, K. L. Wang. Seismic slope behavior in a large-scale shaking table model test [J]. Engineering Geology, 2006, 86 (2): 118-133.

[81] 徐光兴，姚令侃，高召宁，等．边坡动力特性与动力响应的大型振动台模型试验 [J]. 岩石力学与工程学报，2008，27 (3)：624-632.

[82] 李振生，巨能，攀侯伟，等．陡倾层状岩质边坡动力响应大型振动台模型试验研究 [J]. 工程地质学报，2012，20 (2)：242-248.

[83] 杨国香，叶海林，伍法权，等．反倾层状结构岩质边坡动力响应特性及破坏机制振动台模型试验研究 [J]. 岩石力学与工程学报，2012，31 (11)：2214-2221.

[84] 邹威，许强，刘汉香，等．强震作用下层状岩质斜坡破坏的大型振动台试验研究 [J]. 地震工程与工程振动，2011，31 (4)：143-149.

[85] 叶海林，郑颖人，李安洪，等．地震作用下边坡预应力锚索振动台试验研究 [J]. 岩石力学与工程学报，2012，31 (A01)：2847-2854.

[86] N. Srilatha, G. Madhavi Latha, C. G. Puttappa. Effect of frequency on seismic response of reinforced soil slopes in shaking table tests [J]. Geotextiles and Geomembranes, 2013, 36 (1): 27-32.

[87] H. Murakami, T. Kaneko, H. KIMURA, et al. New criteria to qualify seismic stability of reinforced slopes [C]. 13th World Conference on Earthquake Engineering Conference Proceedings, 2004, Vancouver, B. C., Canada.

[88] 于玉贞，邓丽军．抗滑桩加固边坡地震响应离心模型试验 [J]. 岩土工程学报，2007，29 (9)：1320-1323.

[89] J. S. Lin, R. Whitman. Earthquake induced displacements of sliding blocks [J]. Journal of Geotechnical Engineering, 1986, 112 (1): 44-59.
[90] J. T. Christian, C. C. Ladd, G. B. Baecher. Reliability applied to slope stability analysis [J]. J. Geotech. Engrg, 1994, 120 (12): 2180-2207.
[91] D. Massih, J. Harb. Application of reliability analysis on seismic slope stability [C]. Advances in Computational Tools for Engineering Applications, 2009 ACTEA'09 International Conference on: IEEE, 2009: 52-57.
[92] A. S. Al-Homouda, W. W. Tahtamonib. Reliability analysis of three-dimensional dynamic slope stability and earthquake-induced permanent displacement [J]. Soil Dynamics and Earthquake Engineering, 2000, 19 (2): 91-114.
[93] C. H. Juang, Y. Y. Jhi, D. H. Lee. Stability analysis of existing slopes considering uncertainty [J]. Engineering Geology, 1998, 49 (2): 111-122.
[94] G. He, B. Yang, N. Wen. Fuzzy probabilistic analysis of seismic stability of coastal embankment [J]. China Ocean Engineering, 1996, 10 (1): 99-105.
[95] 刘云贺，张伯艳，陈厚群．拱坝地震输入模型中黏弹性边界与黏性边界的比较 [J]. 水利学报，2006，37 (6)：758-763.
[96] 何建涛，马怀发，张伯艳．黏弹性人工边界地震动输入方法及实现 [J]. 水利学报，2010，41 (8)：960-969.
[97] 柳锦春，还毅，李建权．人工边界及地震动输入在有限元软件中的实现 [J]. 地下空间与工程学报，2011，7 (2)：1774-1779.
[98] A. J. Deeks, M. F. Randolph. Axisymmetric time-domain transmitting boundaries [J]. Journal of Engineering Mechanics, ASCE, 1994, 120 (1): 25-42.
[99] 廖振鹏．工程波动理论导引 [M]. 2版．北京：科学出版社，2002.
[100] Andreas H. Nielsen. In Absorbing boundary conditions for seismic analysis in ABAQUS, ABAQUS Users' Conference, 2006: 359-376.
[101] 陈灯红，杜成斌，苑举卫．基于ABAQUS的黏弹性边界单元及在重力坝抗震分析中的应用 [J]. 世界地震工程，2010，26 (3)：127-132.
[102] J. B. Liu, Y. D. Lu. A direct method for analysis of dynamic soil-structure interaction based on interface idea [M]. In: Zhang Chuhan, Wolf J P, edited, Dynamic Soil-Structure Interaction. Academic Press, 1997: 258-273.
[103] 刘晶波，吕彦东．结构-地基动力相互作用问题分析的一种直接方法 [J]. 土木工程学报，1998，31 (3)：55-64.
[104] 陈厚群．坝址地震动输入机制探讨 [J]. 水利学报，2006，37 (12)：1417-1423.
[105] 苑举卫，杜成斌，陈灯红．基于ABAQUS的三维黏弹性边界单元及地震动输入方法研究 [J]. 三峡大学学报（自然科学版），2010，32 (3)：9-13.
[106] 于海丰，张耀春．地震动输入方法研究 [J]. 工程力学，2009，26 (1)：1-6.

第2章 基于无反射边界的地震动输入机制

2.1 引言

边坡的抗震稳定性与边坡所遭受的地震动特性紧密相关。对于一般的工程结构来说，其地震安全性的评价必须包括地震动输入、结构地震响应、结构抗力这三个必不可少的方面[1]，其中，地震动输入是抗震安全性评价的前提，也是最基础、最关键并且工程抗震安全首要解决的问题。国内外对大坝等水工结构的地震动输入机制研究比较成熟，主要包括抗震设防水准要求的制定、场址相关地震动参数的选择、坝址地震动输入机制等内容[1-2]。边坡作为一种特殊的工程结构，包括自然边坡和人工边坡，其地震动输入问题有其自身的特点，包括场地地震动参数的确定、地震波人工合成、地震动输入方式、局部场地地形和地质条件以及无限地基辐射阻尼对波传播的影响等。

局部场地地形和地质条件对地震动的传播有较大影响，不仅表现为地震动幅值的放大和缩小，而且与地震动频谱特性密切相关。可以采用间接的近似估计方法、地震动衰减经验关系方法、直接的理论分析方法等来分析场地条件对地震动特性的影响[3]，本章不再赘述。本章将重点关注边坡抗震稳定分析中地震动参数的确定、地震波人工合成、无限地基辐射阻尼效应的模拟以及地震动输入方式等方面，重点介绍无反射边界条件下的自由场输入理论，该理论中无限地基辐射阻尼效应的模拟采用 ANSYS/LS-DYNA 大型有限元软件进行。

2.2 地震动参数的确定及地震波人工合成

2.2.1 地震动参数的确定

地震动参数由于包含大量与地震破坏有关的信息，而成为研究地震作用以及结构在地震中稳定性和破坏状况的重要资料[4]。对于水利工程相关的边坡抗震稳定分析，其地震动参数主要包括边坡设计安全系数、峰值加速度、设计反应谱、地震动时间历程等。

依据《水工建筑物抗震设计标准》(GB 51247—2018)[5]的规定：边坡工程抗震分析和设计安全系数的选取，应参照《水利水电工程边坡设计规范（附条文说明）》(SL 386—2007)[6]或《水电水利工程边坡设计规范》(DL/T 5353—2006)[7]的相关规定。例如，对于边坡级别的划分，《水电水利工程边坡设计规范》(DL/T 5353—2006) 中“边坡分级与设计安全系数”部分有比较详细的规定（表 2.1)。

相应的边坡设计安全系数，也可以综合考虑边坡与建筑物的关系、边坡工程规模、工程地质条件复杂程度以及边坡稳定分析的不确定性等因素，并参照《水电水利工程边坡设计规范》（DL/T 5353—2006）中给出的水电水利工程边坡设计安全系数表（表 2.2）取得，对于失稳风险度大的或者稳定性分析中不确定因素较多的边坡，可取上限值；反之则取下限值。而对于如抗震设防类别为甲类的边坡或特别重要，有变形极限要求的边坡，则应经过边坡应力变形分析论证确定设计安全系数，通常要高于表中的规定。《水工建筑物抗震设计标准》（GB 51247—2018）中也规定对于此类边坡，应通过对边坡位移、残余位移或滑动面张开度等地震响应的综合分析，评价其变形及抗震稳定安全性。

表 2.1　水电水利工程边坡类别和级别划分

级别	类别	
	A 类 枢纽工程区边坡	B 类 水库边坡
Ⅰ级	影响 1 级水工建筑物安全的边坡	滑坡产生危害性涌浪或滑坡灾害可能危及 1 级建筑物安全的边坡
Ⅱ级	影响 2 级、3 级水工建筑物安全的边坡	可能发生滑坡并危及 2 级、3 级建筑物安全的边坡
Ⅲ级	影响 4 级、5 级水工建筑物安全的边坡	要求整体稳定面允许部分失稳或缓慢滑落的边坡

表 2.2　水电水利工程边坡设计安全系数表

级别	类别					
	A 类 枢纽工程区边坡			B 类 水库边坡		
	持久状况	短暂状况	偶然状况	持久状况	短暂状况	偶然状况
Ⅰ级	1.3～1.25	1.20～1.15	1.10～1.05	1.25～1.15	1.15～1.05	1.05
Ⅱ级	1.25～1.15	1.15～1.05	1.05	1.15～1.05	1.10～1.05	1.05～1.00
Ⅲ级	1.15～1.05	1.10～1.05	1.00	1.10～1.00	1.05	≤1.00

参照我国相关的标准规范，设计地震峰值加速度的确定需要分一般工程和特殊工程两种情况。对于一般工程，通常需要参照“中国地震动参数区划图”，而对于特殊工程，即需要甲类抗震设防的重大工程，需要参照相关的“场址基岩地震动峰值加速度计算成果表”，该表是地震部门针对该工程场址进行危险性分析得到。一般情况下，竖向峰值加速度小于水平峰值加速度，并且随着地震震级以及到工程场址的距离的改变，竖向峰值加速度与水平峰值加速度比值也随之变化，统计结果认为，竖向峰值加速度分量与水平分量的比值大概为 2∶3，且竖直分量与水平分量之间，以及两个水平分量之间都互不相关[8]。黄慧华[9]研究认为，随着震级增大，竖向峰值加速度与水平峰值加速度比值的衰减曲线趋于平缓。边坡设计反应谱在水工抗震标准已经明确规定，一般按此取值即可。需要指出的是，在《水工建筑物抗震设计标准》（GB 51247—2018）发布以前，边坡抗震设计反应谱一般参照重力坝等水工建筑物的标准反应谱确定。

2.2.2 地震波人工合成

无论是进行大型水工结构（高坝、边坡等）的动力分析还是抗震试验，都必须确定入射波的地震动时程，一般情况下可以通过直接使用强震仪记录地震波，或者人工合成地震波两种方式来获取地震动时程。目前使用人工合成的地震波在实际工程中得到了普遍应用，其合成质量的好坏直接关系动力分析和抗震试验的结果[10]。

地震波的人工合成通常包括频域法和时域法两种，最早由麻省理工学院[11]提出的谱拟合法就是一种频域法，将地震动相位角视作是均匀分布，通过对幅值谱的调整来实现与反应谱的拟合，因此收敛精度较差，而我国的胡聿贤[12-13]等提出了考虑相位的人造地震动谱拟合，谱拟合的精度有所提高，但仍然属于频域法，其计算较为复杂。Lilhanand 和 W. S. Tseng[14]等提出的利用实际地震记录进行修正的谱拟合方法通过时域变分获得与目标反应谱拟合的地震波，属于时域法，我国的学者，如蔡长青[15]、张伯艳[10,16]等也对其进行了更深入的探索。时域法因具有操作简单、计算效率高、编程简单易行、具有较高的收敛精度等优点而得到了大力的发展和广泛的应用。

用时域法合成谱进行人工地震波拟合的原理如下：

地震时，单质点系产生的最大反应如下：

$$S_{ik} = S(\xi_i,\omega_k) = \int_0^{t_{ik}} a(\tau)\, h_{ik}(t_{ik} - \tau)\mathrm{d}\tau \tag{2.1}$$

式中 $a(\tau)$——地面加速度；

t_{ik}——最大反应发生的时刻；

h_{ik}——单位脉冲反应。

由式（2.1）可知，反应谱是阻尼比ξ_i、固有频率ω_k以及地面加速度$a(\tau)$的函数，因而在实际工程中进行地震波谱拟合时一般需确定阻尼比、特征周期和反应谱最大值的代表值等参数。

地面加速度$a_0(\tau)$对应的单质点系最大反应如下：

$$S_{ik}^0 = \int_0^{t_{ik}^0} a_0(\tau)\, h_{ik}(t_{ik}^0 - \tau)\mathrm{d}\tau \tag{2.2}$$

此时最大反应发生的时刻为t_{ik}^0。

设$a(\tau) = a_0(\tau) + \delta a_0(\tau)$，将其代入式（2.1），并用式（2.1）减去式（2.2)得：

$$\begin{aligned}\delta S_{ik} &= S_{ik} - S_{ik}^0 \\ &= \int_0^{t_{ik}} [a_0(\tau) + \delta a_0(\tau)] h_{ik}(t_{ik} - \tau)\mathrm{d}\tau - \int_0^{t_{ik}^0} a_0(\tau)\, h_{ik}(t_{ik}^0 - \tau)\mathrm{d}\tau \\ &= \int_0^{t_{ik}^0} \delta a_0(\tau)\, h_{ik}(t_{ik}^0 - \tau)\mathrm{d}\tau + E_{rr}\end{aligned} \tag{2.3}$$

其中，

$$E_{rr}=\int_0^{t_{ik}}a(\tau)\,h_{ik}(t_{ik}-\tau)\mathrm{d}\tau-\int_0^{t_{ik}^0}a(\tau)\,h_{ik}(t_{ik}^0-\tau)\mathrm{d}\tau \tag{2.4}$$

当地面加速度地震波 a (t) 与a_0 (t) 具有相似的形状时，$t_{ik}^0\approx t_{ik}$，则$E_{rr}\approx 0$，此时，

$$\delta S_{ik}=\int_0^{t_{ik}^0}\delta a_0(\tau)\,h_{ik}(t_{ik}^0-\tau)\mathrm{d}\tau \tag{2.5}$$

若已知地震动a_0 (τ)，则式（2.5）中的未知量仅为 δa_0 (τ)，令

$$\delta a_0(\tau)=\sum_{j=1}^{M}\sum_{l=1}^{N}b_{jl}\,h_{jl}(t_{jl}^0-\tau) \tag{2.6}$$

将式（2.6）代入式（2.5）得到：

$$\sum_{j=1}^{M}\sum_{l=1}^{N}H_{ijkl}\,b_{jl}=\delta S_{ik}(i=1,\cdots,M,k=1,\cdots,N) \tag{2.7}$$

$$H_{ijkl}=\int_0^{t_{ik}^0}h_{jl}(t_{jl}^0-\tau)\,h_{ik}(t_{ik}^0-\tau)\mathrm{d}\tau \tag{2.8}$$

式中　M——阻尼比的个数；

　　　N——频率点的个数。

若事先给定地震动时程a_0 (τ)，那么其对应的阻尼比和频率相对应的最大反应发生时刻可求，从而可以解出式（2.8），将其代入式（2.7）可求得系数b_{jl}，继而将b_{jl}代入式（2.6），可求得 δa_0 (τ)，进而求得地面加速度 a (τ)。反复迭代上述过程，结果具有较高的精度和收敛性。

2.3　无反射边界理论及程序应用

在边坡动力分析中，地震波向无限远域传播，且外传波在计算截取的有限范围地基边界发生反射，有可能会人为地夸大坡体的动力响应，继而导致即使计算时取足够大的地基范围也不能有效模拟地基与边坡的动力相互作用，为了消除边坡的无限地基辐射效应[17-18]，需要设置人工边界。

对于实际的工程来说，所采用的人工边界条件应满足两点要求：其一是精度要求，至少需要有一阶以上的精度；其二是程序容易实现，具有较高的计算效率。黏性边界和黏弹性边界由于同时满足了精度和计算效率两方面的要求，在工程中得到了普遍的应用。一般情况下，通用有限元程序，如 ANSYS、ABSQUS 等，在模型建立过程中设置黏弹性边界需要首先选取边界的节点，之后分别在节点上连接弹簧和阻尼单元（图 2.1），并设置相应的参数，过程相对来说比较复杂。在大型通用有限元软件 ANSYS/LS-DYNA 中，有一个自带的无反射边界（non-reflecting boundary），该边界与黏性边界作用机理相同，程序实现起来十分方便。

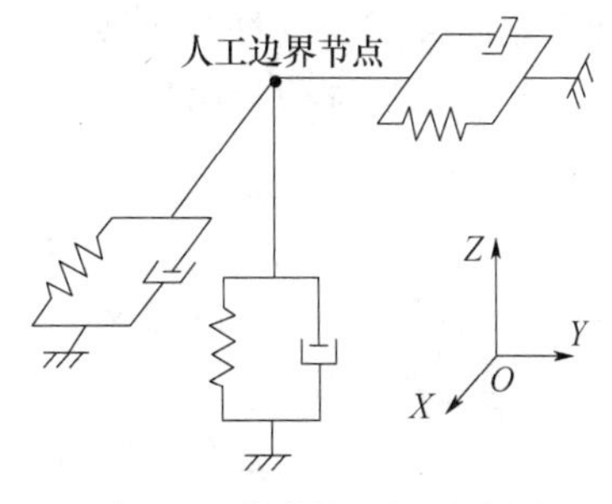

图 2.1　黏弹性边界示意图

2.3.1 ANSYS/LS-DYNA 简介

ANSYS 是一个大型通用有限元软件，与 FLAC 一样，在边坡稳定分析中得到广泛应用[19-21]，而 LS-DYNA 作为著名的通用显式非线性动力分析程序，具有其自身的优势，对于复杂的几何、材料甚至接触非线性问题，均可进行有效模拟。将 LS-DYNA 与 ANSYS 的前处理器 PREP7 和后处理器 POST1、POST26 结合起来，形成的 ANSYS/LS-DYNA 程序，既可以充分利用 ANSYS 程序完善的前后处理能力，又可以用到 LS-DYNA 强大的非线性分析能力，LS-DYNA 强大的后处理程序 LS-PREPOST 也可以用于计算结果的显示和处理，甚至可以输出模型在外力作用下的整个运动破坏过程，使计算结果更加直观。值得注意的是，LS-DYNA 中的摩尔-库仑材料模型，可以很好地模拟边坡材料非线性特征，特别适用于边坡结构的强度折减有限元计算；另外，LS-DYNA 的无反射边界也可以方便地消除地震波在人工边的反射。

LS-DYNA 显式动力分析，主要利用中心差分法进行时间积分，其基本概念如下：

在t_n时刻，节点的加速度向量如下：

$$\boldsymbol{a}(t_n)=\boldsymbol{M}^{-1}\left[\boldsymbol{P}(t_n)+\boldsymbol{F_B}(t_n)-\boldsymbol{F}^{\text{int}}(t_n)\right] \tag{2.9}$$

式中 $\boldsymbol{P}$——静外力向量（包括体力经转化的等效节点力）；

$\boldsymbol{F_B}$——作用于边界的地震力向量；

$\boldsymbol{F}^{\text{int}}$——内力向量，它由下面几项构成：

$$\boldsymbol{F}^{\text{int}}=\int_{\Omega}\boldsymbol{B}^{\text{T}}\boldsymbol{\sigma}\,\text{d}\Omega+\boldsymbol{F}^{\text{hg}}+\boldsymbol{F}^{\text{contact}} \tag{2.10}$$

式中 $\boldsymbol{B}^{\text{T}}$——应变矩阵；

$\boldsymbol{\sigma}$——应力向量；

$\boldsymbol{F}^{\text{hg}}$——沙漏阻力向量；

$\boldsymbol{F}^{\text{contact}}$——接触力向量。

以上三项分别为t_n时刻时单元的应力场等效节点力向量、沙漏阻力向量以及接触力向量。在进行单点积分时，由于单元应变是由各节点位移进行插值而得到的，有可能出现节点位移不为零，而应变却为零的情形，人们将这种形式称为沙漏模式（零能模式），如果不对沙漏模式进行控制，有可能会影响整个模型的计算结果。沙漏阻力正是基于这种现象而设定的一种控制沙漏，消除沙漏影响的方法。

节点速度和位移向量通过下面两式计算：

$$v(t_{n+1/2})=v(t_{n-1/2})+0.5a(t_n)(\Delta t_{n-1}+\Delta t_n) \tag{2.11}$$

$$u(t_{n+1})=u(t_n)+v(t_{n+1/2})\Delta t_n \tag{2.12}$$

时间步与时间点的定义如下：

$$\Delta t_{n-1}=t_n-t_{n-1},\quad \Delta t_n=t_{n+1}-t_n \tag{2.13}$$

$$\Delta t_{n-1/2}=0.5(t_n-t_{n-1}),\quad \Delta t_{n+1/2}=0.5(t_{n+1}-t_n) \tag{2.14}$$

$t+\Delta t$ 时刻的几何构型被认为是初始构型 x_0 与 Δt 时间内的位移增量$u_{t+\Delta t}$之和，即：

$$x_{t+\Delta t}=x_0+u_{t+\Delta t} \tag{2.15}$$

从计算效率的角度来讲，LS-DYNA 显式动力分析有以下优点：一是该分析不需要形成总体刚度矩阵，只是将弹性项包含在内力项中，从而规避了矩阵的求逆运算；二是质量阵是对角阵，利用上述递推公式求解运动方程时，仅需利用矩阵乘法即可获取右端的等效荷载向量。需要指出的是，质量矩阵的对角化，常常还能显示出精度的改善[22]，因此采用通用程序 LS-DYNA 进行显式分析，应能满足计算精度的要求。通过编写相应的程序，式（2.9）的地震力可以作为右端力项通过 LS-DYNA 显式分析求解，从而实现边坡稳定分析的地震输入。

2.3.2 LS-DYNA 无反射边界理论

ANSYS/LS-DYNA 程序提供了丰富的边界约束条件[23]，无反射边界（non-reflecting boundary）就是其中之一。该边界常被应用于 SOLID164 单元上，通过对传至边界的人工应力波进行吸收，起到防止其重新反射进入模型的效果。该无反射边界本质为黏性边界，当外传波到达人工边界时，无反射边界产生相应的边界反力，吸收外传波的能量，从而模拟无限域的影响[24]。

传统的黏性人工边界是在人工边界上施加连续分布的阻尼器，以此来消除散射波在人工边界上的反射，其中阻尼器的阻尼系数可定义为[25]：

$$C_b=\rho c \tag{2.16}$$

式中 ρ——材料密度；

c——介质波速，对于法向人工边界，c 取压缩波波速；对于切向人工边界，c 取剪切波波速。

在单自由度体系里，黏性阻尼力可以表示如下：

$$f_D=C\dot{u} \tag{2.17}$$

式中 C——阻尼系数；

$\dot{u}$——质点运动速度。

将式（2.16）代入式（2.17）中可得：

$$f_D=\rho c\dot{u} \tag{2.18}$$

式中 f_D——黏性阻尼力；

ρ——材料密度；

c——介质波速；

$\dot{u}$——质点运动速度。

由于无反射边界是一种本质上的黏性边界，其对模型施加的边界力实际等同于黏性阻尼力，因此无反射边界力可定义为[23]：

法向应力：
$$\sigma_N=-\rho C_d\dot{u}_N \tag{2.19}$$

切向应力：
$$\sigma_T=-\rho C_s\dot{u}_T \tag{2.20}$$

式中 ρ——材料密度；

C_d 和 C_s——介质的压缩和剪切波速；

$\dot{u}_N$ 和 $\dot{u}_T$——边界质点的法向和切向运动速度。

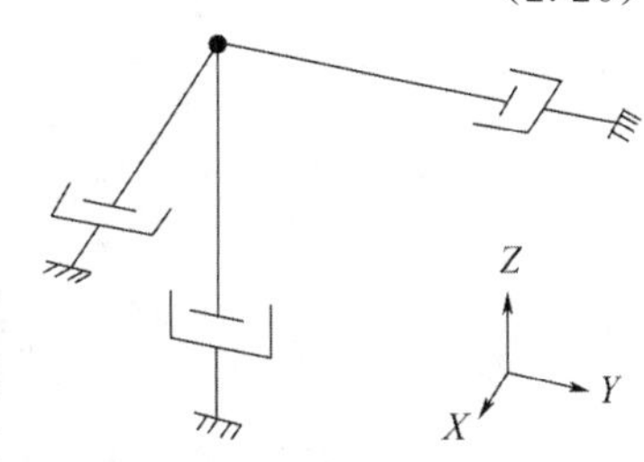

图 2.2 黏性边界示意图

图 2.2 为黏性边界示意图，其在 ANSYS 等软件上得到了普遍应用，一端与人工边界节点相连，另一端与远域地基相连，而 ANSYS/LS-DYNA 无反射边界则简化了这一过程，通过 NSEL、CM、EDNB 三个简单命令即可实

现，首先利用 NSEL 命令选择需要施加无反射边界的人工边界外表面的所有节点，然后利用 CM 命令将这些节点组合起来，形成一个边界节点组元，最后用 EDNB 命令在这些节点组元上施加无反射边界，并可以有选择地吸收膨胀波或者剪切波[26]。其命令格式如下：

```
EDNB, Option, Cname, AD, AS
```

其中：Option 有 ADD（定义）、DELE（删除）、LIST（列表显示）等选项；Cname 为无反射边界节点组元的名称；AD，AS 分别为压缩波和剪切波的吸收激活选项，1 表示无反射边界被激活，0 表示不被激活。无反射边界在 ANSYS/LS-DYNA 关键词 * K 文件中用 * BOUNDARY _ NON _ REFLECTING 来表示。

2.3.3 数值算例验证

为了验证 ANSYS/LS-DYNA 程序无反射边界的吸能效果，进行一维数值算例的验证。设置高 50m，长宽各 2m 的竖直直杆，其有限元网格剖分如图 2.3 所示，在直杆底端采用 ANSYS/LS-DYNA 无反射边界进行吸能，顶端自由。材料弹性模量为 24MPa，剪切模量为 10MPa，泊松比为 0.2，质量密度为 1000kg/m^3，阻尼比为 0，在其底端作用垂直向上入射的水平向单位脉冲速度波见式（2.21）：

图 2.3　竖直直杆的有限元网格

$$\dot{u}_0(t)=\frac{1}{2}[1-\cos(2\pi ft)]$$
$$f=4.0,\quad 0\leqslant t\leqslant 0.25 \tag{2.21}$$

也可将该速度波转化为应力波输入见式（2.22）：

$$\tau(t)=\rho c_s[1-\cos(2\pi ft)]=[1-\cos(2\pi ft)]\times 10^5 \tag{2.22}$$

采用 ANSYS/LS-DYNA 程序进行有限元分析，计算时间为 2s，得到底部、中部和顶部的速度响应，如图 2.4 所示。

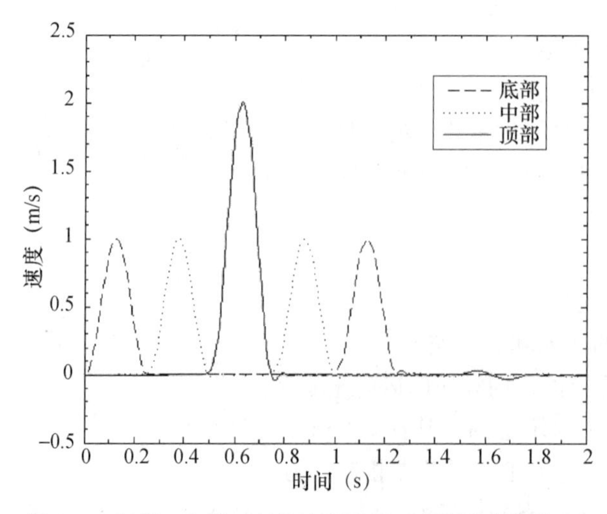

图 2.4　底部、中部、顶部速度时程（底端速度波输入）

从图2.4可见，0.25s时，地震波到达直杆的中间部位；0.5s时，到达直杆顶端，由于顶端为自由表面，地震波放大了两倍，之后又经过反射，沿着直杆向下传播；1.25s后再一次到达直杆底端，由于底部无反射边界的作用，地震波能量被吸收，不再由底端向上反射，底部、中部、顶部各部位的速度时程均趋于零。采用速度波和应力波两种输入方式，有限元计算结果与理论解一致（表2.3），误差在可控范围内。表明上述地震输入过程中无反射吸能边界很好地吸收了外传波，具有和黏弹性边界或黏性边界相当的吸能效果，且使用简单方便。该无反射边界对于二维、三维模型同样适用，此处不再赘述。

表2.3　两种地震波输入方式下直杆不同部位最大速度反应及其误差

部位	速度波输入			应力波输入		
	数值解（m/s）	理论解（m/s）	相对误差（%）	数值解（m/s）	理论解（m/s）	相对误差（%）
底部	0.998289	1.00000	0.1711	1.01294	1.00000	1.294
中部	0.999022	1.00000	0.0978	1.00154	1.00000	0.154
顶部	2.00341	2.00000	0.1705	2.00743	2.00000	0.3715

2.4　基于无反射边界的自由场输入理论

地震怎样作用于边坡，这是边坡动力稳定分析的难点之一。合理的地震动输入方式包括两个层面的内容：一是人工边界的选取；二是科学合理的地震波场处理方法[27]。对于人工边界的选取已在2.3节中做了介绍，而地震波场的处理包括自由波场和散射波场两部分，其中散射波场是由近场“地基-结构”体系产生，并且可以由人工边界吸收。

在极限平衡分析中，地震被简化为大小与方向均不变的荷载，这与实际的地震作用相差较大。事实上，地震是地震波在介质中的传播过程，大小与方向均随时间变化，针对这一情况，有关专家学者进行了一系列的研究，如刘晶波等[28-29]提出散射波由黏弹性人工边界吸收，而入射波则转化为作用于人工边界上的等效荷载，从而实现波动输入，杜修力等[30-31]给出了黏弹性边界各边界面的地震等效荷载的解析应力公式，贺向丽等[32]则在此基础上，通过进一步完善波场分离的概念，提出基于黏弹性人工边界的更一般化的计算地震等效荷载的公式。然而，以上的研究都是在人工边界为黏弹性的条件下提出的，对于黏性边界条件下的地震动输入则存在一定的差别。本节将基于ANSYS/LS-DYNA无反射人工边界条件，提出一种可与ANSYS/LS-DYNA程序无缝连接的，更为有效的自由场输入理论。

2.4.1　地震动输入方法

对于黏弹性人工边界条件下的地震动输入已经有很多成熟的理论，目前普遍接受的一种比较合理的理论是黏弹性边界自由场输入理论[17-18]，该理论基于黏弹性人工边界，考虑人工边界阻尼器和弹簧力的作用，将目标地震动转化为人工边界面上所有节点的等效节点力，通过节点力的加载来实现目标地震动的输入。

将人工边界设置为黏弹性边界，作用在人工边界节点上的等效节点力可表示为：

$$F_b=(\boldsymbol{K}_b\boldsymbol{u}_b^{ff}+\boldsymbol{C}_b\dot{\boldsymbol{u}}_b^{ff}+\boldsymbol{\sigma}_b^{ff}\boldsymbol{n})A_b \tag{2.23}$$

式中 $\boldsymbol{K}_b$——构成黏弹性边界的弹簧刚度矩阵；

$\boldsymbol{C}_b$——黏弹性边界的阻尼系数矩阵；

$\boldsymbol{\sigma}_b^{ff}$——自由场应力张量；

$\boldsymbol{u}_b^{ff}$——边界节点处的自由场位移向量，设$\boldsymbol{u}_b^{ff}=[u\ v\ w]^{\mathrm{T}}$；

$\dot{\boldsymbol{u}}_b^{ff}$——自由场速度向量，设$\dot{\boldsymbol{u}}_b^{ff}=[\dot{u}\ \dot{v}\ \dot{w}]^{\mathrm{T}}$；

A_b——边界节点的影响面积；

n——边界外法线方向余弦向量。

式（2.23）中的第一项$\boldsymbol{K}_b\boldsymbol{u}_b^{ff}$是为了消除黏弹性边界弹簧对地震动的影响，第二项$\boldsymbol{C}_b\dot{\boldsymbol{u}}_b^{ff}$是为了消除阻尼器对地震动输入的影响，第三项$\boldsymbol{\sigma}_b^{ff}\boldsymbol{n}$是自由场运动在人工边界面上产生的应力。

对于 ANSYS/LS-DYNA 无反射边界，其本质为黏性边界，相当于在人工边界上设置阻尼器用来吸收外传波的能量，然而其只考虑了人工边界的阻尼吸能作用，没有模拟远域地基的弹性恢复性能，因此在上述等效节点力的计算过程中，不存在消除弹簧边界对地震动影响的那一项。

$$\boldsymbol{F}_b=(\boldsymbol{C}_b\dot{\boldsymbol{u}}_b^{ff}+\boldsymbol{\sigma}_b^{ff}\boldsymbol{n})A_b \tag{2.24}$$

式中 $\boldsymbol{A}_b$——有限元边界节点的影响面积；

$\boldsymbol{n}$——边界外法线方向余弦向量；

$\boldsymbol{C}_b$——3×3 的对角矩阵，边界面不同，其形式也会有所不同，当边界面外法线方向与 x 轴平行时为$\begin{bmatrix}C_{BN}&&\\&C_{BT}&\\&&C_{BT}\end{bmatrix}$，与 y 轴平行时为$\begin{bmatrix}C_{BT}&&\\&C_{BN}&\\&&C_{BT}\end{bmatrix}$，与 z 轴平行时为$\begin{bmatrix}C_{BT}&&\\&C_{BT}&\\&&C_{BN}\end{bmatrix}$。

其分量大小视纵波或剪切波而有所不同，

对于纵波：

$$C_{BN}=\rho c_p \tag{2.25}$$

对于剪切波：

$$C_{BT}=\rho c_s \tag{2.26}$$

式中 c_p、c_s——P 波和 S 波的波速。

由几何方程可以求得自由场应变：

$$\begin{aligned}&\varepsilon_{xx}=\frac{\partial u}{\partial x}=0;\ \varepsilon_{yy}=\frac{\partial v}{\partial y}=0;\ \varepsilon_{zz}=\frac{\partial w}{\partial z};\ \varepsilon_{yz}=\frac{\partial w}{\partial y}+\frac{\partial v}{\partial z}=\frac{\partial v}{\partial z};\\&\varepsilon_{zx}=\frac{\partial w}{\partial x}+\frac{\partial u}{\partial z}=\frac{\partial u}{\partial z};\ \varepsilon_{xy}=\frac{\partial u}{\partial y}+\frac{\partial v}{\partial x}=0\end{aligned} \tag{2.27}$$

由物理方程可以求得自由场应力：

$$\begin{Bmatrix}\sigma_{xx}\\\sigma_{yy}\\\sigma_{zz}\\\sigma_{yz}\\\sigma_{zx}\\\sigma_{xy}\end{Bmatrix}=\begin{bmatrix}\lambda+2\mu & \lambda & \lambda & & & \\ \lambda & \lambda+2\mu & \lambda & & & \\ \lambda & \lambda & \lambda+2\mu & & & \\ & & & \mu & & \\ & & & & \mu & \\ & & & & & \mu\end{bmatrix}\begin{Bmatrix}0\\0\\\varepsilon_{zz}\\\varepsilon_{yz}\\\varepsilon_{zx}\\0\end{Bmatrix}$$

$$=\begin{Bmatrix}\lambda\varepsilon_{zz}\\\lambda\varepsilon_{zz}\\(\lambda+2\mu)\ \varepsilon_{zz}\\\mu\varepsilon_{yz}\\\mu\varepsilon_{zx}\\0\end{Bmatrix}=\begin{Bmatrix}\lambda\dfrac{\partial\omega}{\partial z}\\\lambda\dfrac{\partial\omega}{\partial z}\\(\lambda+2\mu)\ \dfrac{\partial\omega}{\partial z}\\\mu\dfrac{\partial v}{\partial z}\\\mu\dfrac{\partial u}{\partial z}\\0\end{Bmatrix}\tag{2.28}$$

设底边界入射位移波为u_0 (*t*)、v_0 (*t*)、ω_0 (*t*)，根据一维波动理论，任意 *t* 时刻 *h* 位置的位移波是入射位移波和反射位移波的叠加，因此有：

$$u=u_0\left(t-\frac{h}{c_s}\right)+u_0\left(t-\frac{2H-h}{c_s}\right)\tag{2.29}$$

$$v=v_0\left(t-\frac{h}{c_s}\right)+v_0\left(t-\frac{2H-h}{c_s}\right)\tag{2.30}$$

$$\omega=\omega_0\left(t-\frac{h}{c_p}\right)+\omega_0\left(t-\frac{2H-h}{c_p}\right)\tag{2.31}$$

分别求导得：

$$\dot{u}=\dot{u}_0\left(t-\frac{h}{c_s}\right)+\dot{u}_0\left(t-\frac{2H-h}{c_s}\right)\tag{2.32}$$

$$\frac{\partial u}{\partial z}=-\frac{1}{c_s}\left[\dot{u}_0\left(t-\frac{h}{c_s}\right)-\dot{u}_0\left(t-\frac{2H-h}{c_s}\right)\right]\tag{2.33}$$

$$\dot{v}=\dot{v}_0\left(t-\frac{h}{c_s}\right)+\dot{v}_0\left(t-\frac{2H-h}{c_s}\right)\tag{2.34}$$

$$\frac{\partial v}{\partial z}=-\frac{1}{c_s}\left[\dot{v}_0\left(t-\frac{h}{c_s}\right)-\dot{v}_0\left(t-\frac{2H-h}{c_s}\right)\right]\tag{2.35}$$

$$\dot{\omega}=\dot{\omega}_0\left(t-\frac{h}{c_p}\right)+\dot{\omega}_0\left(t-\frac{2H-h}{c_p}\right)\tag{2.36}$$

$$\frac{\partial\omega}{\partial z}=-\frac{1}{c_p}\left[\dot{\omega}_0\left(t-\frac{h}{c_p}\right)-\dot{\omega}_0\left(t-\frac{2H-h}{c_p}\right)\right]\tag{2.37}$$

其中，*H* 为底面边界与顶面地表之间的距离，*h* 为底面边界与各人工边界节点之间的距离，*H*、*h* 的位置如图 2.5 所示，任意 *t* 时刻节点 *A* 受到了来自底面边界入射波和来自模型顶面边界反射波的共同作用。

对于底面和四个侧面，由于边界外法线方向余弦向量 *n* 以及阻尼系数矩阵C_b随着边界面的不同而有所不同，因此需要对其分别讨论。

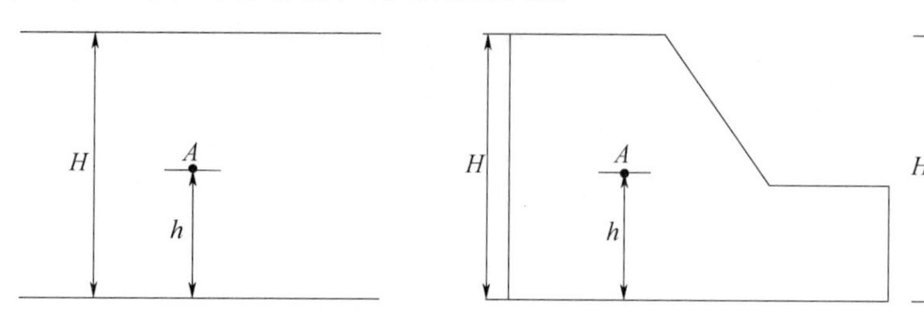

图 2.5　H、h 位置示意图

1）底面，$h=0$，$n=[0\quad 0\quad -1]^{\mathrm{T}}$

将式（2.33）、式（2.35）、式（2.37）分别代入式（2.28）中，得到自由场应力，并与式（2.32）、式（2.34）、式（2.36）及 $n=[0\quad 0\quad -1]^{\mathrm{T}}$ 一并代入式（2.24）中可得：

$$\left\{\begin{aligned}F_{bx}^{-z}&=A_b\left\{C_{BT}\left[\dot{u}_0(t)+\dot{u}_0\left(t-\frac{2H}{c_s}\right)\right]+\rho c_s\left[\dot{u}_0(t)-\dot{u}_0\left(t-\frac{2H}{c_s}\right)\right]\right\}=2A_b\rho c_s\dot{u}_0(t)\\F_{by}^{-z}&=A_b\left\{C_{BT}\left[\dot{v}_0(t)+\dot{v}_0\left(t-\frac{2H}{c_s}\right)\right]+\rho c_s\left[\dot{v}_0(t)-\dot{v}_0\left(t-\frac{2H}{c_s}\right)\right]\right\}=2A_b\rho c_s\dot{v}_0(t)\\F_{bz}^{-z}&=A_b\left\{C_{BN}\left[\dot{w}_0(t)+\dot{w}_0\left(t-\frac{2H}{c_p}\right)\right]+\rho c_p\left[\dot{w}_0(t)-\dot{w}_0\left(t-\frac{2H}{c_p}\right)\right]\right\}=2A_b\rho c_p\dot{w}_0(t)\end{aligned}\right. \tag{2.38}$$

2）x 负向侧面，$n=[-1\quad 0\quad 0]^{\mathrm{T}}$，同理可得：

$$\left\{\begin{aligned}F_{bx}^{-x}&=A_b\left\{C_{BN}\left[\dot{u}_0\left(t-\frac{h}{c_s}\right)+\dot{u}_0\left(t-\frac{2H-h}{c_s}\right)\right]+\frac{\lambda}{c_p}\left[\dot{w}_0\left(t-\frac{h}{c_p}\right)-\dot{w}_0\left(t-\frac{2H-h}{c_p}\right)\right]\right\}\\F_{by}^{-x}&=A_bC_{BT}\left[\dot{v}_0\left(t-\frac{h}{c_s}\right)+\dot{v}_0\left(t-\frac{2H-h}{c_s}\right)\right]\\F_{bz}^{-x}&=A_b\left\{C_{BT}\left[\dot{w}_0\left(t-\frac{h}{c_p}\right)+\dot{w}_0\left(t-\frac{2H-h}{c_p}\right)\right]+\rho c_s\left[\dot{u}_0\left(t-\frac{h}{c_s}\right)-\dot{u}_0\left(t-\frac{2H-h}{c_s}\right)\right]\right\}\end{aligned}\right. \tag{2.39}$$

3）x 正向侧面，$n=[1\quad 0\quad 0]^{\mathrm{T}}$，同理可得：

$$\left\{\begin{aligned}F_{bx}^{+x}&=A_b\left\{C_{BN}\left[\dot{u}_0\left(t-\frac{h}{c_s}\right)+\dot{u}_0\left(t-\frac{2H-h}{c_s}\right)\right]-\frac{\lambda}{c_p}\left[\dot{w}_0\left(t-\frac{h}{c_p}\right)-\dot{w}_0\left(t-\frac{2H-h}{c_p}\right)\right]\right\}\\F_{by}^{+x}&=A_bC_{BT}\left[\dot{v}_0\left(t-\frac{h}{c_s}\right)+\dot{v}_0\left(t-\frac{2H-h}{c_s}\right)\right]\\F_{bz}^{+x}&=A_b\left\{C_{BT}\left[\dot{w}_0\left(t-\frac{h}{c_p}\right)+\dot{w}_0\left(t-\frac{2H-h}{c_p}\right)\right]-\rho c_s\left[\dot{u}_0\left(t-\frac{h}{c_s}\right)-\dot{u}_0\left(t-\frac{2H-h}{c_s}\right)\right]\right\}\end{aligned}\right. \tag{2.40}$$

4）y 负向侧面，$n=[0\quad -1\quad 0]^{\mathrm{T}}$，同理可得：

$$\left\{\begin{aligned}F_{bx}^{-y}&=A_bC_{BT}\left[\dot{u}_0\left(t-\frac{h}{c_s}\right)+\dot{u}_0\left(t-\frac{2H-h}{c_s}\right)\right]\\F_{by}^{-y}&=A_b\left\{C_{BN}\left[\dot{v}_0\left(t-\frac{h}{c_s}\right)+\dot{v}_0\left(t-\frac{2H-h}{c_s}\right)\right]+\frac{\lambda}{c_p}\left[\dot{w}_0\left(t-\frac{h}{c_p}\right)-\dot{w}_0\left(t-\frac{2H-h}{c_p}\right)\right]\right\}\\F_{bz}^{-y}&=A_b\left\{C_{BT}\left[\dot{w}_0\left(t-\frac{h}{c_p}\right)+\dot{w}_0\left(t-\frac{2H-h}{c_p}\right)\right]+\rho c_s\left[\dot{v}_0\left(t-\frac{h}{c_s}\right)-\dot{v}_0\left(t-\frac{2H-h}{c_s}\right)\right]\right\}\end{aligned}\right. \tag{2.41}$$

5）y 正向侧面，$n=[0\quad 1\quad 0]^{\mathrm{T}}$，同理可得：

$$\begin{cases} F_{bx}^{+y}=A_bC_{BT}\left[\dot{u}_0\left(t-\dfrac{h}{c_s}\right)+\dot{u}_0\left(t-\dfrac{2H-h}{c_s}\right)\right] \\ F_{by}^{+y}=A_b\left\{C_{BN}\left[\dot{v}_0\left(t-\dfrac{h}{c_s}\right)+\dot{v}_0\left(t-\dfrac{2H-h}{c_s}\right)\right]-\dfrac{\lambda}{c_p}\left[\dot{w}_0\left(t-\dfrac{h}{c_p}\right)-\dot{w}_0\left(t-\dfrac{2H-h}{c_p}\right)\right]\right\} \\ F_{bz}^{+y}=A_b\left\{C_{BT}\left[\dot{w}_0\left(t-\dfrac{h}{c_p}\right)+\dot{w}_0\left(t-\dfrac{2H-h}{c_p}\right)\right]-\rho c_s\left[\dot{v}_0\left(t-\dfrac{h}{c_s}\right)-\dot{v}_0\left(t-\dfrac{2H-h}{c_s}\right)\right]\right\} \end{cases} \tag{2.42}$$

2.4.2　地震动输入的程序实现

为了使上述无反射边界的自由场输入理论得以实现，本书采用 ANSYS/LS-DYNA 大型有限元程序进行。首先采用 nsel、cm 以及 ednb 等命令，通过在人工边界处施加无反射边界（non-reflecting boundary）来吸收外传波。地震动输入则需要依据上文中的计算公式，将已知的地震动速度波$\dot{u}_0$（t）、$\dot{v}_0$（t）、$\dot{w}_0$（t）转化为底面和四个侧面的等效节点力时间历程曲线，采用 edload，add，fx/fy/fz，……命令进行人工边界面节点的力的加载，每一个节点的加载曲线都不尽相同。

本节采用一个简单的三维模型单位脉冲加载例题对 ANSYS/LS-DYNA 无反射边界自由场输入的程序实现加以说明。该三维模型长 26m、宽 26m、高 50m，材料弹性模量为 24MPa，质量密度为 1000kg/m^3，泊松比为 0.2，阻尼比为 0。在模型底面、x 负向侧面、x 正向侧面、y 负向侧面、y 正向侧面均作用无反射吸能边界，并采用底面和侧面五面加载的方式，在底面和侧面节点上分别施加 x，y，z 方向随时间变化的等效节点力，设

$$\dot{u}_0(t)=\frac{1}{2}[1-\cos(2\pi ft)],\ \dot{v}_0(t)=\dot{w}_0(t)=0 \tag{2.43}$$

等效节点力的计算公式依据上文。

在 ANSYS/LS-DYNA 程序中输入的命令流见本章附录。

需要指出的是，由于程序占用内存较大，程序默认的内存不够，因此需要在计算生成的 *K 文件中做一个修改，文件第一行改为 *KEYWORD memory＝800000000（或者较大的数值），计算才能顺利进行。命令流中的模型的参数以及加载曲线都可以根据实际情况做相应的修改。另外值得注意的是，对于一般情况下的边坡，沿顺坡向两侧高度不一致，一般认为可以将两边的 H 设为相同值，取其中较高一侧的高程差作为 H 值，而较低一侧的上面部分可以假设为输入虚拟的等效节点力。

2.4.3　数值算例验证

利用 ANSYS/LS-DYNA 有限元软件，建立一个长、宽各为 26m，高为 50m 的三维模型（2.4.2 节），模型的有限元网格如图 2.6 所示。对其底面和侧面施加无反射边界，并利用上述自由场输入方式进行模型底面和侧面边界等效节点力的输入，模型建立和计算的命令流已在附录中给出，其本质上相当于在模型中输入 x 向的单位脉冲波。取坐标值分别为（13，13，0）、（13，13，25）、（13，13，50）的三个节点，节点号分别为 417、21867、1146，求出其地震波传播过程中 x 向的速度时程曲线，如图 2.7 所示，其

结果与理论值非常接近（表 2.4），对于二维和一维结构也同样如此，本节不再赘述。由此可以证明，利用上述无反射边界自由场输入方式进行边界节点力的加载，具有可行性和适用性，该加载方式与 ANSYS/LS-DYNA 大型有限元程序之间可以实现无缝连接。

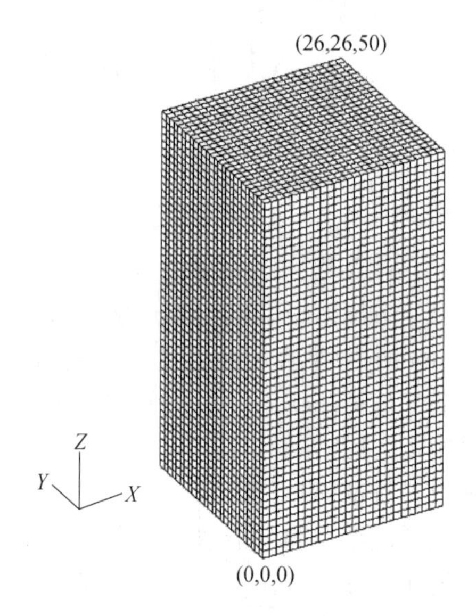

图 2.6　三维模型的有限元网格

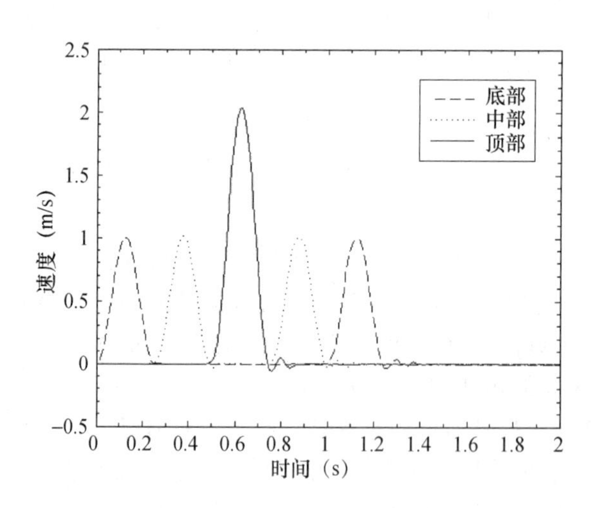

图 2.7　底部、中部、顶部 x 向速度时程

表 2.4　自由场输入条件下模型不同部位最大速度反应及其误差

部位	数值解（m/s）	理论解（m/s）	相对误差（%）
底部	0.999363	1.00000	0.0637
中部	1.01736	1.00000	1.736
顶部	2.03237	2.00000	1.6185

2.5　本章小结

本章主要介绍了基于无反射边界的自由场输入机制。其包括地震动参数的确定、地震波人工合成、无反射边界理论等；基于 LS-DYNA 无反射边界，提出一种将地震波转化为等效节点力，并进行边坡模型五面加载的自由场输入方法，该输入方式能够与 ANSYS/LS-DYNA 程序实现无缝连接。本章主要包含以下几个方面的内容：

（1）地震动参数的确定以及地震波人工合成。主要包括边坡设计安全系数、设计地震峰值加速度、设计反应谱的选取以及最大可信地震等；一般工程中采用时域法合成谱进行人工地震波的拟合。

（2）给出 ANSYS/LS-DYNA 无反射边界的基本理论，其本质为黏性边界，具有与黏性边界相同的作用机制，可以防止在人工边界产生的应力波反射重新进入模型。进行一维直杆的数值算例验证，研究结果表明，该吸能边界具有与黏弹性边界或黏性边界相当的吸能效果，且使用简单方便。

（3）介绍了基于无反射边界的自由场输入理论。与传统的黏弹性边界自由场输入有所不同，本章介绍的基于 LS-DYNA 无反射边界的自由场输入理论，不考虑弹性边界对地震动的影响，将相应的地震动输入转化为人工边界节点上的等效节点力来处理，可以与 ANSYS/LS-DYNA 有限元分析软件无缝连接。

（4）文章给出的上述自由场输入方式在 ANSYS/LS-DYNA 有限元软件中进行三维模型计算的详细命令流，其中的模型参数和地震波加载曲线都可以很方便地进行改动，数值算例的计算结果表明该方法简单可行，对于实际的边坡动力计算也具有很好的适用性，为边坡抗震稳定分析提供了一种可供选用的方法。

附录

三维自由场地震动输入在 ANSYS/LS-DYNA 中的程序实现

```
/clear,start
/filename,free field input
/title,free field input
pi = 3.1415926
dt = 0.005

width = 26
length = 26
height = 50
E = 2.4e7
pr_xy = 0.20
density = 1000
```

```
nu_xy = pr_xy * E/(1 + pr_xy)/(1 - 2 * pr_xy)
G = E/(2 * (1 + pr_xy))
c_p = sqrt(E * (1 - pr_xy)/(density * (1 - 2 * pr_xy) * (1 + pr_xy)))
c_s = sqrt(G/density)
Cb_t = density * c_s
Cb_n = density * c_p

/prep7
ET,1,SOLID164
MP,DENS,1,density
MP,EX,1,E
MP,NUXY,1,pr_xy

BLOCK,0,length,0,width,0,height
ESIZE,1
Vmesh,all
/VIEW,1,1,1,1
/vup,1,z
/replot

nsel,s,loc,z,0
nsel,a,loc,x,0
nsel,a,loc,x,length
nsel,a,loc,y,0
nsel,a,loc,y,width
cm,load,node,                    ! 底面和侧面加载面
ednb,add,load,0,0               ! 在边界面上施加无反射吸能边界

*dim,udot,table,53,1
*SET,udot(0,0),1
*SET,udot(0,1),1
*do,i,1,52
*if,i,LE,2,then
udot(i,1) = 0
udot(1,0) = -2
udot(2,0) = 0
*else
udot(i,0) = (i-2) * dt
udot(i,1) = 0.5 * (1 - cos(2 * pi * 4.0 * (i-2) * dt))
*endif
*enddo
*SET,udot(53,0),2
*SET,udot(53,1),0
```

```
allsel,all
*dim,vdot,table,53,1
*SET,vdot(0,0),1
*SET,vdot(0,1),1
*do,i,1,52
vdot(i,1) = 0
vdot(1,0) = -2
vdot(2,0) = 0
*enddo
*SET,vdot(53,0),2
*SET,vdot(53,1),0
allsel,all

*dim,wdot,table,53,1
*SET,wdot(0,0),1
*SET,wdot(0,1),1
*do,i,1,52
wdot(i,1) = 0
wdot(1,0) = -2
wdot(2,0) = 0
*enddo
*SET,wdot(53,0),2
*SET,wdot(53,1),0
allsel,all

*dim,time,array,251,1
*do,i,1,251,1
time(i,1) = (i-1)*dt
*enddo

! 底面加载
nsel,s,loc,z,0
*GET,Nnod,node,,count              ! 得到所选择的节点总数
*GET,Nmin,NODE,,NUM,MIN            ! 得到最小的节点编号
*dim,f_z_bx,array,251,1
*dim,f_z_by,array,251,1
*dim,f_z_bz,array,251,1

*do,i,1,Nnod,1
A_z = ARNODE(Nmin)                   ! 读出节点影响面积
*do,j,1,251
t = time (j,1)
f_z_bx(j,1) = 2*A_z*cb_t*udot(t,1)
```

```
f_z_by(j,1) = 2 * A_z * cb_t * vdot(t,1)
f_z_bz(j,1) = 2 * A_z * cb_n * wdot(t,1)
*enddo
nsel,s,NODE,,Nmin
cm,load_z_%i%,node
edload,add,fx,0,load_z_%i%,time,f_z_bx,0,,,
edload,add,fy,0,load_z_%i%,time,f_z_by,0,,,
edload,add,fz,0,load_z_%i%,time,f_z_bz,0,,,
nsel,s,loc,z,0
Nmin = NDNEXT(Nmin)
*enddo

! X负向侧面
allsel,all
nsel,s,loc,x,0
*GET,Nnod,node,,count                ! 得到所选择的节点总数
*GET,Nmin,NODE,,NUM,MIN                  ! 得到最小的节点编号
*dim,f_x1_bx,array,251,1
*dim,f_x1_by,array,251,1
*dim,f_x1_bz,array,251,1

*do,i,1,Nnod,1
nsel,s,loc,x,0
h = NZ(Nmin)                              ! 读出节点的Z坐标值
A_x1 = ARNODE(Nmin)                       ! 读出节点影响面积
*do,j,1,251
t_s1 = time (j,1) - h/c_s
t_p1 = time (j,1) - h/c_p
t_s2 = time (j,1) - (2 * height - h)/c_s
t_p2 = time (j,1) - (2 * height - h)/c_p
f_x1_bx(j,1) = A_x1 * cb_n * (udot(t_s1) + udot(t_s2)) + A_x1 * nu_xy/c_p * (wdot(t_p1) - wdot
(t_p2))
f_x1_by(j,1) = A_x1 * cb_t * (vdot(t_s1) + vdot(t_s2))
f_x1_bz(j,1) = A_x1 * cb_t * (wdot(t_p1) + wdot(t_p2)) + A_x1 * density * c_s * (udot(t_s1) -
udot(t_s2))
*enddo
nsel,s,NODE,,Nmin
cm,load_x1_%i%,node
edload,add,fx,0,load_x1_%i%,time,f_x1_bx,0,,,
edload,add,fy,0,load_x1_%i%,time,f_x1_by,0,,,
edload,add,fz,0,load_x1_%i%,time,f_x1_bz,0,,,
allsel,all
nsel,s,loc,x,0
```

```
Nmin = NDNEXT(Nmin)
*enddo

! X 正向侧面
allsel,all
nsel,s,loc,x,length
*GET,Nnod,node,,count                    ! 得到所选择的节点总数
*GET,Nmin,NODE,,NUM,MIN                  ! 得到最小的节点编号
*dim,f_x2_bx,array,251,1
*dim,f_x2_by,array,251,1
*dim,f_x2_bz,array,251,1

*do,i,1,Nnod,1
nsel,s,loc,x,length
h = NZ(Nmin)                             ! 读出节点的 Z 坐标值
A_x2 = ARNODE(Nmin)                      ! 读出节点影响面积
*do,j,1,251,1
t_s1 = time(j,1) - h/c_s
t_p1 = time(j,1) - h/c_p
t_s2 = time(j,1) - (2*height - h)/c_s
t_p2 = time(j,1) - (2*height - h)/c_p
f_x2_bx(j,1) = A_x2*cb_n*(udot(t_s1) + udot(t_s2)) - A_x2*nu_xy/c_p*(wdot(t_p1) - wdot
(t_p2))
f_x2_by(j,1) = A_x2*cb_t*(vdot(t_s1) + vdot(t_s2))
f_x2_bz(j,1) = A_x2*cb_t*(wdot(t_p1) + wdot(t_p2)) - A_x2*density*c_s*(udot(t_s1) -
udot(t_s2))
*enddo
allsel,all
nsel,s,NODE,,Nmin
cm,load_x2_%i%,node
edload,add,fx,0,load_x2_%i%,time,f_x2_bx,0,,,
edload,add,fy,0,load_x2_%i%,time,f_x2_by,0,,,
edload,add,fz,0,load_x2_%i%,time,f_x2_bz,0,,,
allsel,all
nsel,s,loc,x,length
Nmin = NDNEXT(Nmin)
*enddo

! Y 负向侧面
allsel,all
nsel,s,loc,y,0
*GET,Nnod,node,,count                    ! 得到所选择的节点总数
*GET,Nmin,NODE,,NUM,MIN                  ! 得到最小的节点编号
```

```
*dim,f_y1_bx,array,251,1
*dim,f_y1_by,array,251,1
*dim,f_y1_bz,array,251,1

*do,i,1,Nnod,1
nsel,s,loc,y,0
h = NZ(Nmin)                              ! 读出节点的 Z 坐标值
A_y1 = ARNODE(Nmin)                       ! 读出节点影响面积
*do,j,1,251,1
t_s1 = time(j,1) - h/c_s
t_p1 = time(j,1) - h/c_p
t_s2 = time(j,1) - (2 * height - h)/c_s
t_p2 = time(j,1) - (2 * height - h)/c_p
f_y1_bx(j,1) = A_y1 * cb_t * (udot(t_s1) + udot(t_s2))
f_y1_by(j,1) = A_y1 * cb_n * (vdot(t_s1) + vdot(t_s2)) + A_y1 * nu_xy/c_p * (wdot(t_p1) - wdot
(t_p2))
f_y1_bz(j,1) = A_y1 * cb_t * (wdot(t_p1) + wdot(t_p2)) + A_y1 * density * c_s * (vdot(t_s1) -
vdot(t_s2))
*enddo
allsel,all
nsel,s,NODE,,Nmin
cm,load_y1_%i%,node
edload,add,fx,0,load_y1_%i%,time,f_y1_bx,0,,,
edload,add,fy,0,load_y1_%i%,time,f_y1_by,0,,,
edload,add,fz,0,load_y1_%i%,time,f_y1_bz,0,,,
allsel,all
nsel,s,loc,y,0
Nmin = NDNEXT(Nmin)
*enddo

! Y 正向侧面
allsel,all
nsel,s,loc,y,width
*GET,Nnod,node,,count                     ! 得到所选择的节点总数
*GET,Nmin,NODE,,NUM,MIN                   ! 得到最小的节点编号
*dim,f_y2_bx,array,251,1
*dim,f_y2_by,array,251,1
*dim,f_y2_bz,array,251,1

*do,i,1,Nnod,1
nsel,s,loc,y,width
h = NZ(Nmin)                              ! 读出节点的 Z 坐标值
A_y2 = ARNODE(Nmin)                       ! 读出节点影响面积
```

```
*do,j,1,251,1
t_s1 = time(j,1) - h/c_s
t_p1 = time(j,1) - h/c_p
t_s2 = time(j,1) - (2 * height - h)/c_s
t_p2 = time(j,1) - (2 * height - h)/c_p
f_y2_bx(j,1) = A_y2 * cb_t * (udot(t_s1) + udot(t_s2))
f_y2_by(j,1) = A_y2 * cb_n * (vdot(t_s1) + vdot(t_s2)) - A_y2 * nu_xy/c_p * (wdot(t_p1) - wdot(t_p2))
f_y2_bz(j,1) = A_y2 * cb_t * (wdot(t_p1) + wdot(t_p2)) - A_y2 * density * c_s * (vdot(t_s1) - vdot(t_s2))
*enddo
allsel,all
nsel,s,NODE,,Nmin
cm,load_y2_%i%,node
edload,add,fx,0,load_y2_%i%,time,f_y2_bx,0,,,
edload,add,fy,0,load_y2_%i%,time,f_y2_by,0,,,
edload,add,fz,0,load_y2_%i%,time,f_y2_bz,0,,,
allsel,all
nsel,s,loc,y,width
Nmin = NDNEXT(Nmin)
*enddo

allsel,all
finish
/solu

EDCTS,0,0.5
EDDB,1
time,2
edrst,200
edhtime,200
edopt,add,blank,both
solve
finish
! 后处理结果显示
/POST1
SET,first

FINISH
/POST26
NSOL,2,417,V,X,VX_417            ! 画出模型底部节点的 x 向速度时程曲线
NSOL,3,21867,V,X,VX_21867        ! 画出模型中部节点的 x 向速度时程曲线
NSOL,4,1146,V,X,VX_1146          ! 画出模型顶部节点的 x 向速度时程曲线
PLVAR,2,3,4,
```

参考文献

[1] 陈厚群．水工混凝土结构抗震研究进展的回顾和展望 [J]. 中国水利水电科学研究院学报，2008，12 (3)：21-26.

[2] 刘晶波，吕彦东．结构-地基动力相互作用问题分析的一种直接方法 [J]. 土木工程学报，1998，31 (3)：55-64.

[3] 李小军，彭青．不同类别场地地震动参数的计算分析 [J]. 地震工程与工程振动，2001，21 (1)：29-36.

[4] 李爽，谢礼立，郝敏．地震动参数及结构整体破坏相关性研究 [J]. 哈尔滨工业大学学报，2007，39 (4)：505-560.

[5] 中华人民共和国住房和城乡建设部．水工建筑物抗震设计标准：GB 51247—2018 [S]. 北京：中国计划出版社，2018.

[6] 中华人民共和国水利部．水利水电工程边坡设计规范（附条文说明）：SL 386—2007 [S]. 北京：中国水利水电出版社，2007.

[7] 中华人民共和国国家发展和改革委员会．水电水利工程边坡设计规范：DL/T 5353—2006 [S]. 北京：中国电力出版社，2007.

[8] 陈厚群．坝址地震动输入机制探讨 [J]. 水利学报，2006，37 (12)：1417-1423.

[9] 黄慧华．近源地震动峰值加速度衰减关系影响因素分析 [J]. 工程地质学报，1998，6 (1)：61-65.

[10] 张伯艳，陈厚群．合成人造地震动的非线性解法 [J]. 水利水电技术，2000，31 (007)：13-15.

[11] Gasparini，D. A. Vanmarcke，E. SIMQKE. A Program for Artificial Motion Generation：User's Manual and Documentation [M]. MIT Department of Civil Engineering，1976.

[12] 胡聿贤．地震工程学 [M]. 2 版．北京：地震出版社，2006.

[13] 胡聿贤，何训．考虑相位谱的人造地震动反应谱拟合 [J]. 地震工程与工程振动，1986，6 (2)：37-51.

[14] K. Lilhanand，W. S. Tseng. Development and application of realistic earthquake time histories compatible with multiple-damping design spectra [J]. Development，1988，3 (2)：7-8.

[15] 蔡长青，沈建文．人造地震动的时域叠加法和反应谱整体逼近技术 [J]. 地震学报，1997，19 (1)：71-78.

[16] 张伯艳．高拱坝坝肩抗震稳定研究 [D]. 西安：西安理工大学，2005.

[17] 刘云贺，张伯艳，陈厚群．拱坝地震输入模型中黏弹性边界与黏性边界的比较 [J]. 水利学报，2006，37 (6)：758-763.

[18] 何建涛，马怀发，张伯艳．黏弹性人工边界地震动输入方法及实现 [J]. 水利学报，2010，41 (8)：960-969.

[19] 杨铭键，余贤斌，黎剑华．基于 ANSYS 与 FLAC 的边坡稳定性对比分析 [J]. 科学技术与工程，2012，20 (24)：6241-6244.

[20] 郑颖人，赵尚毅，宋雅坤．有限元强度折减法研究进展 [J]. 后勤工程学院学报，2005，21 (3)：1-6.

[21] 何爱军，李学范，赵俊兰．土体边坡稳定性及地基承载力的三维动力分析 [J]. 北方工业大学学报，2013，25 (1)：85-89.

[22] O. C. Zienkiewicz. 有限元法：下册 [M]. 北京：科学出版社，1985.

［23］J. O. Hallquist. ANSYS/LS-DYNA 3D theoretical manual［M］. Livermore Software Technology Corporation，1998.

［24］张冬茵，金星，丁海平，等. ANSYS/LS-DYNA 在地震工程中的应用［J］. 地震工程与工程振动，2005，25（4）：170-173.

［25］郝明辉. 大坝-地基-库水体系非线性地震反应分析［D］. 北京：中国水利水电科学研究院，2012.

［26］尚晓红，苏建宇. ANSYS/LS-DYNA 动力分析方法与工程实例［M］. 北京：中国水利水电出版社，2005.

［27］黄胜，陈卫忠，伍国军，等. 地下工程抗震分析中地震动输入方法研究［J］. 岩石力学与工程学报，2010，29（6）：1254-1254.

［28］刘晶波，吕彦东. 结构-地基动力相互作用问题分析的一种直接方法［J］. 土木工程学报，1998，31（3）：55-64.

［29］邱流潮，金峰. 地震分析中人工边界处理与地震动输入方法研究［J］. 岩土力学，2006，27（9）：1501-1504.

［30］杜修力，赵密. 基于黏弹性边界的拱坝地震反应分析方法［J］. 水利学报，2006，37（9）：1063-1069.

［31］赵建锋，杜修力，韩强，等. 外源波动问题数值模拟的一种实现方式［J］. 工程力学，2007，24（4）：52-58.

［32］贺向丽，李同春. 重力坝地震波动的时域数值分析［J］. 河海大学学报（自然科学版），2007，35（1）：5-9.

03 第3章　地震作用下边坡的场地效应

3.1　引言

地震是一场突发性极强的自然灾害，是世界上最具破坏性的自然现象之一，危及人们的财产和生命安全，具有高度的随机性、不确定性和破坏性。地震引起的灾害分为直接灾害和间接灾害，直接灾害是指由于地震破坏作用，包括地震引起的强烈振动和地震造成的地质灾害，导致房屋、工程结构、物品等物质的破坏；间接灾害是由地震诱发的次生灾害，如地震滑坡，5·12汶川大地震诱发了数以万计的山体滑坡，滑坡掩埋房屋，摧毁建筑，堵塞河道，造成了大量的人员伤亡和巨大的财产损失，地震滑坡灾害令人触目惊心。

为了预防和减轻地震带来的直接灾害以及次生灾害，科研工作者在灾后对受灾区进行了详细的现场灾情勘测并在不断加强地震监测、记录、分析等方面的工作。经过对1989年美国洛马·普雷塔地震（M_w=7.1），1999年台湾集集地震（M_w=7.7），2008年汶川地震（M_w=7.9），2009年意大利拉奎拉地震（M_w=6.3）和2010年海地地震等多起破坏性地震观测记录分析可以发现，位于山丘、山脊和峡谷顶部的建筑物遭受的破坏比位于底部的建筑物破坏更严重，且在山顶或陡坡附近发生了严重的结构破坏。这表明：在地震发生时，局部场地条件包括地形（边坡、峡谷、山脊）与复杂的地质（沉积盆地、断层），对地震动的振幅和频谱特性有着重要的影响。场地效应可放大或衰减地震地面运动加速度，其中不规则地形的存在可能大大加剧强震运动的灾难性后果。在某些特定地点，如大坝、桥梁、工业厂房、居民区和震源位置，地震波在地表附近、各层界面处或地形不规则区域的散射和反射通常会加剧地震的后果，研究地震波的放大效应是至关重要的，因此有必要研究地震动局部场地效应对结构抗震稳定分析的影响。

边坡是最典型的场地条件之一，地形起伏对地震动力响应的影响显著，遇到高山峡谷地带响应尤为突出。地震诱发滑坡是次生灾害中最具破坏性的灾害之一，其可以摧毁房屋以及其他地面建筑物，堵塞道路和河流排水系统，破坏管道和其他公用设施，其灾害造成的损失有时比剧烈地震直接造成的灾害损失还严重。我国西南地区是边坡分布最集中的地区，由于该地区地形条件复杂，地处亚欧板块、太平洋板块、印度洋板块的交界处，构造运动较剧烈，在长期三大板块的运动过程中形成了位于我国四川省、西藏自治区交界处的横断山脉，是我国乃至世界上地形最险峻的地区之一，加上该地区广泛分布有石灰岩等较容易被侵蚀的岩石，同时该地区气候条件暖湿，河流众多，流水侵蚀、溶蚀作用较显著，造成地区内的地质条件极为复杂，是滑坡灾害发生频率最高的地区。近年来，我国将在西南地区兴建一系列大型水利工程，这些项目大多处于高山峡谷地带，在工程的施工和维护中，不可避免地会遇到边坡稳定性的问题，高边坡的稳定与否直接决定了整个建设工程的安全性，一旦发生滑坡灾害将对大型水利工程项目的安全构成巨大威胁；因此，边坡在地震作用下的动力稳定性问题越来越突出，对边坡地震稳定性分析已经成为工程建设和学科发展中亟待解决的热点问题。

边坡地震动力响应包括地震传播过程中对边坡产生的位移、速度、加速度、应力、应变等，它不仅与场地地形地质条件相关，还与地震动的特性相关，要比静力稳定性分析复杂得多。目前，边坡静力稳定性研究已经取得了极大的发展，而相对薄弱的环节是强震作用下，边坡的动力稳定性问题。在边坡动力响应数值分析和其安全性评价等方面均面临着新的问题和挑战：

（1）由于地形和地质作用相结合的波衍射物理现象的复杂性，加大了地震沿边坡动力放大效应的难度。合理确定边坡地震动输入机制以及地震沿边坡的放大效应是边坡抗震安全性评价的前提，三个与水利水电工程边坡相关的现行规范在这两方面并没有给出明确的条文规定，这加大了边坡抗震设计研究的难度。

拟静力方法是评价地震区域边坡稳定的最简单方法之一，Terzhagi 于 1950 年首次提出用拟静力法分析边坡在地震作用下的动力响应，该方法将地震惯性力等效为潜在滑动体质量乘以水平和垂直地震作用系数 k_h 和 k_v，如图 3.1 所示，即在极限平衡法中加入了水平和垂直静态地震力，用于模拟由地面加速度引起的潜在惯性力。拟静力分析存在一些明显的缺陷，它假设地震力是恒定的并且仅在促进斜坡不稳定的方向上起作用，因此将地震震动作为永久的单向体力是非常保守的。出于这个原因，地震作用系数通常选择作为峰值加速度的一部分，以说明地震峰值加速度仅短暂起作用并且不代表滑坡体更长、更持续的加速度。

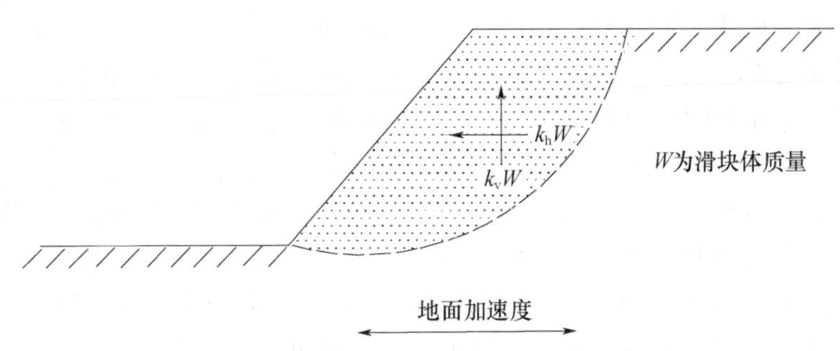

图 3.1　拟静力法地震荷载图

选择合适的地震作用系数是拟静力分析法中最关键也是最困难的方面。Seed 先后通过经验方法、黏弹性反应分析方法和刚体反应分析方法来确定地震作用系数，经验方法在应用上最广泛；随后的两项研究试图使地震作用系数的选择合理化，Stewart 等基于前人得出的统计关系，开发了一种场地筛选程序，将地震作用系数作为最大水平地面加速度、地震震级、震源距离和两个可能的允许位移水平（5cm 和 15cm）的函数关系[1]；Bray 和 Travasarou[2] 则提出了一种直接的方法，把地震作用系数作为允许位移、地震震级和谱加速度的函数。这些合理化方法的共同基础都是基于允许位移的标定。

也有一些学者提出取设计地震峰值加速度（PGA）的一部分作为地震作用系数使用，Kramer[3] 建议使用 $a/g=(a_{max}/g)/2$ 作为地震作用系数，其中 a_{max} 为场地的自由场峰值地面加速度，此建议是基于可接受的最大变形量为 1m 的情况。IITK 在 2005 年发布的大坝和堤防抗震设计报告中建议使用 $a/g=(a_{max}/g)/3$，前提是 a_{max} 是坝址处的峰值加速度。Leshchinsky[4]进行了加固土工格室边坡的大型振动台试验，发现对于类似柔性重力墙的边坡，地震作用系数约为0.4倍PGA；对于土工格室面窄、水平钢筋向后延伸至回填体的边坡，地震作用系数约为0.3倍PGA；试验结果与IITK（2005）推荐的1/3无加固边坡接近。因此，对于土质边坡，现有的标准建议这个取值通常在0.3～0.5倍PGA。但是，现行规范对我国水利水电工程边坡地震作用系数的选择尚无具体规定，值得进一步的深入研究。

水利水电工程边坡开挖深，高度大，其复杂的地形地质条件对地震的放大效应应该更加明显。不少学者通过计算以及振动台试验证实了边坡场地存在对地震的放大效应，然而在最新规范中却未考虑此因素的影响，因此研究地震沿边坡的放大效应可以为拟静力法中合理确定地震作用系数提供一定的参考依据。采用合理且有效的计算模型和分析方法，对边坡地震动输入以及地震沿边坡的放大效应进行计算和分析，充分揭示边坡地震动力响应的特征和规律，有助于岩土工程和地震工程领域的发展。

（2）地震动的非均匀输入体现在地震动的时间和空间上的变化，包括有局部场地效应、行波效应等；行波效应是由于震源到地面各点的距离不同，导致地震波传播到边坡各点的时间发生延迟，地震波斜入射是产生行波效应的主要原因之一，对于水利水电工程边坡而言，行波效应更加明显。然而目前大部分地震输入是基于将地震波假设为从基底垂直入射的剪切波或压缩波，这对于远场震源是合理的，但对于近场震源，由于复杂的传播路径或表面波的影响，地震波将以某个入射角传播到边坡。地震波斜入射引起的边坡各部分动力响应的差异明显，在边坡抗震稳定性分析中有必要考虑其影响。

（3）边坡稳定性评价主要有两个指标：安全系数和永久位移。采用拟静力法和应力变形法计算通常用安全系数评价稳定性，Newmark滑块法通常用永久位移评价安全性，但是目前采用永久位移作为边坡失稳的判断依据在国内外尚未有相关的规范或技术标准可参考。

综上所述，以往的研究通常采用地震波垂直入射的方法进行结构动力响应分析，本章考虑了地震波斜入射对岩石边坡场地效应的影响。目前，在商用计算机程序中还没有实现考虑斜入射的地震输入方法，不能合理地反映输入地震波的相位特征。本章将构建一种基于时域波动分析法的边坡地震输入模型开展研究，模型包括考虑无限地基辐射阻尼的黏弹性边界和地震波斜入射方法，该模型不仅可以模拟地基对散射波的吸收，而且可以模拟远场介质在边界上的弹性恢复能力。此外，将详细推导平面P波和SV波斜入射时边界节点等效荷载，将其施加于黏弹性边界可实现地震波的外源斜入射，用于精确模拟任意角度的地震波输入，并自主编制计算程序开展地震波斜入射对边坡场地效应的影响研究，通过数值算例验证计算程序的准确性。鉴于当前已建和正在建设的水利水电工程大多处于强震频发地带，对水利水电工程边坡进行地震动力响应分析可以在设计、开挖和维护边坡时提高边坡的抗震性能，具有非常重要的现实意义。

3.2 场地效应的研究现状

地壳快速破裂释放出的能量会造成地面震动，并产生地震波，而复杂多变的地面条件会改变地震波的传播路径、频率范围、振幅大小等特性，从而对地表各类建筑物、构筑物、生命线工程等产生不同程度的影响。多年来，地表地貌一直被认为是影响地震动特征的主要因素之一，这通常被称为场地效应。这一术语与近地表局部几何性质密切相关，即峡谷、丘陵、山脉、边坡、悬崖等的存在。从机理上讲，场地效应是由于地震波与地壳前100m左右复杂地质环境相互作用时对地面运动产生影响，浅层沉积物的低地震速度和低阻抗导致在地面运动过程中产生极高的局部振幅。此外，波在地面运动过程中的传播通常是非线性的，能引起强烈的振幅依赖性衰减效应。因此，对某一隆起间断点的地震动放大的潜在风险进行充分的评价，是地震学、地球物理学、构造学和自然灾害等领域的研究人员十分关心的问题。San Fernando地震期间，在Pacoima大坝桥台附近的一个陡峭的山脊上记录了极高的加速度，受此启发，许多研究人员非常关注地形场地效应对地震地面运动的影响，对于地表不规则引起的地震波反衍射的理论研究和数值模拟已经做了大量的工作。场地效应不仅在地震学和地震工程领域具有重要意义，而且在隔振、无损检测等土木工程领域也具有重要意义。

目前，国内外对场地效应研究的主要方法有三种：强震动地形观测法、解析分析法和数值模拟分析法。强震动地形观测是目前对场地效应研究最直接、最有效的方法之一，通过在一些特殊地形区域专门建设强震动观测台站，系统地研究地形对地震动的影响，将获取的大量地震动观测数据进行分析后得到一些有意义的成果。1971年，美国Davis等在San Fernando地震的余震测量中，发现山顶的地震加速度比山脚呈倍数增长[5]。Bonamassa等[6]测量了洛马普列塔地震后10次余震的横波偏振，根据观测结果发现，场地响应具有很强的方位角依赖性，场地特征对场地运动的横波极化和频谱振幅都有影响。王伟[7]基于汶川地震期间固定台阵和流动观测台阵的强震动记录，对地震动的山体地形效应特征予以分析，发现了山脚基岩位置地震动的均方根加速度和相对持时明显低于山体周边土层场地和山体基岩测点；随着高程的增加，山体基岩测点的均方根加速度逐渐变大。

解析分析法主要用于解决平面问题，在研究不规则场地的地震波散射问题时，需要进行若干的假定，其力学模型非常简单，入射波一般也为较简单的平面波入射。它的研究方法主要是采用波函数展开的方法对模型进行研究，然而由于各种地形模型的边界条件的差异性，导致在构建数学模型时所采用的数学方法受到不同程度的限制，因此，在研究不同地形条件时所用的研究手法也不同。Tsaur等[8]针对单个深对称V型峡谷的SH波散射问题，采用了波函数展开法和Graf的加法公式进行了分析，讨论了各参数对稳态表面运动的影响，包括地表和地下位移场的瞬态变化，给出了频域和时域的结果，所提出的串联解不仅在高频激励下提供了足够可靠的结果，而且弥补了以往浅层峡谷的不足。Lee等[9]采用经典波函数展开法和一种新的解耦技术，研究了二维半圆形腔在半空间中受入射SH波的衍射，控制方程以最小化边界条件残数的方式得到，提出了半圆形空腔模型，可用于地震波传播研究，作为检验混合边界波传播问题各种解析或数值方法准确性的基准。解析法与数值模拟分析法相比，虽然数值法可以用于各种复杂的地形情况，但是解析法对于定量分析问题的本质及其物理机制方面具有显著的优势，同时解析分析法还可以用来检验数值分析法的精度和收敛性。

数值模拟方法一直是人们关注的重点，随着科学技术的不断发展以及人们所研究问题的复杂程度越来越高，数值模拟方法在近场波动问题研究方面已经成为主要方法。人们提出了多种数值模拟方法来解决实际遇到的问题，目前数值分析方法进行边坡动力稳定分析得到了广泛的应用和发展，已经发展出一系列的分析方法，包括有限元法、有限差分法、边界元法、离散元法、快速拉格朗日元法、不连续变形分析、数值流形元法等，国内外在有限元、离散元以及快速拉格朗日元法方面应用比较广泛。

有限元法属于连续介质力学的应力变形法，工程分析的有限元方法最早是由Clough开发并提出的，他采用网格法对可变形系统进行有限元建模，这种方法很快便被应用于边坡，为土体系统的静态和动态变形建模提供了一个有价值的工具。自此采用有限元方法进行边坡动力稳定分析便得到了广泛的应用和发展，Havenith等[10]研究了天山东北部Ananevo岩崩地形和场地放大效应的影响，将观测结果与数值模拟结果进行对比，讨论了断层带和滑坡陡坡的存在可能引起的附加效应，发现场地放大效应仅部分依赖凸出的表面形貌。覆盖在地形上的软层，如风化岩石物质或塌积物，也会产生强烈的影响。何蕴龙等[11]通过大量的有限元动力分析和计算，总结了边坡高度、边坡材料和坡度对岩质边坡地面振动的影响；薄景山等[12]利用有限元方法对汶川地震某灾区地震烈度异常进行了研究，发现背后山滑坡与特殊土结构等场地条件对地震有放大效应；张国栋等[13]利用有限元弹塑性动力分析方法开展了地震波特性以及边界条件对边坡动力响应的影响研究，发现边坡对低频地震波有放大作用，对高频地震波有滤波作用，不同的边界条件对边坡的动态响应有显著影响；毕忠伟等以Koyna波为激励荷载，利用ABAQUS软件对均质土坡的动力响应规律进行了分析，研究发现，边坡对地震波具有垂直和临空放大作用。Paolucci等[14]使用分析计算和数值方法研究了地表不规则引起的地震波放大，利用瑞利方法对简单地形剖面的频率进行了分析，得出共振通常发生在波长略大于坡底的情况下。他提出坡度小于15°时，地形效应可以忽略不计。王伟[15]对典型的陡坎模型进行了数值模拟，分析了自由地表为陡坎形状的线弹性均匀半空间分别在P波和SV波垂直入射条件下的地震动反应，并分析了覆盖层对陡坎地形不同位置的地震动影响。结果表明：陡坎地形的斜坡坡顶、坡脚、坡面以及两侧水平自由地表的位移峰值差别很大；覆盖层的存在会显著地放大陡坎地形的地震动响应。

离散元法属于不连续介质力学的应力变形法，20世纪70年代Cundall对二维和三维问题，提出了一种完全可变形的离散元方法，在岩石力学和工程领域得到了越来越多的应用。Zhang等[16]采用离散元法对三峡船闸高边坡的动力特性进行了综合研究，将离散元法分析结果与开挖卸荷过程的实测结果进行了对比，验证了离散元法在处理不同复杂动力问题上的有效性，同时发现不同的地震输入机制和地震动参数对边坡动力响应特性和倒塌模式的影响是显著的；李海波等[17]采用离散单元法分析了地震作用下地震动参数对顺层岩质边坡安全系数的影响，发现安全系数随地震波幅值增加而减小，随地震波频率的增大而增大。

快速拉格朗日元法在某种程度上实现了有限元和离散元的有机统一，其基本假设与具有连续介质理论的有限元法相似，同时又可以解决大变形问题，还可以模拟材料非线性问题，该方法由美国ITASCA公司提出，目前广泛用于商业软件FLAC 3D。祁生文等通过FLAC 3D软件对边坡动力响应进行了大量的数值分析和计算，结果表明，边坡内位移、速度和加速度随边坡高度和坡角的增加而增加，边坡对地震具有放大效应；Wu[18]基于三维有限差分法（FLAC 3D）的连续体快速拉格朗日法分析了边坡在地震荷载作用下的动力响应，计算了地震荷载作用下边坡的临界高度，为云南省红软岩边坡的抗震设计提供了指导；迟世春等[19]采用快速拉格朗日差分法，通过强度折减法对土质边坡的稳定性进行了分析，提出了将坡顶位移增量标准作为判别土坡破坏的依据；言志信等用 FLAC 3D 软件研究了地震动参数变化对黄土边坡动力响应的影响，发现坡体位移随持时增加而增加，而持时对加速度、速度无影响，随着地震波幅值的增加边坡加速度、速度反而减小。Loria 等利用有限差分软件 FLAC 对哥伦比亚和萨尔瓦多地震进行了数值评估，试图找出地形对地面放大的影响，研究发现，在陡峭的山坡上放大倍数变化得更快。

3.3　地震动斜入射研究进展

实际地震期间的地面运动非常复杂，根据现有的实测地震记录表明，汶川地震引发的滑坡超过 70％位于断裂带 3km 范围内，80％位于 5km 范围内，几乎所有地震引发的滑坡都发生在基岩上，相距仅几十米的地面运动有时也存在着显著的差异，因为地震波从震源出发，在地壳介质中经过多次折射和反射，从深层传播到地面时可能会有一定的角度，因此，忽略入射角对岩质边坡动力响应和破坏的影响是不合适的。Jin 等[20]基于强震数据的观测，研究了地震波入射角对结构的影响，发现假设地震波垂直入射对于近场地震是不合理的。尤其对于核电站、地下结构、水利工程项目等大型结构的近场问题，地震波的斜入射可能导致地面运动的不均匀变化并对结构产生不利影响，因此研究地震波斜入射问题对结构抗震设计具有重要的意义。

早在 1978 年，Wong 等[21]就研究了弹性半空间刚性无质量矩形地基在斜入射平面地震波作用下的动力响应，研究发现：刚性无质量地基在非垂直入射地震波作用下的动力响应在大小和性质上均不同于垂直入射地震波作用下的动力响应。特别是，非垂直入射 SH 波产生明显的扭转响应，而非垂直入射 P 波和 SV 波可能引起相当大的地基晃动。这些运动的分量不是由垂直入射波激发的，地震波的非垂直入射也使高频的平动响应显著降低，土-结构相互作用研究不应局限于垂直入射的地震激励。

林皋等[22]采用边界元法研究了不同入射角度下 SH、SV、P 波在河谷地形处的散射问题，发现河谷地形对不同入射角度的地震波放大效应不同。Ashford[23]基于广义一致透射边界理论分析了倾斜剪切波对陡峭的悬崖地震响应的影响，结果表明，倾斜入射地震波在斜坡顶部的放大可以达到垂直入射波的两倍。李山有等[24]应用显式有限元法分析了地震波斜入射对台阶地形的动力响应，发现斜入射 P 波时的竖向运动分量和斜入射 SV 波时的水平向运动分量在台阶上角点处存在极大值、在台阶下角点处存在极值，同时在上、下台面还出现由角点激发、向台阶外传播的转换体波与面波，转换 Rayleigh 面波最大振幅可达弹性半空间表面自由场位移的 1.1 倍左右。尤红兵等[25]采用精确动力刚度矩阵与等效线性算法相结合的方法，分析了斜入射地震波作用下局部场地的非线性地震反应。研究表明，入射角对地面的峰值加速度有显著影响，按照垂直入射分析的结果可能并不安全，在场地非线性地震反应分析中，应考虑斜入射的影响。Alfaro 等[26]利用动态应力-应变数值模型对西班牙洛尔卡岩体滑坡事件进行了反演分析，并将滑坡发生具体归因于局部地形与斜向传播的地震波间的相互作用。他发现只有入射角在 0°～50°的地震波才有可能发生边坡失稳，并认为在近场问题分析中传统的垂直入射假设是不合适的，在岩石边坡的动力分析中应该考虑地震波倾斜入射。丁海平等[27]研究了 P 波斜入射陡坎地形时的动力响应，总结出了陡坎不同部位对不同入射角度的地震波的响应规律，当入射角度一定时，无论地震波是顺着陡坎方向（左）入射还是逆着陡坎方向（右）入射，陡坎上侧的放大系数都大于陡坎下侧的放大系数。同时，放大系数随着坡角的增大而增大。苑举卫等[28]对地震波斜入射条件下重力坝的动力响应进行了分析，发现地震波斜入射时对重力坝结构有明显的影响，尤其是坝-基交界面上，结构的动力响应要大于地震波垂直入射时结构的动力响应。

此外，还有学者对高拱坝、地下结构分别进行了地震波斜入射条件下结构的动力响应，均表明地震波的入射方向对工程结构的地震反应有显著影响。然而，关于斜入射条件下岩石边坡动力响应的研究还非常有限，入射角对岩石边坡动力响应的影响尚不清楚。

3.4 边坡地震斜入射模型

地震波与边坡的相互作用是导致滑坡运动的主要因素，涉及边坡稳定性、局部场地地震放大等问题。一般来说，岩质边坡失稳是由 P 波和 SV 波引起的，P 波由于在传播的过程中只有体积变形而没有畸变，因此又被称为纵波或拉压波，其传播特性是振动方向与波的传播方向一致；SV 波在传播过程中只有形状改变而没有体积变形，也被称为剪切波或横波，其特性为传播方向与振动方向相互垂直。这两种波都属于体波，P 波较 SV 波传播波速快，当地震波传播到边坡时，岩质边坡首先在纵波作用下产生垂直振动，引起边坡表面产生侧向裂缝，这削弱了岩石边坡的稳定性。其次，横波强烈的水平摇晃引起了山体滑坡和坍塌。地震作用下山体的滑坡和坍塌是边坡地质灾害的主要表现形式，对边坡进行动力稳定性研究有助于防范该类灾害的发生，边坡动力稳定分析通常包括两个主要问题：一种是地震波动的输入方法；另一种是结构的动力响应。为了对这一课题进行深入的研究，本节构建了基于时域波动分析法的边坡地震斜输入模型，如图 3.2 所示，模型包括考虑无限地基辐射阻尼的黏弹性边界和地震波输入方法，可进行地震波斜入射边坡的动力放大响应分析，为边坡稳定性分析提供基础。本节将重点介绍黏弹性人工边界、时域波动分析积分格式、计算时步的选取、无限地基辐射阻尼效应的模拟、P 波以及 SV 波作用时边界等效节点力推导过程以及地震动斜入射的实现等方面的内容。

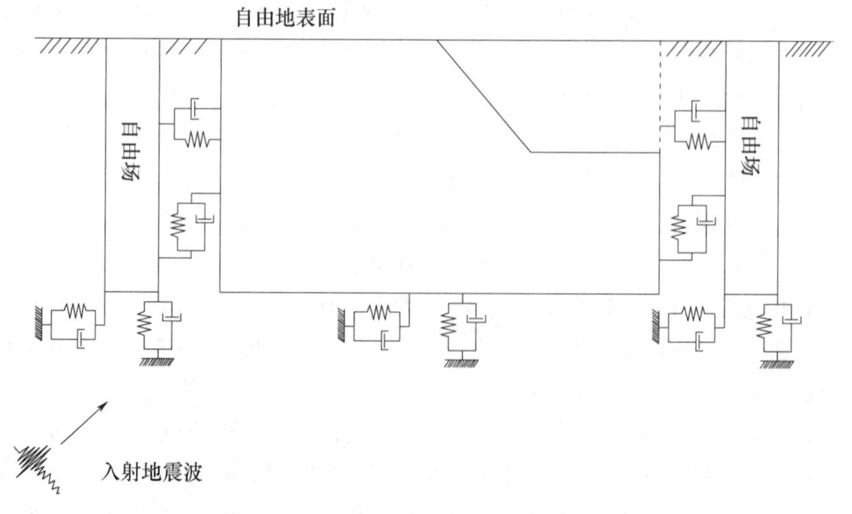

图 3.2　边坡地震斜入射模型

3.4.1　黏弹性边界

边坡动力响应分析通常是一个开放系统波动问题，即近场波动问题，结构及有限域地基中的波动才对工程问题产生影响，对于无限域地基中的波动，本书只研究其对有限域波动的影响，因此，在用数值方法模拟结构的动力分析时，常从半无限空间中截取有限范围的计算区域来模拟地震波向无限域传播。但是地震波在向无限域逸散的过程中，外传的地震波会在截断边界处发生反射，人为地加大分析区域的动力响应，为了消除截断边界的反射、模拟无限地基辐射阻尼效应，必须在截断边界上添加适当的人工边界。人工边界可以将外传波完全吸收或者透射而不产生反射效应，这样外传波在通过人工边界时与原连续介质的传播特性就可以保持一致，故人工边界又被称为吸能边界、透射边界或者无反射边界。

近年来，科研工作者就人工边界理论进行了不断研究与完善，根据求解过程是否时空耦联，可分为全局人工边界和局部人工边界，如图 3.3 所示。全局人工边界在求解过程中要求外传的地震波在整个边界上严格满足无限介质的场方程、边界条件和辐射条件，它在时间和空间上是耦合的，需要通过时频变换来求解，虽然这种方法可以精确地模拟无限地基，具有较高的计算精度，且可以在不规则结构或周围介质的施工表面设置，但是在获得高精度的同时也会带来大量烦琐的计算量，计算效率大大降低，并且不适合处理近场介质或结构的非线性问题以及大型复杂结构的动态响应分析。

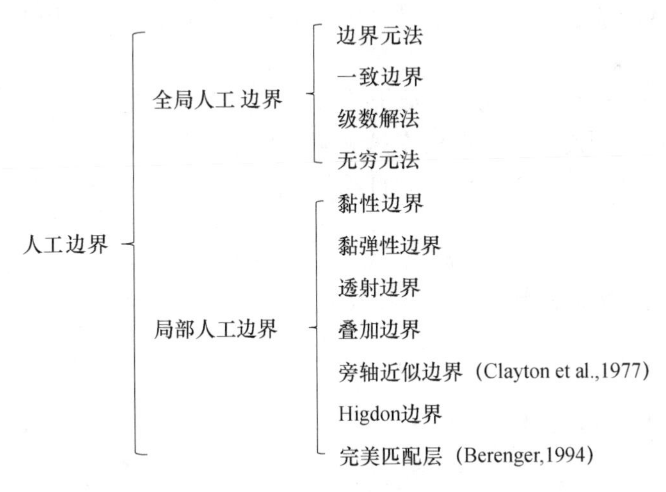

图 3.3　人工边界分类

局部人工边界是对无限地基的近似模拟，在求解过程中，边界上节点在当前时刻的运动只与相邻节点在相邻时刻的运动有关，在时空是解耦的，所以计算时不必严格满足所有的场方程以及物理边界条件，求解过程简单，计算工作量相对较小，易于编程和计算。尤其是近年来不少研究者将局部人工边界与显示有限元法结合起来，提出了一种基于时空解耦的时域波动分析方法，越来越多地应用于求解复杂非线性、大自由度结构波动问题。目前使用较多的是透射边界、黏性边界以及黏弹性边界。

透射人工边界是由廖振鹏等在 1984 年提出的，其基本理念是从一维波动模型出发，采用最简单的思路模拟外传波穿过边界的过程，透射边界求解过程时空解耦，属于位移型人工边界，多次透射的计算结果具有较高的精度，李建波等[29]将其与时域隐-显式数值积分方法相结合，用于分析大型结构抗震分析，提高了抗震分析计算精度，但是高精度是建立在增加边界处理区域节点和单元的基础上的，当遇到较大规模的结构分析时势必会增加计算时间，而且还会出现高频振荡失稳等问题。目前，透射边界的数值不稳定问题主要通过直观判断以及数值试验方法来解决。尽管从大量的数值计算结果中已经获得了若干处理措施，但多数仍然缺乏严格的理论依据[30]。

黏性边界和黏弹性边界都属于应力型人工边界，其中黏性边界是由 Lysmer 在 1965 年首次提出的，也是最早提出的一种人工边界，该方法通过在边界处设置切向和法向的阻尼器来吸收外传散射波的能量，概念清晰明了，易于进行编程操作处理，在工程中应用也相对广泛，但它不能模拟无限地基弹性恢复能力，在低频作用时就可能产生整体的漂移，存在低频失稳现象。黏弹性人工边界通过在边界上施加一系列黏滞阻尼器来吸收外界传播能量，在边界上布置线性弹簧来模拟无限地基的弹性恢复能力，有效地避免了黏性边界带来的计算误差。刘云贺等[31]对比了黏性边界与黏弹性边界在大岗山拱坝动力响应分析中的精度，结果表明，两种人工边界都具有较高的能量吸收效果，但黏弹性人工边界考虑了无限地基的弹性恢复能力，具有较好的数值稳定性能。之后杜修力等[32]不断研究并改进黏弹性边界，将其在通用有限元软件上实现。从此，黏弹性边界条件得到了广泛使用。在结构动力响应分析中，选择何种人工边界必须综合考虑计算精度与计算效率才更高效、准确。黏弹性人工边界能够模拟无限地基的弹性恢复能力，不会产生低频失稳的现象，在处理大型结构动力分析时也不需要增加边界节点，可以提高计算效率，因此本章介绍黏弹性人工边界，即在人工边界处设置一系列弹簧-阻尼元件。

在实际问题中，由于局部地形或结构的不规则引起的散射波通常具有几何扩散，本书只考虑平面问题，因此采用柱面波模拟无限介质中散射波的辐射。下面给出弹簧-阻尼系数计算公式，柱面波在极坐标系中的运动方程如下：

$$\frac{\partial^2 u}{\partial t^2}=c_s^2\left(\frac{\partial^2 u}{\partial r^2}+\frac{1}{r}\frac{\partial u}{\partial r}\right) \tag{3.1}$$

从源点射出的柱面波的解的形式可以写成：

$$u(r,t)=\frac{1}{\sqrt{r}}f\left(t-\frac{r}{c_s}\right) \tag{3.2}$$

将式（3.2）代入剪应力公式 $\tau(r,t)=G\partial u/\partial r$ 中，可计算出区域内任意点剪应力如下：

$$\tau(r,t)=-G\left[\frac{1}{2r\sqrt{r}}f\left(t-\frac{r}{c_s}\right)+\frac{1}{c_s\sqrt{r}}f'\left(t-\frac{r}{c_s}\right)\right] \tag{3.3}$$

在式（3.3）中 f' 是 f 的导数，任意一点的速度可以表示为：

$$\frac{\partial u(r,t)}{\partial t}=\frac{1}{\sqrt{r}}f'\left(t-\frac{r}{c_s}\right) \tag{3.4}$$

由式（3.2）～式（3.4）可以推导出任意半径 r_B 处单位元的表面应力，其中矢径 r_B 为外法线外径，该应力与位移和速度的关系如下：

$$\tau(r_B,t)=-\frac{G}{2r_B}u(r_B,t)-\rho c_s\frac{\partial u(r_B,t)}{\partial t} \tag{3.5}$$

式（3.5）是对于平面剪切波推导出的，如果在半径 r_B 处设置截断边界，并且在截断处设置一系列黏性阻尼和线性弹簧，就可以完全吸收散射波，很好地模拟半无限空间上的辐射阻尼效应和弹性恢复能力。对于剪切波，边界处设置的弹簧刚度和阻尼系数分别为：

$$\begin{cases} K_B = \dfrac{G}{2r_B} \\ C_B = \rho c_s \end{cases} \tag{3.6}$$

对于压缩波，边界处设置的弹簧刚度和阻尼系数分别为：

$$\begin{cases} K_B = \dfrac{E}{2r_B} \\ C_B = \rho c_p \end{cases} \tag{3.7}$$

式中　ρ——介质密度；

E——介质弹性模量；

G——剪切模量；

c_p 和 c_s——P 波与 SV 波速。

$$\begin{cases} c_s = \sqrt{\dfrac{G}{\rho}} = \sqrt{\dfrac{E}{2\rho(1+\upsilon)}} \\ c_p = \sqrt{\dfrac{E(1-\nu)}{\rho(1+\upsilon)(1-2\upsilon)}} \end{cases} \tag{3.8}$$

式中　ρ——质量密度；

υ——泊松比；

r_B——散射源至人工边界的距离，在设置人工边界时，黏滞阻尼器系数为常数，其不随散射波源到边界的距离的变化而变化，但弹簧刚度系数却随距离 r_B 的变化而变化。

因为在实际工程问题中，散射源是空间分布的线或面源，r_B通常取平均值。在本章的数值算例中，r_B取源点到边界的最短距离[33]。

3.4.2　地震波斜入射输入

为了保证大型结构在近场地震作用下的安全，合理的地震动输入方法是准确进行结构抗震稳定分析的重要基础，现有的地震输入方式主要有标准的刚性地基输入模型、无质量地基输入模型、反演输入模型和自由场输入模型[34]。对于边坡抗震稳定性分析不仅需要模拟场地地形和地质情况，还需要模拟坡体产生的内部滑动以及无限地基辐射阻尼的影响，需要考虑地基的质量，因此采用自由场输入模型更加合理，而且其与波动方法相适应。地震波斜入射问题属于外源波动问题，本书采用基于黏弹性边界的地震自由场输入模型将无限域总的波场分解为自由场和散射场，通过将地震波位移和速度转换为人工边界节点上的等效荷载的形式从而实现了地震波斜输入，黏弹性边界可以完全吸收散射波，这样边界节点就在做自由场运动。

边坡地震输入模型整个系统的有限元方程可以表示如下：

$$\boldsymbol{M}\ddot{\boldsymbol{u}} + \boldsymbol{C}\dot{\boldsymbol{u}} + \boldsymbol{K}\boldsymbol{u} = \boldsymbol{F}_B \tag{3.9}$$

式中　$\ddot{\boldsymbol{u}}$、$\dot{\boldsymbol{u}}$、$\boldsymbol{u}$——系统的加速度向量、速度向量和位移向量；

$\boldsymbol{M}$、$\boldsymbol{C}$、$\boldsymbol{K}$——结构体系的总质量矩阵、总阻尼矩阵和总刚度矩阵；

$\boldsymbol{F}_B$——地震波在人工边界处的作用力荷载。

利用中心差分法对有限元方程式（3.9）在时域上进行离散，差分格式为：

$$\dot{\boldsymbol{u}}^{t}=\frac{1}{2\Delta t}\left(\boldsymbol{u}^{t+\Delta t}-\boldsymbol{u}^{t-\Delta t}\right) \tag{3.10}$$

$$\ddot{\boldsymbol{u}}^{t}=\frac{1}{\Delta t^{2}}\left(\boldsymbol{u}^{t+\Delta t}-2\boldsymbol{u}^{t}+\boldsymbol{u}^{t-\Delta t}\right) \tag{3.11}$$

式中，上标 t 代表时间，Δt 为时间间隔，将式（3.10）、式（3.11）代入式（3.9）中可得逐步计算公式为：

$$\left(\frac{1}{\Delta t^{2}}\boldsymbol{M}+\frac{1}{2\Delta t}\boldsymbol{C}\right)\boldsymbol{u}^{t+\Delta t}=\boldsymbol{F}^{t}-\left(\boldsymbol{K}-\frac{2}{\Delta t^{2}}\right)\boldsymbol{u}^{t}-\left(\frac{1}{\Delta t^{2}}\boldsymbol{M}-\frac{1}{2\Delta t}\boldsymbol{C}\right)\boldsymbol{u}^{t-\Delta t} \tag{3.12}$$

当质量矩阵和阻尼矩阵均为对角矩阵时，方程是解耦的，为显式积分格式。当阻尼矩阵为非对角矩阵时，李小军等[35]给出了一种非对角矩阵的显式积分形式：

$$\ddot{\boldsymbol{u}}^{t}=\frac{2}{\Delta t^{2}}\left(\boldsymbol{u}^{t+\Delta t}-\boldsymbol{u}^{t}\right)-\frac{2}{\Delta t}\dot{\boldsymbol{u}}^{t} \tag{3.13}$$

将式（3.13）代入式（3.9）中得到：

$$\boldsymbol{u}^{t+\Delta t}=\frac{\Delta t^{2}}{2}\boldsymbol{M}^{-1}\left(\boldsymbol{F}^{t}-\boldsymbol{K}\boldsymbol{u}^{t}-\boldsymbol{C}\dot{\boldsymbol{u}}^{t}\right)+\boldsymbol{u}^{t}+\Delta t\dot{\boldsymbol{u}}^{t} \tag{3.14}$$

由式（3.13）可知，当质量矩阵为对角矩阵时，该求解式为解耦，故已知 t 时刻的位移和速度就可以求得 $t+\Delta t$ 时刻的位移，$t+\Delta t$ 时刻的速度和加速度可采用与中心差分法同样具有二阶精度的如下近似公式：

$$\dot{\boldsymbol{u}}^{t+\Delta t}=-\dot{\boldsymbol{u}}^{t}+\frac{2}{\Delta t}\left(\boldsymbol{u}^{t+\Delta t}-\boldsymbol{u}^{t}\right) \tag{3.15}$$

$$\ddot{\boldsymbol{u}}^{t+\Delta t}=-\ddot{\boldsymbol{u}}^{t}+\frac{2}{\Delta t}\left(\dot{\boldsymbol{u}}^{t+\Delta t}-\dot{\boldsymbol{u}}^{t}\right) \tag{3.16}$$

在确定计算时步时要综合考虑准确性和计算效率两方面的影响，若计算时步取值过大容易造成最终计算不收敛；若计算时步取值过小会降低计算效率。Kuhlemeyer 等通过大量的数值模拟发现，网格的大小取决于输入波的最短波长 λ。在划分网格时最大尺寸 d_{max}应该小于（1/10～1/8）λ[36]。根据以往的研究经验可知，时间步长通常取系统网格的最小尺寸 d_{min}与 P 波波速 c_p 的比值：

$$\Delta t_{crit}=\min\left(\frac{d_{\min}}{c_p}\right) \tag{3.17}$$

min（　）为在系统所有单元中取最小值，式（3.17）仅为时步的初步估计值，若在不考虑与刚度成比例的阻尼动力分析时，还需要乘以 0.5 的折减系数，当然在具体实际问题中取值可能还要更小，可以采用试算的方法快速确定。

式（3.14）中，$\boldsymbol{F}^t$ 指 t 时刻地震波在人工边界处的作用力荷载，本章通过将地震波位移和速度转换为人工边界节点上的等效荷载的形式从而实现了地震波斜输入，黏弹性边界可以完全吸收散射波，这样边界节点就在做自由场运动。以下将对边界等效荷载计算公式进行推导。

设 $u(x, y, t)$、$v(x, y, t)$ 为自由波场位移，在边界节点 B 处产生的切向位移和法向位移分别为 $u(x_B, y_B, t)$、$v(x_B, y_B, t)$，切向和法向应力分别为 $\tau(x_B, y_B, t)$、$\sigma(x_B, y_B, t)$；采用黏弹性边界自由场输入模型模拟无限地基效应时，在边界施加的等效荷载产生的位移和应力应该等于原来的自由场产生的位移和应力：

$$\begin{cases} u_f\ (x_B,\ y_B,\ t)\ = u\ (x_B,\ y_B,\ t) \\ v_f\ (x_B,\ y_B,\ t)\ = v\ (x_B,\ y_B,\ t) \end{cases} \tag{3.18}$$

$$\begin{cases} \tau_f\ (x_B,\ y_B,\ t)\ = \tau\ (x_B,\ y_B,\ t) \\ \sigma_f\ (x_B,\ y_B,\ t)\ = \sigma\ (x_B,\ y_B,\ t) \end{cases} \tag{3.19}$$

式中，$u_f\ (x_B,\ y_B,\ t)$ 和 $v_f\ (x_B,\ y_B,\ t)$、$\tau_f\ (x_B,\ y_B,\ t)$ 和 $\sigma_f\ (x_B,\ y_B,\ t)$ 分别为边界等效荷载产生的位移和应力。

在边界施加等效切向应力 F_{BT} 和法向应力 F_{BN} 以实现地震波输入，图 3.4 将边界处弹簧-阻尼元件脱离，f_{BT}、f_{BN} 为 B 点内力。由力平衡可以得到 B 点的应力：

$$\begin{cases} \tau_f\ (x_B,\ y_B,\ t)\ \cdot A = F_{BT}\ (t)\ - f_{BT}\ (t) \\ \sigma_f\ (x_B,\ y_B,\ t)\ \cdot A = F_{BN}\ (t)\ - f_{BN}\ (t) \end{cases} \tag{3.20}$$

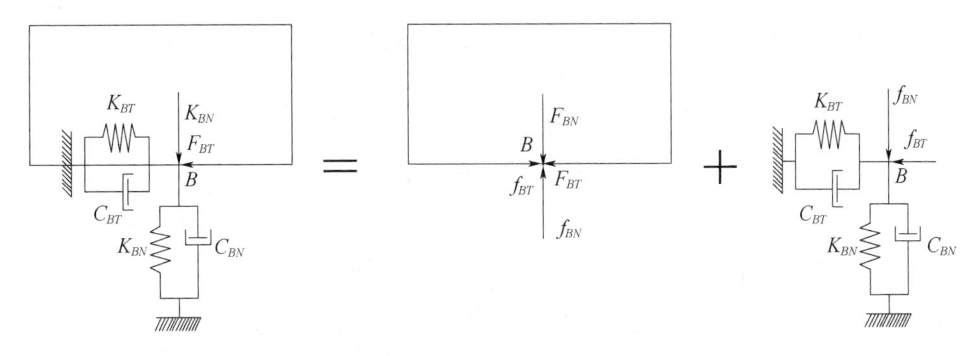

图 3.4 人工边界及脱离体示意图

将式（3.19）代入式（3.20）中得：

$$\begin{cases} F_{BT}\ (t)\ = \tau\ (x_B,\ y_B,\ t)\ \cdot A + f_{BT}\ (t) \\ F_{BN}\ (t)\ = \sigma\ (x_B,\ y_B,\ t)\ \cdot A + f_{BN}\ (t) \end{cases} \tag{3.21}$$

弹簧-阻尼元件处的运动方程为：

$$\begin{cases} f_{BT}\ (t)\ = C_{BT}\dot{u}_f\ (x_B,\ y_B,\ t)\ + K_{BT}u_f\ (x_B,\ y_B,\ t) \\ f_{BN}\ (t)\ = C_{BN}\dot{u}_f\ (x_B,\ y_B,\ t)\ + K_{BN}u_f\ (x_B,\ y_B,\ t) \end{cases} \tag{3.22}$$

将式（3.18）代入式（3.22）中得：

$$\begin{cases} f_{BT}\ (t)\ = C_{BT}\dot{u}\ (x_B,\ y_B,\ t)\ + K_{BT}u\ (x_B,\ y_B,\ t) \\ f_{BN}\ (t)\ = C_{BN}\dot{u}\ (x_B,\ y_B,\ t)\ + K_{BN}u\ (x_B,\ y_B,\ t) \end{cases} \tag{3.23}$$

将式（3.23）代入式（3.21）中得：

$$\begin{cases} F_{BT}\ (t)\ = \tau\ (x_B,\ y_B,\ t)\ \cdot A + C_{BT}\dot{u}\ (x_B,\ y_B,\ t)\ + K_{BT}u\ (x_B,\ y_B,\ t) \\ F_{BN}\ (t)\ = \sigma\ (x_B,\ y_B,\ t)\ \cdot A + C_{BN}\dot{u}\ (x_B,\ y_B,\ t)\ + K_{BN}u\ (x_B,\ y_B,\ t) \end{cases} \tag{3.24}$$

在式（3.24）中，u 为自由场位移，在工程上常在基底折半输入，$\dot{u}$ 可以由 u 求出，σ 可以根据 $\dot{u}$ 和介质材料本构关系求得。因此，作用在黏弹性界节点上的等效节点力可表示为：

$$\boldsymbol{F}_B = \boldsymbol{K}_B\boldsymbol{u}_B + \boldsymbol{C}_B\dot{\boldsymbol{u}}_B + \boldsymbol{\sigma}_B\boldsymbol{n}\boldsymbol{A}_B \tag{3.25}$$

式中 A_B——边界节点的作用面积；

n——边界外法线方向余弦向量[34]；

$\boldsymbol{u}_B$、$\dot{\boldsymbol{u}}_B$、$\boldsymbol{\sigma}_B$——边界节点处的自由场位移向量、速度向量、应力张量。

$\boldsymbol{u}_B$、$\dot{\boldsymbol{u}}_B$ 和 $\boldsymbol{\sigma}_B$ 的求解是推导等效荷载计算公式的关键，以下分别对P波及SV波入射模型时边界节点等效荷载表达式进行推导。

3.4.2.1 P波入射时边界点等效荷载推导

由波动理论[37]可知，当P波以 α 角传播到自由表面时会产生两个反射波，一个是与入射波对称的角度为 α 角的P波，另一个是反射角为 β 的SV波，如图3.5和图3.6所示。假设初始入射P波的位移为 $u_p\ (t)$，选取高为 H，宽为 L 的有限域模型进行分析，波在传播过程中无能量损耗，根据斯内尔定律，波振幅的反射系数存在以下关系：

$$\begin{cases} \sin\beta=\dfrac{c_s\sin\alpha}{c_p} \\ A_1=\dfrac{c_s^2\sin2\alpha\sin2\beta-c_p^2\cos^2 2\beta}{c_s^2\sin2\alpha\sin2\beta+c_p^2\cos^2 2\beta} \\ A_2=\dfrac{2c_pc_s\sin2\alpha\cos2\beta}{c_s^2\sin2\alpha\sin2\beta+c_p^2\cos^2 2\beta} \end{cases} \tag{3.26}$$

式中，A_1、A_2表示反射P波和反射SV波与入射P波幅值的比值。

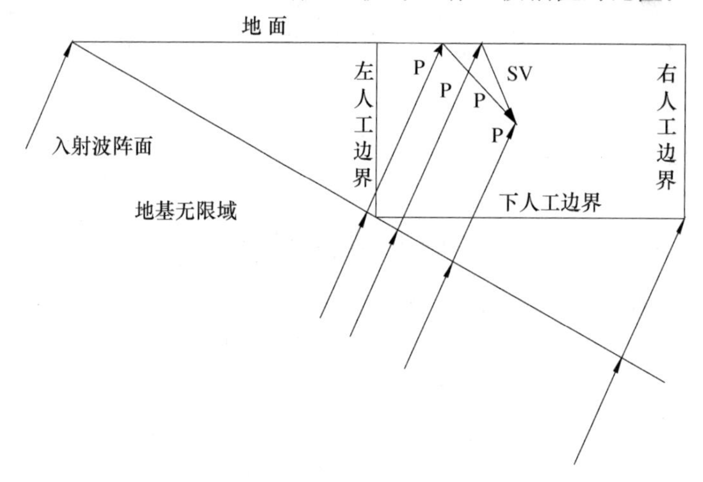

图3.5　平面P波斜入射模型

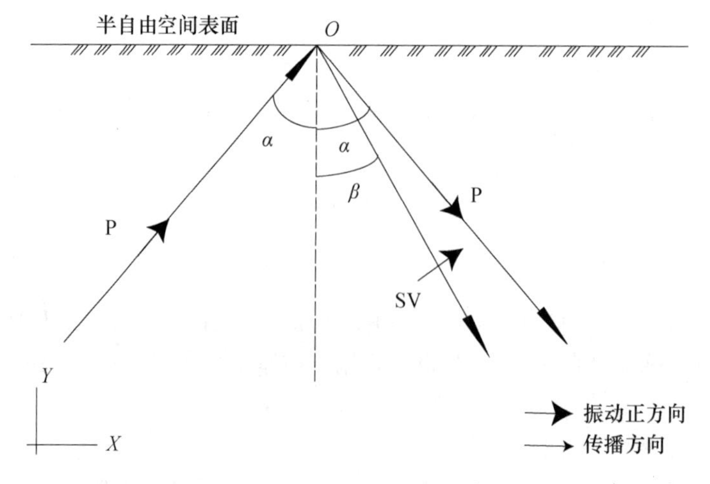

图3.6　地震波斜入射在自由表面的反射

在获得入射波与反射波的幅值后，依据空间点位置及波速确定时滞，假定有限域内任意一点（x，y）（其中，$0\leqslant x\leqslant L$，$0\leqslant y\leqslant H$），入射 P 波相对于初始时刻的时滞记为 Δt_1，反射 P 波记为 Δt_2，反射 SV 波记为 Δt_3，对应的表达式如下：

$$\begin{cases}\Delta t_1=\dfrac{x\sin\alpha+y\cos\alpha}{c_p}\\ \Delta t_2=\dfrac{(2H-y)\ \cos\alpha+x\sin\alpha}{c_p}\\ \Delta t_3=\dfrac{[H\cos\alpha-\ (H-y)\ \tan\beta\sin\alpha+x\sin\alpha]}{c_p}+\dfrac{(H-y)}{c_s\cos\beta}\end{cases}\tag{3.27}$$

边界点的自由波场位移及速度可以由波的叠加原则获得，获取位移为 u_p（t）的 P 波以 α 角入射时人工边界点（x，y）的自由波场位移及速度：

$$\begin{cases}u_B(x,y,t)=u_p(x,y,t-\Delta t_1)\sin\alpha+A_1u_p(x,y,t-\Delta t_2)\sin\alpha+A_2u_p(x,y,t-\Delta t_3)\cos\beta\\ v_B(x,y,t)=u_p(x,y,t-\Delta t_1)\cos\alpha-A_1u_p(x,y,t-\Delta t_2)\cos\alpha+A_2u_p(x,y,t-\Delta t_3)\sin\beta\\ \dot u_B(x,y,t)=\dot u_p(x,y,t-\Delta t_1)\sin\alpha+A_1\dot u_p(x,y,t-\Delta t_2)\sin\alpha+A_2\dot u_p(x,y,t-\Delta t_3)\cos\beta\\ \dot v_B(x,y,t)=\dot u_p(x,y,t-\Delta t_1)\cos\alpha-A_1\dot u_p(x,y,t-\Delta t_2)\cos\alpha+A_2\dot u_p(x,y,t-\Delta t_3)\sin\beta\end{cases}\tag{3.28}$$

式中，u_B（x，y，t）和 v_B（x，y，t）分别为位移为 u_p（t）的 P 波以 α 角入射时人工边界点（x，y）处自由波场水平与竖直方向的位移；$\dot u_B$（x，y，t）和 $\dot v_B$（x，y，t）分别为位移为 $\dot u_p$（t）的 P 波以 α 角入射时人工边界点（x，y）处自由波场水平与竖直方向的速度；u_p（x，y，$t-\Delta t_1$）为人工边界点（x，y）处入射 P 波产生的位移；A_1u_p（x，y，$t-\Delta t_2$）为人工边界点（x，y）处反射 P 波产生的位移；A_2u_p（x，y，$t-\Delta t_3$）为人工边界点（x，y）处反射 SV 波产生的位移；$\dot u_p$（x，y，$t-\Delta t_1$）为人工边界点（x，y）处入射 P 波产生的速度；$A_1\dot u_p$（x，y，$t-\Delta t_2$）为人工边界点（x，y）处反射 P 波产生的速度；$A_2\dot u_p$（x，y，$t-\Delta t_3$）为人工边界点（x，y）处反射 SV 波产生的速度。

将式（3.28）中获取的位移为 u_p（t）的 P 波以 α 角入射时人工边界点（x，y）的自由波场位移及速度代入式（3.29）得到 P 波以 α 角入射时人工边界产生相应自由场位移所需要的力 $\boldsymbol{F}_{B1}$：

$$\boldsymbol{F}_{B1}=\boldsymbol{K}_B\boldsymbol{u}_B+\boldsymbol{C}_B\dot{\boldsymbol{u}}_B\tag{3.29}$$

式中，$\boldsymbol{K}_B$ 为黏弹性边界的弹簧刚度矩阵；$\boldsymbol{u}_B$ 为边界节点处的自由场位移向量，$\boldsymbol{u}_B=[u_B\ v_B]^{\mathrm T}$，$u_B$（$x$，$y$，$t$）$\in u_B$，$v_B$（$x$，$y$，$t$）$\in v_B$；$\boldsymbol{C}_B$ 为黏弹性边界的阻尼系数矩阵；$\dot{\boldsymbol{u}}_B$ 为自由场速度向量，$\dot{\boldsymbol{u}}_B=[\dot u_B\ \dot v_B]^{\mathrm T}$，$\dot u_B$（$x$，$y$，$t$）$\in\dot u_B$，$\dot v_B$（$x$，$y$，$t$）$\in\dot v_B$。

为确定人工边界上的应力，引入局部坐标系（ξ，η），其中 ξ 为平面波传播的方向，η 为传播方向所对应的法线方向，平面 P 波在均匀线弹性材料中的传播应力为：

$$\begin{cases}\sigma_\xi=\ (\lambda+2G)\ \dfrac{\partial u_\xi}{\partial\xi}=-\dfrac{(\lambda+2G)}{c_p}\dot u_\xi\\ \sigma_\eta=\lambda\dfrac{\partial u_\xi}{\partial\xi}=-\dfrac{\lambda}{c_p}\dot u_\xi\end{cases}\tag{3.30}$$

平面 SV 波在均匀线弹性材料中的传播应力为：

$$\tau_{\xi\eta}=G\frac{\partial u_\eta}{\partial\xi}=-\frac{G}{c_s}\dot u_\xi\tag{3.31}$$

将局部坐标系中的波场传播应力转化为全局坐标系，假定任意一点（x，y）（其中 $0\leqslant x\leqslant L$，$0\leqslant y\leqslant H$），对于入射角为 α 的入射 P 波对应的应力 $\boldsymbol{\sigma}_{B1}$ 为：

$$\boldsymbol{\sigma}_{B1}=\begin{pmatrix}\sigma_{x1} & \tau_{xy1}\\ \tau_{yx1} & \sigma_{y1}\end{pmatrix} \tag{3.32}$$

$$\begin{cases}\sigma_{x1}=(\sigma_\xi\sin^2\alpha+\sigma_\eta\cos^2\alpha)=-\dfrac{\lambda+2G\sin^2\alpha}{c_p}\dot{u}_p(x,y,t-\Delta t_1)\\ \tau_{xy1}=-(\sigma_\eta-\sigma_\xi)\sin\alpha\cos\alpha=-\dfrac{G\sin2\alpha}{c_p}\dot{u}_p(x,y,t-\Delta t_1)\\ \sigma_{y1}=(\sigma_\xi\cos^2\alpha+\sigma_\eta\sin^2\alpha)=-\dfrac{\lambda+2G\cos^2\alpha}{c_p}\dot{u}_p(x,y,t-\Delta t_1)\end{cases} \tag{3.33}$$

式中 σ_ξ——局部坐标系中平面波传播方向的应力；

σ_η——局部坐标系中平面波传播方向的法线向应力；

G——剪切模量；

λ——拉梅常数；

$\tau_{yx1}=\tau_{xy1}$。

对于反射角为 α 的反射 P 波对应的应力 $\boldsymbol{\sigma}_{B2}$ 为：

$$\boldsymbol{\sigma}_{B2}=\begin{pmatrix}\sigma_{x2} & \tau_{xy2}\\ \tau_{yx2} & \sigma_{y2}\end{pmatrix} \tag{3.34}$$

$$\begin{cases}\sigma_{x2}=(\sigma_\xi\sin^2\alpha+\sigma_\eta\cos^2\alpha)=-A_1\dfrac{\lambda+2G\sin^2\alpha}{c_p}\dot{u}_p(x,y,t-\Delta t_2)\\ \tau_{xy2}=(\sigma_\eta-\sigma_\xi)\sin\alpha\cos\alpha=A_1\dfrac{G\sin2\alpha}{c_p}\dot{u}_p(x,y,t-\Delta t_2)\\ \sigma_{y2}=(\sigma_\xi\cos^2\alpha+\sigma_\eta\sin^2\alpha)=-A_1\dfrac{\lambda+2G\cos^2\alpha}{c_p}\dot{u}_p(x,y,t-\Delta t_2)\end{cases} \tag{3.35}$$

对于反射角为 β 的反射 SV 波对应的应力 $\boldsymbol{\sigma}_{B3}$ 为：

$$\boldsymbol{\sigma}_{B3}=\begin{pmatrix}\sigma_{x3} & \tau_{xy3}\\ \tau_{yx3} & \sigma_{y3}\end{pmatrix} \tag{3.36}$$

$$\begin{cases}\sigma_{x3}=2\tau_{\xi\eta}\sin\beta\cos\beta=-A_2\dfrac{G\sin2\beta}{c_s}\dot{u}_p(x,y,t-\Delta t_3)\\ \tau_{xy3}=\tau_{\xi\eta}(\sin^2\beta-\cos^2\beta)=A_2\dfrac{G\cos2\beta}{c_s}\dot{u}_p(x,y,t-\Delta t_3)\\ \sigma_{y3}=-2\tau_{\xi\eta}\sin\beta\cos\beta=A_2\dfrac{G\sin2\beta}{c_s}\dot{u}_p(x,y,t-\Delta t_3)\end{cases} \tag{3.37}$$

根据公式

$$\begin{cases}\boldsymbol{F}_{B1}=\boldsymbol{\sigma}_B\boldsymbol{n}\boldsymbol{A}_B\\ \boldsymbol{\sigma}_B=\boldsymbol{\sigma}_{B1}+\boldsymbol{\sigma}_{B2}+\boldsymbol{\sigma}_{B3}\end{cases} \tag{3.38}$$

获取 P 波以 α 角斜入射时自由场运动在人工边界上产生的应力 $\boldsymbol{F}_{B1}$；其中 A_B 为边界节点的作用面积；$\boldsymbol{n}$ 为边界法线方向余弦向量，在左人工边界上任意一点（0，y），$0\leqslant y\leqslant H$ 时，$\boldsymbol{n}=[-1\quad 0]^{\mathrm{T}}$；在下人工边界上任意一点（$x$，0），$0\leqslant x\leqslant L$ 时，$\boldsymbol{n}=[0\quad -1]^{\mathrm{T}}$；在右人工边界任意一点（$L$，$y$），$0\leqslant y\leqslant H$ 时，$\boldsymbol{n}=[1\quad 0]^{\mathrm{T}}$；然后将式（3.29）和式（3.38）叠加即可获取 P 波以 α 角斜入射时边界节点等效的荷载 $\boldsymbol{F}_B$。

3.4.2.2　SV 波入射边界点等效荷载推导

SV 波入射和 P 波入射分析方法相似，以 α' 角传播到自由表面时会产生两个反射波，一个是与入射波对称的角度为 α' 的 SV 波，另一个是反射角为 β' 的 P 波，如图 3.7 和图 3.8所示。假设入射 SV 波的位移 u_s（t'）波在平面半空间介质传播中振幅无衰减，根据斯内尔定律，波振幅的反射系数存在以下关系：

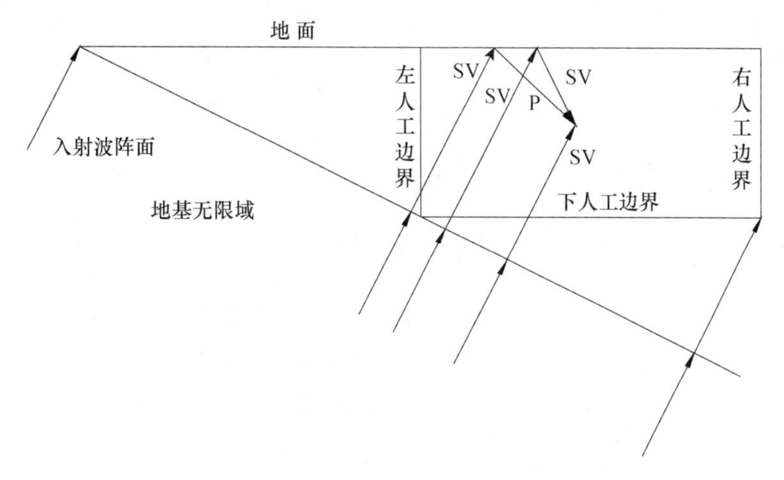

图 3.7　平面 SV 波斜入射模型

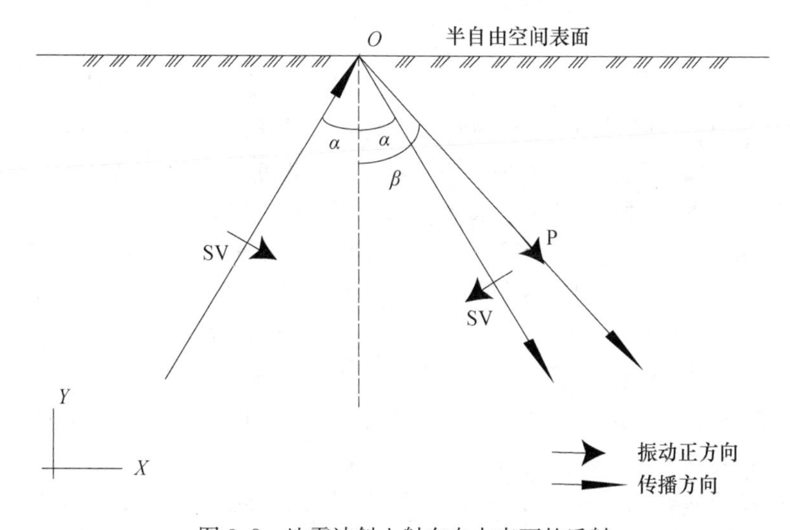

图 3.8　地震波斜入射在自由表面的反射

$$
\begin{cases}
\sin\beta' = \dfrac{c_p \sin\alpha'}{c_s} \\
B_1 = \dfrac{c_s^2 \sin 2\alpha' \sin 2\beta' - c_p^2 \cos^2 2\alpha'}{c_s^2 \sin 2\alpha' \sin 2\beta' + c_p^2 \cos^2 2\alpha'} \\
B_2 = \dfrac{2 c_s c_p \sin 2\alpha' \cos 2\alpha'}{c_s^2 \sin 2\alpha' \sin 2\beta' + c_p^2 \cos^2 2\alpha'}
\end{cases}
\tag{3.39}
$$

式中，B_1、B_2 表示反射 SV 波和反射 P 波与入射 SV 波幅值的比值。需要注意的是，由于 SV 波以 α' 角入射时会产生一个反射角为 β' 的 P 波，P 波波速大于 SV 波波速，根据式（3.39)可知$\beta'>\alpha'$，因此当$\beta'>90°$时反射波就不再具有平面波性质，成为非均匀波。对于入射角α存在一个临界角，对于本书的计算模型，从计算参数可以得到临界角：

$$\alpha'_{cr}<\arcsin\left(\frac{c_s}{c_p}\right) \tag{3.40}$$

在获得入射波与反射波的幅值后，依据空间点位置及波速确定时滞，假定有限域内任意一点（x，y）(其中，$0\leqslant x\leqslant L$，$0\leqslant y\leqslant H$)，入射SV波相对于初始时刻的时滞记为$\Delta t'_1$，反射SV波记为$\Delta t'_2$，反射P波记为$\Delta t'_3$，对应的表达式如下：

$$\begin{cases}\Delta t'_1=\dfrac{x\sin\alpha'+y\cos\alpha'}{c_s}\\ \Delta t'_2=\dfrac{(2H-y)\ \cos\alpha'+x\sin\alpha'}{c_s}\\ \Delta t'_3=\dfrac{[H\cos\alpha'-\ (H-y)\ \tan\beta'\sin\alpha'+x\sin\alpha']}{c_s}+\dfrac{(H-y)}{c_p\cos\beta'}\end{cases} \tag{3.41}$$

边界点的自由波场位移及速度可以由波的叠加原则获得，获取位移为u_s（t'）的SV波以α'角入射时人工边界点（x，y）的自由波场位移及速度：

$$\begin{cases}u'_B(x,y,t')=u_s(x,y,t'-\Delta t'_1)\cos\alpha'-B_1u_s(x,y,t'-\Delta t'_2)\cos\alpha'+B_2u_s(x,y,t'-\Delta t'_3)\sin\beta'\\ v'_B(x,y,t')=-u_s(x,y,t'-\Delta t'_1)\sin\alpha'-B_1u_s(x,y,t'-\Delta t'_2)\sin\alpha'-B_2u_s(x,y,t'-\Delta t'_3)\cos\beta'\\ \dot{u}'_B(x,y,t')=\dot{u}_s(x,y,t'-\Delta t'_1)\cos\alpha'-B_1\dot{u}_s(x,y,t'-\Delta t'_2)\cos\alpha'+B_2\dot{u}_s(x,y,t'-\Delta t'_3)\sin\beta'\\ \dot{v}'_B(x,y,t')=-\dot{u}_s(x,y,t'-\Delta t'_1)\sin\alpha'-B_1\dot{u}_s(x,y,t'-\Delta'_2)\sin\alpha'-B_2\dot{u}_s(x,y,t'-\Delta t'_3)\cos\beta'\end{cases} \tag{3.42}$$

式中，u'_B（x，y，t'）和v'_B（x，y，t'）分别为位移为u_s（t'）的SV波以α'角入射时人工边界点（x，y）处自由波场水平与竖直方向的位移；$\dot{u}'_B$（x，y，t'）和$\dot{v}'_B$（x，y，t'）分别为位移为u_s（t'）的SV波以α'角入射时人工边界点（x，y）处自由波场水平与竖直方向的速度；u_s（x，y，$t'-\Delta t'_1$）为人工边界点（x，y）处入射SV波产生的位移；B_1u_s（x，y，$t'-\Delta t'_2$）为人工边界点（x，y）处反射SV波产生的位移；B_2u_s（x，y，$t'-\Delta t'_3$）为人工边界点（x，y）处反射P波产生的位移；$\dot{u}_s$（x，y，$t'-\Delta t'_1$）为人工边界点（x，y）处入射SV波产生的速度；$B_1\dot{u}_s$（x，y，$t'-\Delta t'_2$）为人工边界点（x，y）处反射SV波产生的速度；$B_2\dot{u}_s$（x，y，$t'-\Delta t'_3$）为人工边界点（x，y）处反射P波产生的速度；其中负号是由于坐标轴取向上为正引起的。

将式（3.42）中获取的位移为u_s（t'）的SV波以α'角入射时人工边界点（x，y）的自由波场位移及速度代入式（3.43），得到SV波入射时人工边界产生相应自由场位移所需要的力$\boldsymbol{F}'_{B1}$：

$$\boldsymbol{F}'_{B1}=\boldsymbol{K}_B\boldsymbol{u}'_B+\boldsymbol{C}_B\dot{\boldsymbol{u}}'_B \tag{3.43}$$

式中，$\boldsymbol{u}'_B$为边界节点处的自由场位移向量，$\boldsymbol{u}'_B=[u'_B\quad v'_B]^{\mathrm{T}}$，$u'_B$（$x$，$y$，$t'$）$\in u'_B$，$v'_B$（$x$，$y$，$t'$）$\in v'_B$；$\dot{\boldsymbol{u}}'_B$为自由场速度向量，$\dot{\boldsymbol{u}}'_B=[\dot{u}'_B\quad \dot{v}'_B]^{\mathrm{T}}$，$\dot{u}'_B$（$x$，$y$，$t'$）$\in \dot{u}'_B$，$\dot{v}'_B$（$x$，$y$，$t'$）$\in\dot{v}'_B$。

假定任意一点（x，y）(其中$0\leqslant x\leqslant L$，$0\leqslant y\leqslant H$)，对于入射角为α的入射SV波对应的作用应力$\boldsymbol{\sigma}'_{B1}$为：

$$\boldsymbol{\sigma}'_{B1}=\begin{pmatrix}\sigma'_{x1} & \tau'_{xy1}\\ \tau'_{yx1} & \sigma'_{y1}\end{pmatrix} \tag{3.44}$$

$$\begin{cases} \sigma'_{x1}=2\tau'_{\xi\eta}\sin\alpha'\cos\alpha'=-\dfrac{G\sin2\alpha'}{c_s}\quad \dot{u}_s(x,\ y,\ t'-\Delta t_1{}') \\ \tau'_{xy1}=\tau'_{\xi\eta}(\cos^2\alpha'-\sin^2\alpha')=-\dfrac{G\cos2\alpha'}{c_s}\quad \dot{u}_s(x,\ y,\ t'-\Delta t'_1) \\ \sigma'_{y1}=-2\tau'_{\xi\eta}\sin\alpha'\cos\alpha'=\dfrac{G\sin2\alpha'}{c_s}\quad \dot{u}_s(x,\ y,\ t'-\Delta t'_1) \end{cases} \tag{3.45}$$

式中　$\tau'_{\xi\eta}$——SV波入射时局部坐标系中平面波传播方向的剪切应力；

$\tau'_{yx1}=\tau'_{xy1}$。

对于反射角为α的反射SV波对应的作用应力$\boldsymbol{\sigma}'_{B2}$为：

$$\boldsymbol{\sigma}'_{B2}=\begin{pmatrix} \sigma'_{x2} & \tau'_{xy2} \\ \tau'_{yx2} & \sigma'_{y2} \end{pmatrix} \tag{3.46}$$

$$\begin{cases} \sigma'_{x2}=-2\tau'_{\xi\eta}\sin\alpha'\cos\alpha'=B_1\dfrac{G\sin2\alpha'}{c_s{}'}\quad \dot{u}_s(x,\ y,\ t'-\Delta t'_2) \\ \tau'_{xy2}=\tau'_{\xi\eta}(\cos^2\alpha'-\sin^2\alpha')=-B_1\dfrac{G\cos2\alpha'}{c_s{}'}\quad \dot{u}_s(x,\ y,\ t'-\Delta t'_2) \\ \sigma'_{y2}=2\tau'_{\xi\eta}\sin\alpha'\cos\alpha'=-B_1\dfrac{G\sin2\alpha'}{c_s}\dot{u}_s(x,\ y,\ t'-\Delta t'_2) \end{cases} \tag{3.47}$$

对于反射角为β的反射P波对应的作用应力$\boldsymbol{\sigma}'_{B3}$为：

$$\boldsymbol{\sigma}'_{B3}=\begin{pmatrix} \sigma'_{x3} & \tau'_{xy3} \\ \tau'_{yx3} & \sigma'_{y3} \end{pmatrix} \tag{3.48}$$

$$\begin{cases} \sigma'_{x3}=(\sigma'_{\xi}\sin^2\beta'+\sigma'_{\eta}\cos^2\beta')=-B_2\dfrac{\lambda'+2G\sin^2\beta'}{c'_p}\quad \dot{u}_s(x,\ y,\ t'-\Delta t'_3) \\ \tau'_{xy3}=(\sigma'_{\eta}-\sigma'_{\xi})\sin\beta'\cos\beta'=B'_2\dfrac{G\sin2\beta'}{c_p}\quad \dot{u}_s(x,\ y,\ t'-\Delta t'_3) \\ \sigma'_{y3}=(\sigma'_{\xi}\cos^2\beta'+\sigma'_{\eta}\sin^2\beta')=-B_2\dfrac{\lambda'+2G\cos^2\beta'}{c'_p}\quad \dot{u}_s(x,\ y,\ t'-\Delta t'_3) \end{cases} \tag{3.49}$$

根据式（3.50），获取SV波以α'角斜入射时自由场运动在人工边界上产生的应力$\boldsymbol{F}'_{B1}$：

$$\begin{cases} \boldsymbol{F}'_{B1}=\boldsymbol{\sigma}'_B\boldsymbol{n}\boldsymbol{A}_B \\ \boldsymbol{\sigma}'_B=\boldsymbol{\sigma}'_{B1}+\boldsymbol{\sigma}'_{B2}+\boldsymbol{\sigma}'_{B3} \end{cases} \tag{3.50}$$

式中，$\boldsymbol{n}$为边界法线方向余弦向量，在左人工边界上任意一点（0，y），$0\leqslant y\leqslant H$时，$\boldsymbol{n}=[-1\quad 0]^{\mathrm{T}}$；在下人工边界上任意一点（$x$，0），$0\leqslant x\leqslant L$时，$\boldsymbol{n}=[0\quad -1]^{\mathrm{T}}$；在右人工边界任意一点（$L$，$y$），$0\leqslant y\leqslant H$时，$\boldsymbol{n}=[1\quad 0]^{\mathrm{T}}$；然后将式（3.43）和式（3.50）叠加即可获取SV波以α'角斜入射时边界节点等效的荷载$\boldsymbol{F}'_B$。

以上基于时域波动分析法的边坡地震输入模型理论框架已经构建完成，模型包括考虑无限地基辐射阻尼的黏弹性边界和地震波输入方法，以上对模型数值模拟采用的波动分析积分格式、黏弹性边界理论进行了介绍，并且详细推导了地震波采用节点等效荷载输入的表达式，实现了外源地震波任意角度入射模型。基于上述理论知识编制了相应的程序可进行地震波斜入射边坡的动力放大响应分析，下面将通过数值算例验证程序的准确性。

3.4.3　算例验证

为了验证边坡地震输入模型的有效性及计算精度，本书参照文献［33］的平面P波斜入射问题，算例选取的力学模型如图 3.9 所示，模型宽 $L=762$m，高 $H=381$m，网格尺寸为 $\Delta x=\Delta y=19.05$m，在有限元模型的两侧和底边界处使用黏弹性人工边界，该模型的弹性模量 $E=13.23$GPa，剪切模量 $G=5.292$GPa，密度 $\rho=2700\text{kg/m}^3$，泊松比 $\mu=0.25$，$f=4$，选取 A（381，381），B（381，190.5），C（381，0）三个监测点进行分析，分别从左下角波阵面输入压缩波 P 波和剪切波 SV 波，输入的位移波、速度波时程如图 3.10 和图 3.11 所示，总时长为 2s，计算时步为 $\Delta t=0.005$s，输入波公式如下：

$$u_0(t)=\begin{cases}\dfrac{t}{2}-\dfrac{\sin(2\pi ft)}{4\pi f} & 0\leqslant t\leqslant 0.25\\ 0.125 & t>0.25\end{cases}\tag{3.51}$$

$$\dot{u}_0(t)=\begin{cases}\dfrac{1}{2}[1-\cos(2\pi ft)] & 0\leqslant t\leqslant 0.25\\ 0 & t>0.25\end{cases}\tag{3.52}$$

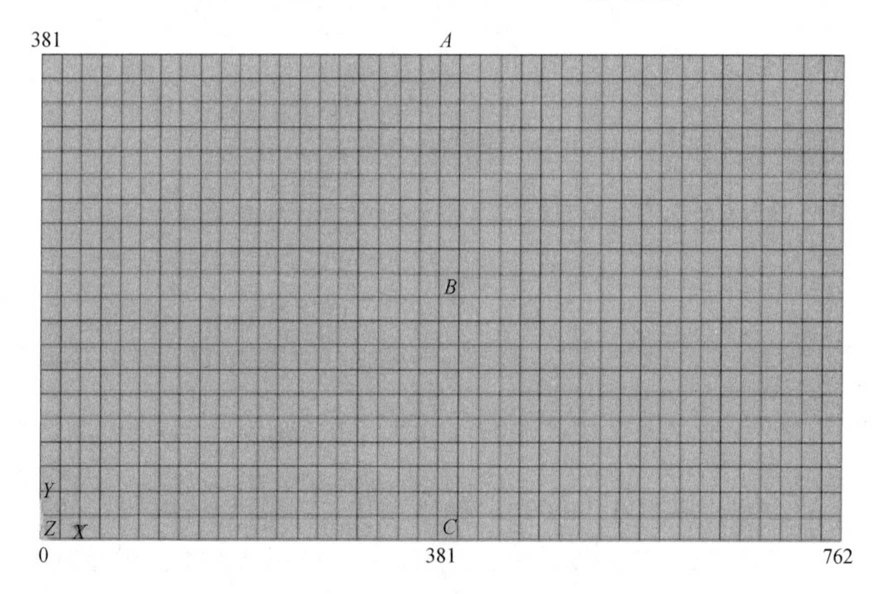

图 3.9　计算模型图

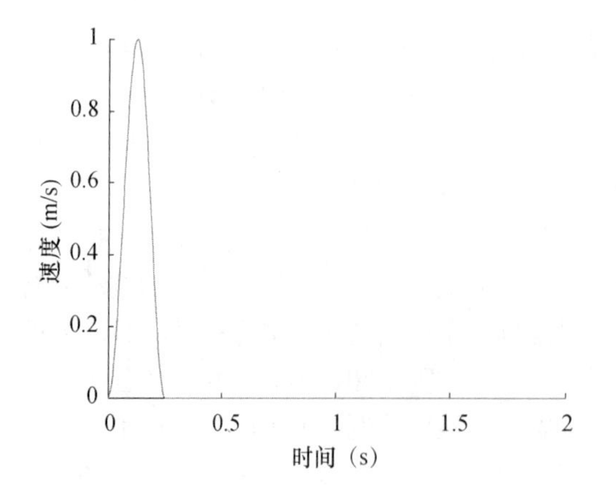

图 3.10　输入地震波速度时程图

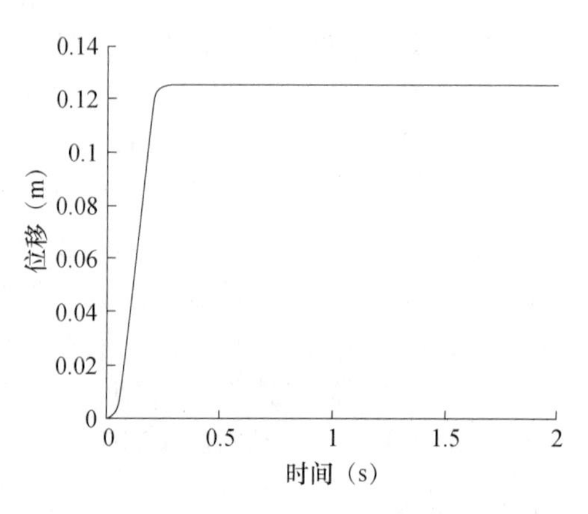

图 3.11　输入地震波位移时程

3.4.3.1 平面 P 波入射算例

在验证压缩波 P 波斜入射时，本书选取 0°（垂直入射）、15°和 30°三种不同的角度入射。由于 P 波斜入射时不仅会产生竖向振动，还会产生水平向振动，但是根据大量震害资料显示，在小角度入射时竖直向动力响应一般大于水平向响应，因此本书计算了不同入射角度下模型顶部 A 点的竖向速度时程，根据波动理论可以获得相应的精确理论解，如图 3.12（a）～（c）所示。从图中可以看出：地震波以不同角度入射传播到 A 点的时间和幅值均不同，随着入射角度的增加，模型顶部 A 点的竖向速度逐渐减小，与垂直入射相比存在明显的差异。图 3.12（d）为垂直入射时模型各监测点的竖向速度时程，由于无能量衰减，地震波在模型 B、C 点的振幅与入射波振幅相等，A 点处于顶部边界是入射波的两倍。整体上来看，程序计算结果与理论解吻合较好，且在人工边界处有效地吸收了散射波，说明该方法具有良好的计算精度和稳定性。

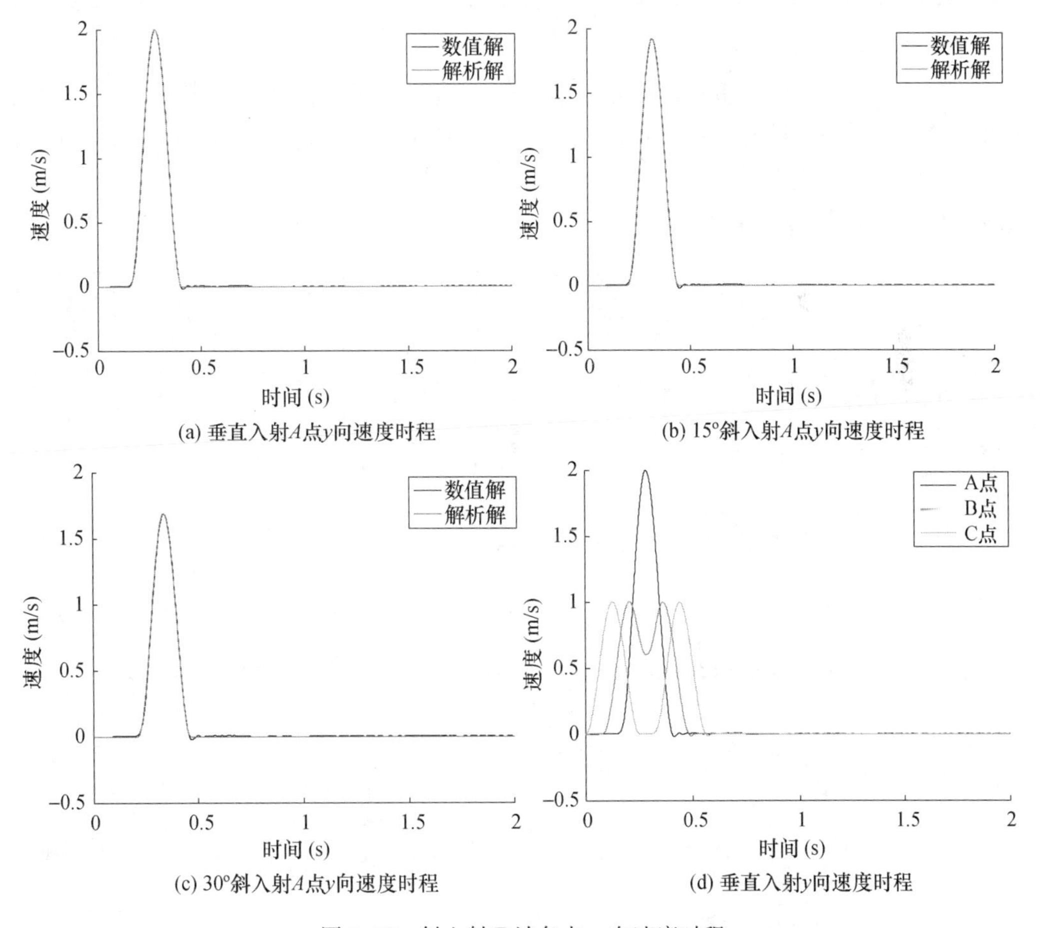

图 3.12 斜入射 P 波各点 y 向速度时程

表 3.1 给出了 P 波以不同入射角入射模型时各监测点的最大竖向速度反应及其误差，可以看出数值解比解析解稍大，相对误差在允许范围内，表明黏弹性边界的精度能够满足工程需要，验证了 P 波斜入射计算程序的可靠性。相应的计算程序详见本章附录。

表 3.1　自由场不同入射角入射模型时监测点最大竖向速度反应及其误差

入射方向	监测点	数值解（m/s）	解析解（m/s）	相对误差（%）
垂直入射	底部	1.0012	1.0000	0.12
	中部	1.0011	1.0000	0.11
	顶部	1.9980	2.0000	0.1
15°斜入射	底部	0.9671	0.9659	0.124
	中部	0.9668	0.9659	0.093
	顶部	1.9182	1.9186	0.021
30°斜入射	底部	0.8677	0.8660	0.196
	中部	0.8671	0.8660	0.127
	顶部	1.6895	1.6901	0.036

3.4.3.2　平面 SV 波入射算例

剪切波入射时，同样也选取了 0°、15°和 30°三种不同的角度入射。图 3.13 给出了垂直入射、15°和 30°斜入射时模型 A 点的水平速度时程，从图可知，数值解与解析解非常接近，以下以垂直入射［图 3.13（a）和（d）］为例做简要的分析，SV 波在 0°垂直入射时 0.136s 速度波传播到模型中部 B 点，0.272s 时到达顶部 A 点，由于自由表面的

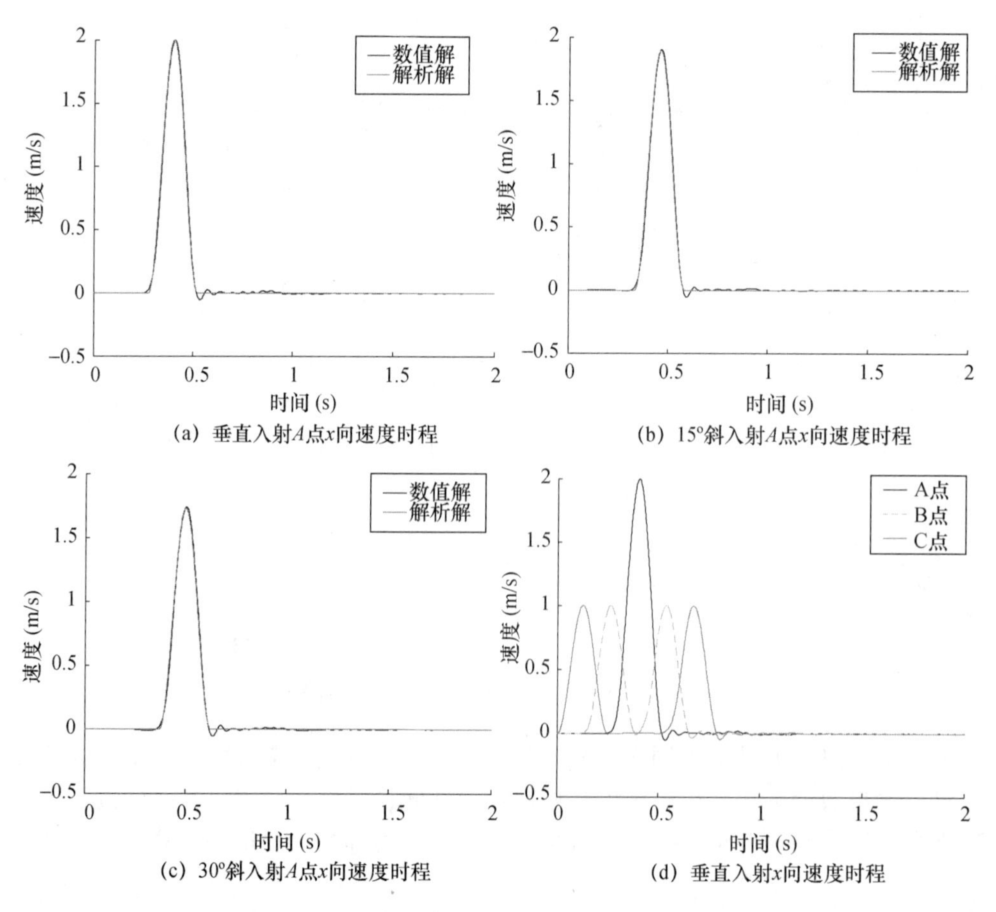

图 3.13　斜入射 SV 波各点 x 向速度时程

反射作用，入射波和反射波在自由表面处幅值叠加，自由表面节点 A 的速度幅值正好为入射位移幅值的 2 倍，数值解和理论解符合很好。在底部节点 C 的速度时程中，可以看到有两个波，其中第 1 个周期的正弦波为入射波，第 2 个周期的正弦波为从自由表面反射回来的波，在到达底部之后的时间里其速度值几乎维持在 0 附近，即底面黏弹性人工边界全部吸收散射波。由图 3.13（d）可知，大约 0.794s 后 A、B、C 三点的速度均变为 0，由此可见，黏弹性边界具有较好的吸能效果和本书编制程序的精确性。从图 3.13（b）和（c）中可以看出，SV 波在 15°和 30°斜入射下同样取得了良好的模拟效果。

需要说明的是，当 SV 波以一定的角度斜入射时，存在着入射临界角情况，当 SV 波的入射角大于这个临界角时，反射波将失去平面波的性质而成为非均匀波。对于本节计算模型，由计算参数可得临界角为：$\alpha'_{cr} < \arcsin(c_s/c_p) = 35.3°$，本节验证时斜入射角度为 30°，小于入射临界角，此时的反射波均为平面波。这说明即使在接近临界角斜入射的情况下，数值解和理论解也能够符合得很好。

表 3.2 给出了 SV 波在垂直入射、15°和 30°斜入射时模型监测点速度峰值的计算值与理论值，从表中可知，无论是垂直入射，还是随着入射角度的增大逐渐变为斜入射，顶部 A 点、中部 B 点和底部 C 点的数值计算结果与理论解都符合得非常好，误差在允许范围内，这说明采用黏弹性人工边界和等效荷载波动输入的方式，可以进行在斜入射地震波作用下边坡场地效应的有限元分析，再一次验证了使用边坡地震输入模型求解地震波斜入射问题的有效性。

表 3.2　自由场不同入射角入射模型监测点最大速度反应及其误差

入射方向	监测点	数值解（m/s）	解析解（m/s）	相对误差（%）
垂直入射	底部	1.0031	1.0000	0.31
	中部	1.0040	1.0000	0.4
	顶部	1.9991	2.0000	0.045
15°斜入射	底部	0.9681	0.9659	0.22
	中部	0.9682	0.9654	0.29
	顶部	1.9040	1.8926	0.60
30°斜入射	底部	0.8645	0.8660	0.17
	中部	0.8739	0.8659	0.92
	顶部	1.7428	1.7312	0.67

3.5　P 波作用边坡动力放大效应

地震作用下岩石边坡的动力学研究是一门跨学科交叉的高难度课题。除了地震运动的复杂性外，软弱结构表面的物理力学性质如岩石的性质、岩体的内层面、断层和节理等，以及它们在岩石中的分布和规模等因素都会影响岩质边坡的动力特性和地震反应。

所以如果全部考虑所有因素，就会使问题过于复杂而无法解决。因此，本书将岩质边坡简化为均匀连续的弹性模型进行分析。

Xu等通过遥感影像解译和野外调查，对汶川地震引起的112处大型滑坡进行了研究，研究发现在垂直于地震断层的山谷中，面对地震波的斜坡上大规模滑坡的密度明显高于与地震波传播方向相同的斜坡上的密度，相对于迎坡面而言背坡面更容易诱发滑坡，如图3.14所示，他将这种现象称为“后坡效应”。后来Sato和Harp利用卫星图像和谷歌地球对汶川地震灾区滑坡分析时也观察到了后坡效应。研究背坡面边坡的动力响应更有利于预防滑坡的发生，因此本节选取背坡面边坡进行地震动力响应分析。

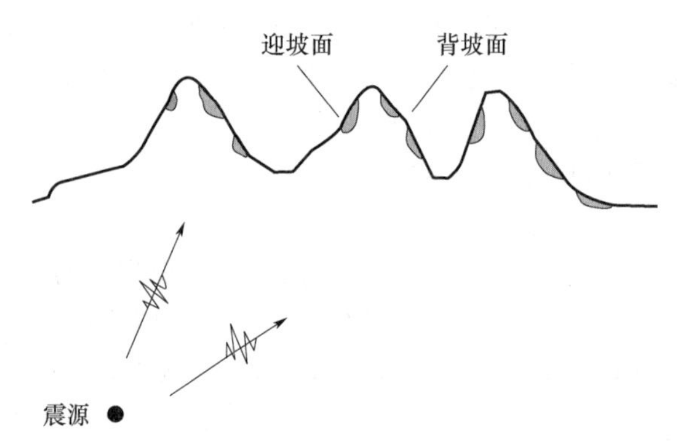

图3.14 后坡效应

图3.15建立了二维边坡的简化模型，其相应的有限元模型见图3.16，坡高$H=100$m，坡长$L=300$m，坡角$\theta=45°$，坡面任一点的高度为h，坡面上任一点的相对高度可以表示为h/H，模型介质密度$\rho=2500\text{kg/m}^3$，弹性模量$E=20$GPa，泊松比$\mu=0.25$，剪切波速为$c_s=1789$m/s，压缩波速为$c_p=3098$m/s，有限元模型采用黏弹性人工边界与显式动力计算相结合的有限元方法，地震波采用基于标准设计反应谱拟合的人工波，输入的位移时程见图3.17，峰值地面位移（Peak Ground Displacement，PGD）为0.2181m，设计地震动加速度时程及谱拟合见图3.18，为方便计算将其峰值地面加速度（Peak Ground Acceleration，PGA）调整为1m/s^2，时间跨度为11.99s。

地壳内介质的密度随着地层深度的增加而增加，根据物理学中波在不同介质中传播的折射和反射规律可知，从震源出发的地震波向地表传播的过程中入射角会不断地减小，同时根据Alfaro对西班牙洛尔卡滑坡事件的研究发现，入射角在0°～50°的地震波才可能发生边坡失稳，因此本章在研究P波斜入射动力响应影响时选取的入射角α分别取0°、15°、30°、45°、60°。此外，根据相关工程的经验，选择了不同的边坡坡度（$\theta=45°$、50°、60°），在坡面AC面及坡顶纵向AB面设置监测点，采用有限元方法进行地震动力响应分析，根据各监测点记录的数据，讨论了平面P波和平面SV波斜入射不同边坡坡度模型时岩质边坡地震响应位移和加速度的变化规律，本节主要研究P波斜入射条件下边坡的动力响应，SV波斜入射作用边坡的动力响应研究将在3.6节中进行讨论。

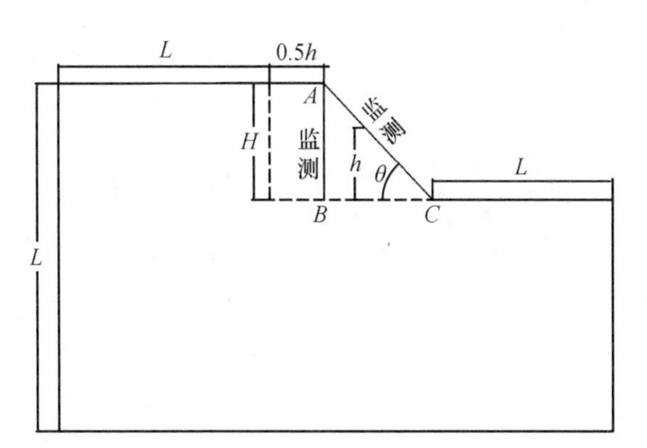

图 3.15　边坡几何模型

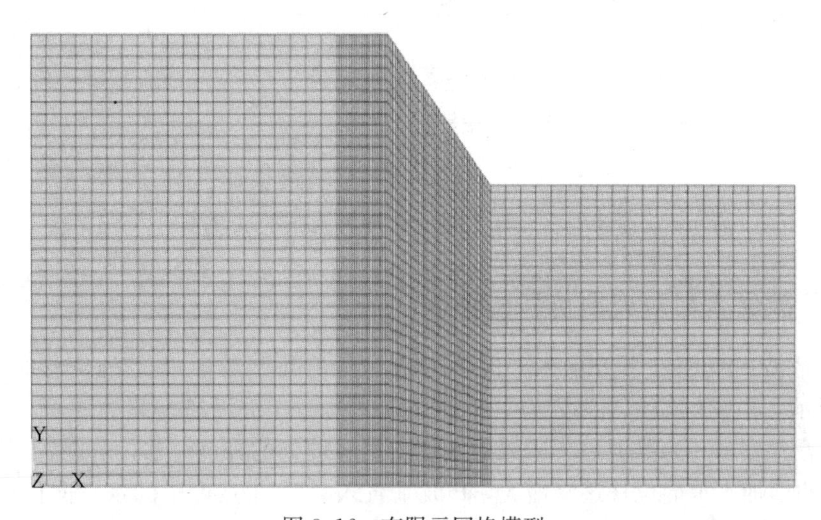

图 3.16　有限元网格模型

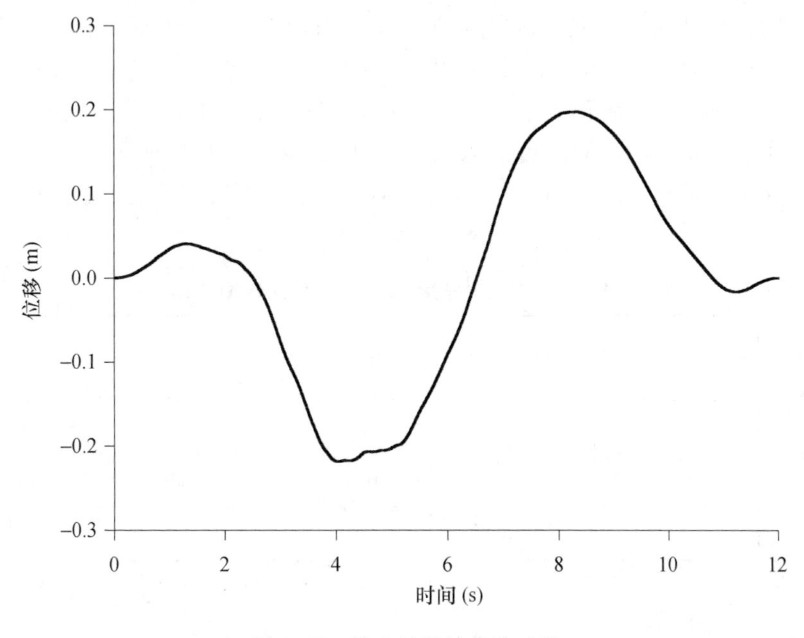

图 3.17　输入地震波位移时程

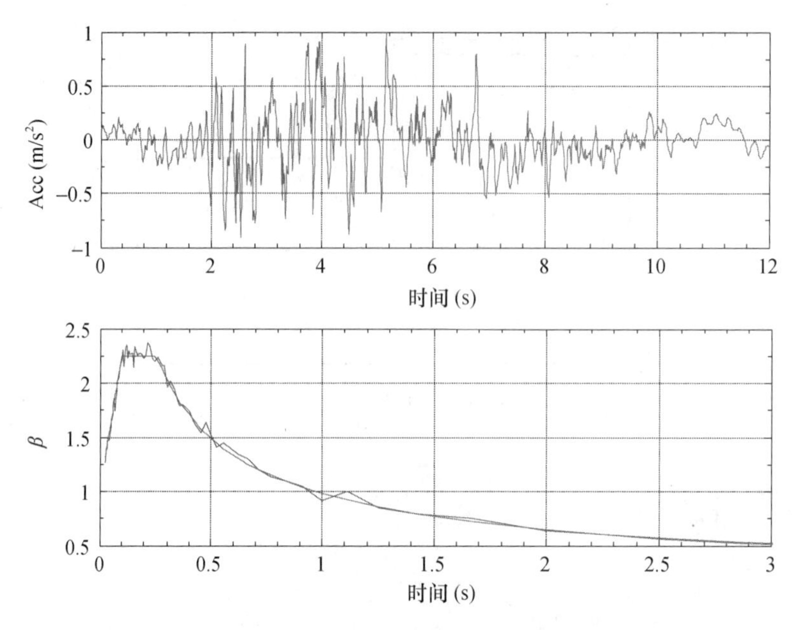

图 3.18　地震波加速度时程和相应的反应谱

3.5.1　P 波斜入射对坡面位移的影响

平面 P 波由模型左下方输入，以不同入射角传播到坡顶 A 点的位移时程曲线如图 3.19所示，由图可知，当地震波以不同角度入射时，坡顶 A 点的水平向和竖直向位移差异显著。表 3.3 为 P 波以不同入射角度入射时坡顶的峰值位移，可以发现随着 P 波入射角度的增加水平向位移逐渐增大，P 波垂直入射时 A 点产生的水平向位移接近零，当 P 波以 60°角入射时，水平向位移可达到 0.3882m，可见斜入射对水平向位移存在明显的放大作用；但是随着 P 波入射角度的增加竖直向位移反而逐渐减小，A 点在垂直入射时的竖直向位移为 0.4334m，当 P 波以 60°角入射时，竖直向位移为 0.2160m，不足垂直入射的 1/2，可见入射角改变对竖直向位移存在明显的减弱作用。此外，从图 3.19 中也可以很明显地发现：不同角度的入射波到达坡顶 A 点的时刻均不同，存在一定的时间延迟，这是由于斜入射作用下，地震波到达边坡各部位的路径距离增大，使得行波效应更加明显。

表 3.3　不同入射角度下坡顶 *A* 点的 PGD（m）

PGD	入射角				
	0°	15°	30°	45°	60°
水平向	0.0018	0.1314	0.2485	0.3391	0.3882
竖直向	0.4334	0.4153	0.3653	0.2939	0.2160
合 PGD	0.4334	0.4356	0.4418	0.4487	0.4430

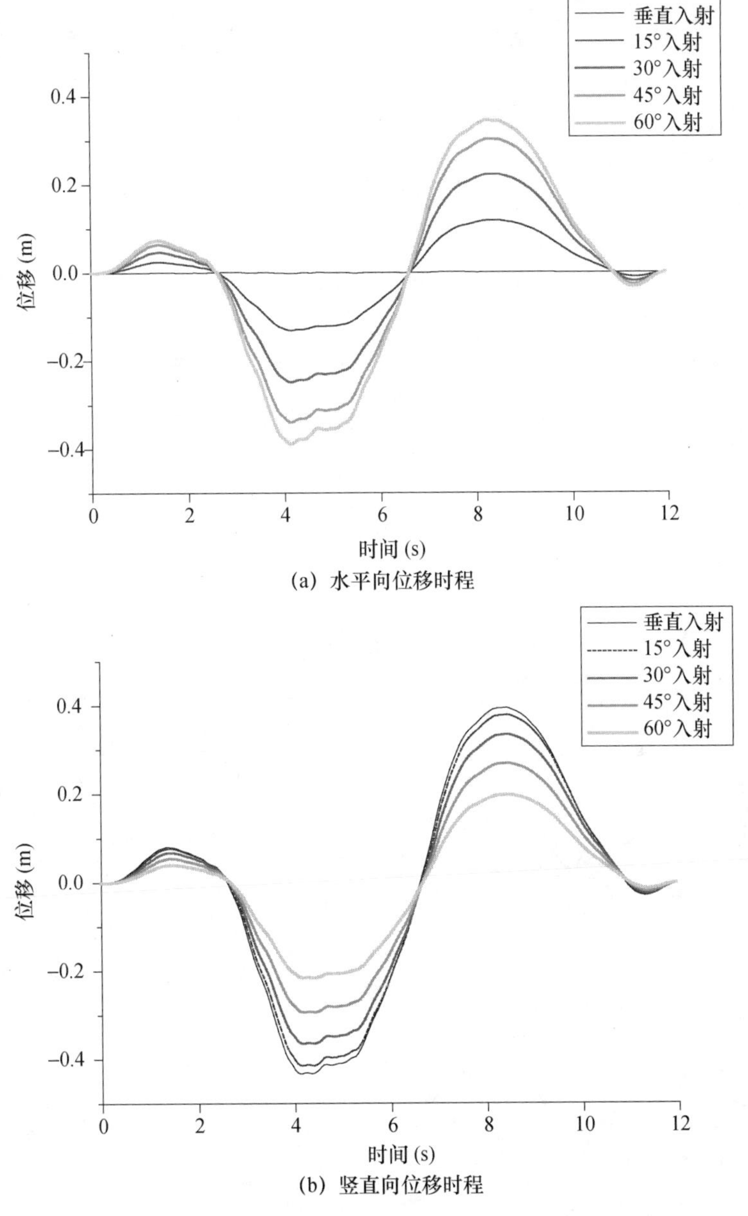

(a) 水平向位移时程

(b) 竖直向位移时程

图 3.19　P 波斜入射坡顶 A 点的位移时程

综上所述，不同角度的地震波传播到坡面时会存在一定的时滞和幅值差，因此有必要分析坡面点不同高程处位移的响应规律。图 3.20 为不同角度入射下坡面点位移峰值随高程的变化规律，从图中可见，当地震波以某一角度入射时，坡面水平向和竖直向位移峰值均随着高程的增加而增大，由于边坡 $L=300\text{m}$，压缩波速为 $c_p=3098\text{m/s}$，P 波传播波速快且位移波时程均匀，因此沿着坡面不同高程处的位移峰值相差不是很大，但是整体还是随高程的增加呈现出增大的形态。当入射角度改变时，随着入射角度的增加，坡面各点的水平向位移逐渐增大，且增大的速率逐渐减缓；竖直向位移反而减小，随着入射角的增大，衰减的速率逐渐加快，主要是由于 P 波对水平向地震动的贡献随着入射角的增加而逐渐加大，对竖直向地震动的贡献随着入射角增加而减小。

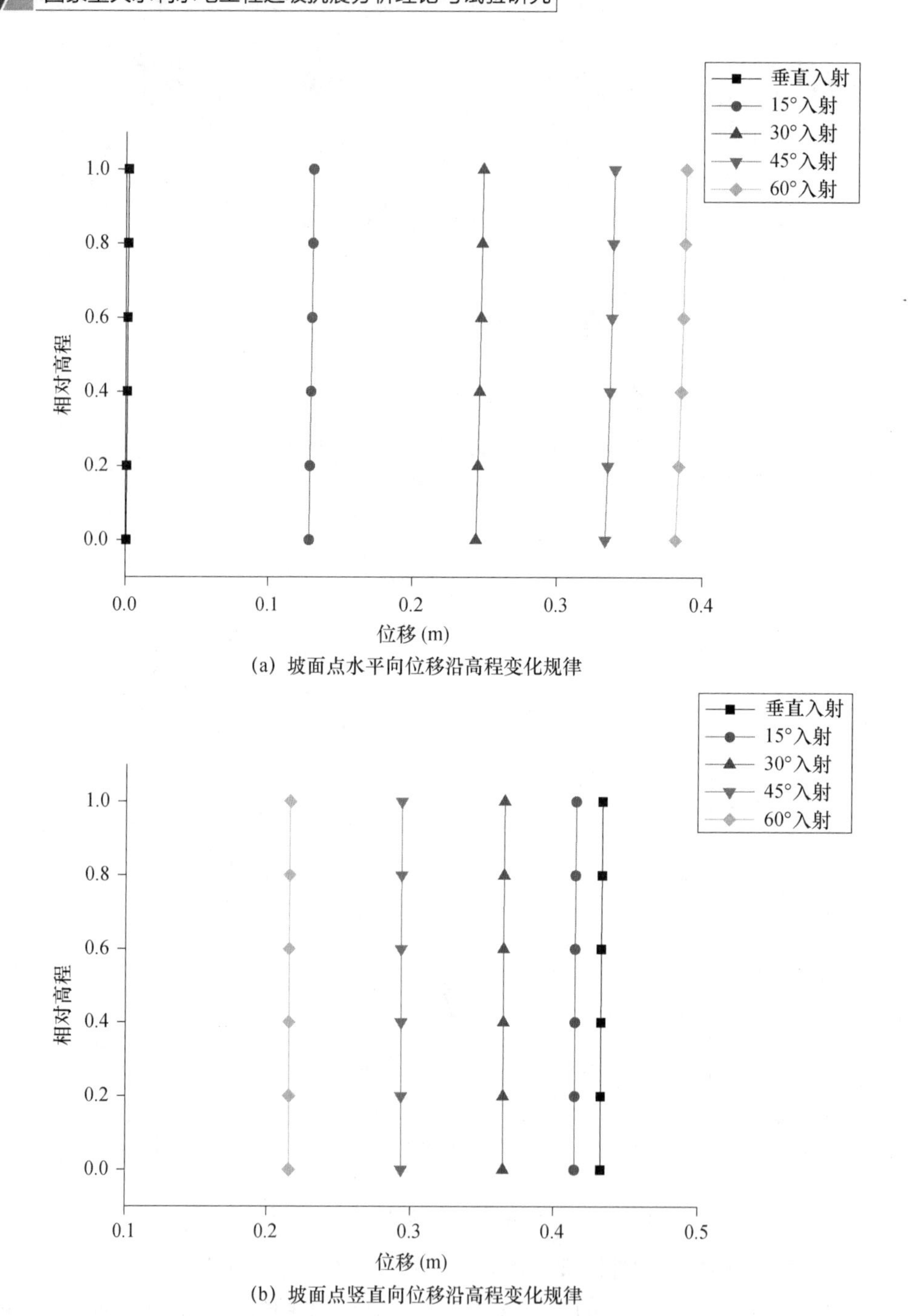

(a) 坡面点水平向位移沿高程变化规律

(b) 坡面点竖直向位移沿高程变化规律

图 3.20 坡面位移随高程的变化规律

为了更加直观地研究地震波斜入射对坡面位移的响应规律，本书定义峰值地面位移（PGD）放大系数为 η，计算式如下：

$$\eta=\frac{u_r}{u_d} \tag{3.53}$$

式中 u_r——坡体内任意一点动力响应位移峰值；

u_d——自由场地面的动力响应位移峰值理论解，自由场位移峰值理论解可由式（3.28）推出，见表 3.4。

不同入射角度下坡面 PGD 放大系数随高程的变化规律如图 3.21 所示，从图中可知，斜入射作用下坡面各点地震动位移和垂直入射相比存在差异，随着入射角的增加坡面 PGD 放大系数逐渐增大，在 0.95～1.02 之间，因此在近场地震响应分析中应该考虑斜入射对位移带来的影响。

表 3.4　不同入射角下自由表面的 PGD 理论解（m）

PGD	入射角				
	0°	15°	30°	45°	60°
水平向	0	0.1294	0.2445	0.3318	0.3777
竖直向	0.4362	0.4184	0.3686	0.2968	0.2181
合 PGD	0.4362	0.4380	0.4423	0.4451	0.4362

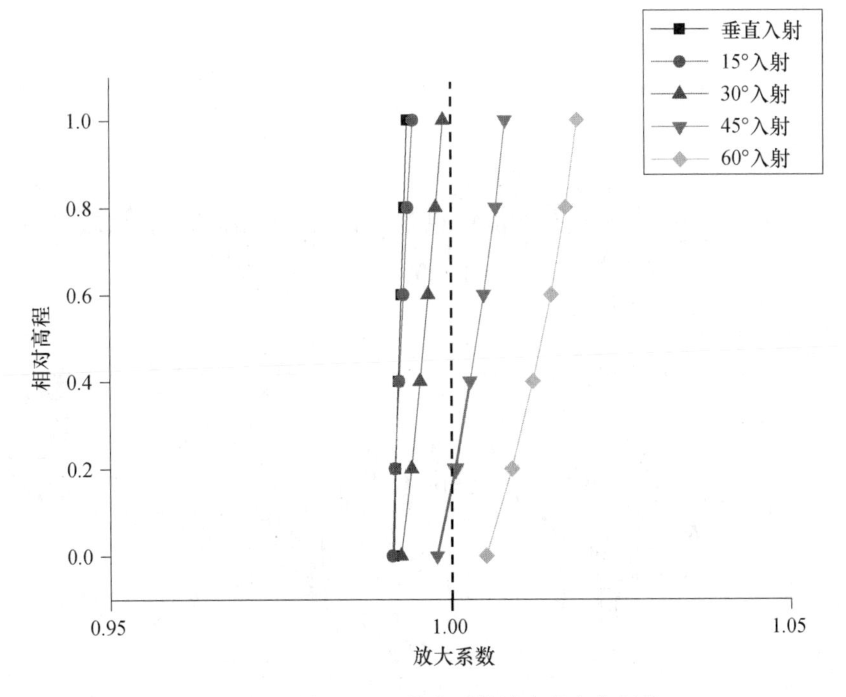

图 3.21　坡面 PGD 放大系数随高程变化规律

3.5.2　P 波斜入射对坡面加速度的影响

在图 3.15 所示的坡面上布置监测点，记录 P 波入射时坡面点的加速度时程。图 3.22 给出了在 P 波以不同入射角入射时坡面 A 点的加速度记录，从图中可以看出垂直入射时水平向峰值加速度为 0.6824m/s²，竖直向峰值加速度为 2.4885m/s²；当 P 波以 30°角入射时水平向峰值加速度为 1.3707m/s²，竖直向峰值加速度为 2.1226m/s²；当 P 波以 60°角入射时水平向峰值加速度为 2.5537m/s²，竖直向峰值加速度为 1.1087m/s²，可见 P 波以不同入射角入射时坡面点水平向和竖直向加速度的差异显著。因此有必要研究 P 波以不同入射角入射边坡时，坡面点峰值加速度沿高程的变化情况。

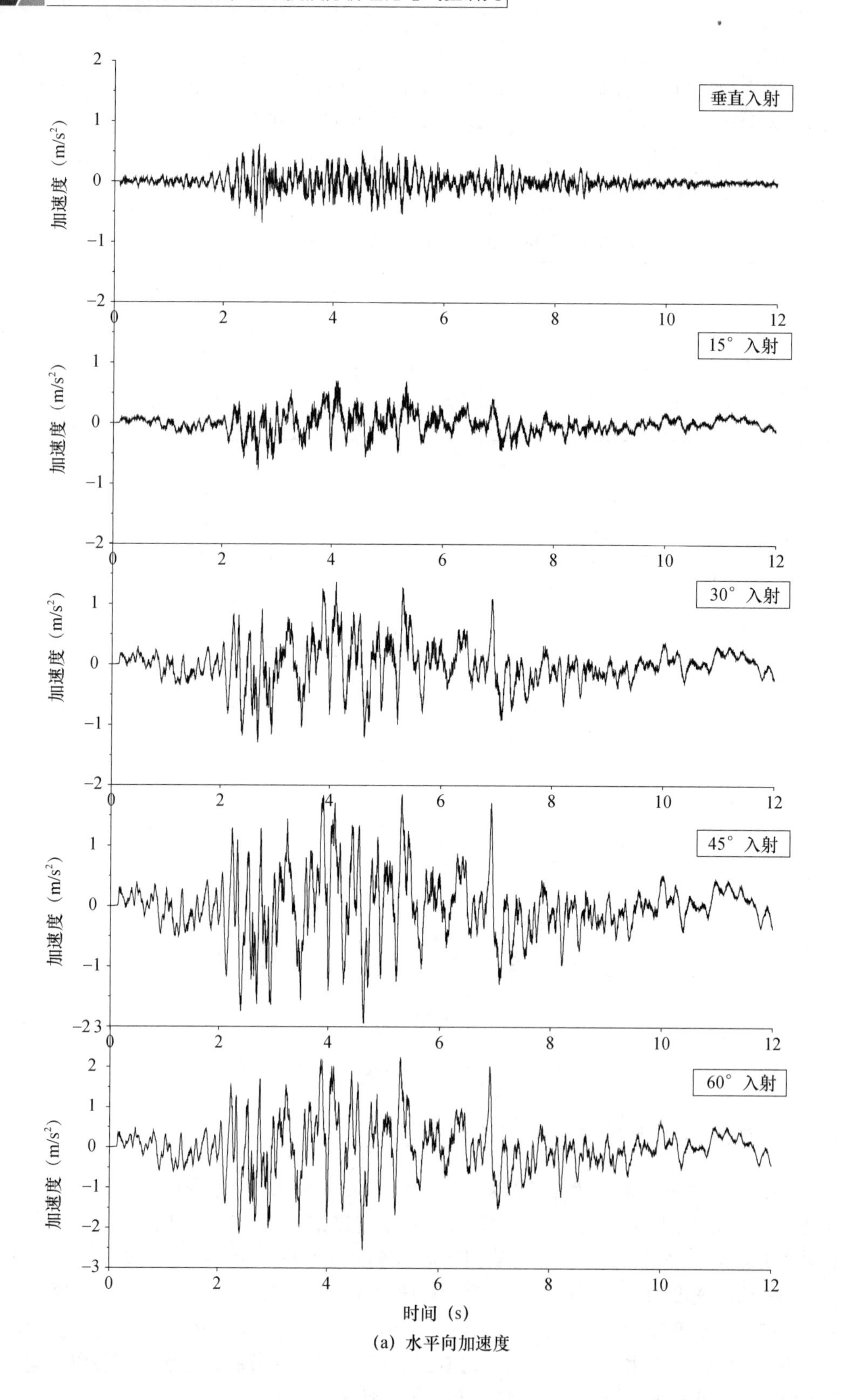

(a) 水平向加速度

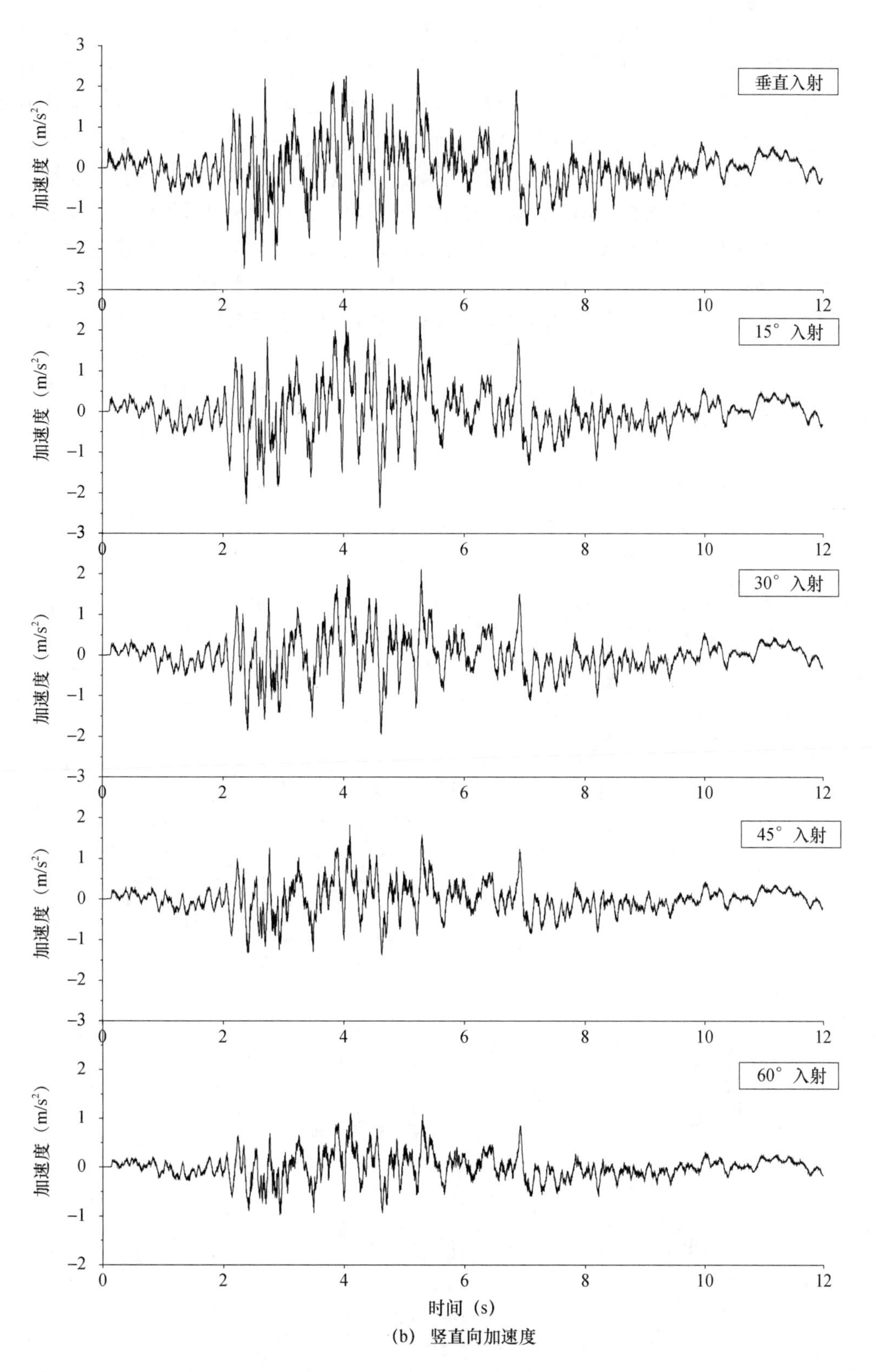

(b) 竖直向加速度

图 3.22 坡面 A 点的加速度时程

通过对坡面监测点加速度时程的记录，图 3.23 绘制了地震波以 0°、15°、30°、45°、60°角入射时坡面监测点水平向和竖直向峰值加速度（PGA）沿坡高的变化情况。对于水平向分量而言：在垂直入射时坡面峰值加速度最小，随着入射角度的增加坡面峰值加速度逐渐增大，在小角度入射时 PGA 随高程的增加在 0.4～0.8 范围内波动，沿着高程方向呈现出先增大再衰减再增大的三段式形态，当入射角超过 30°时 PGA 沿高程增大趋势明显，呈现出线性增长的趋势；对于竖直向分量而言：垂直入射时坡面点的峰值加速度最大，随着入射角度的增加坡面峰值加速度逐渐减小，当地震波以小角度入射时坡面点 PGA 随高程增加逐渐增大，趋势明显，当入射角度超过 30°坡面点 PGA 沿着高程方向就会出现波动变化，与水平向加速度沿高程的变化规律正好相反。

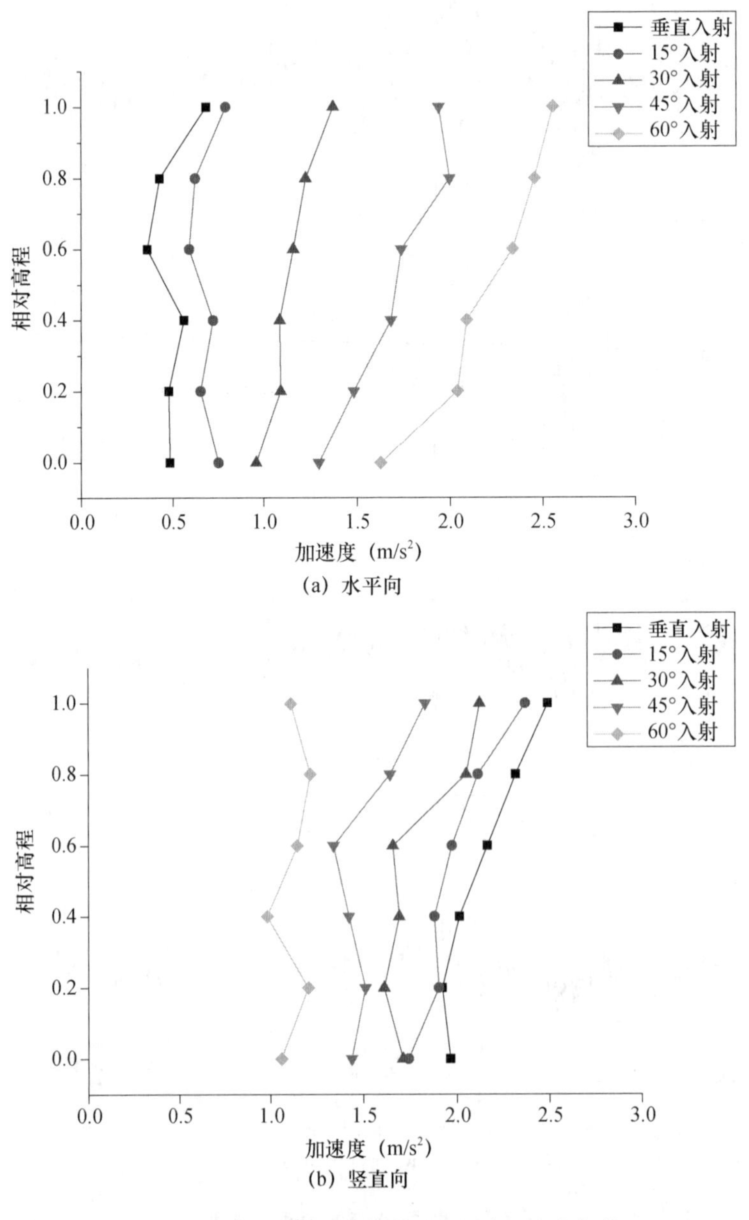

图 3.23　坡面监测点峰值加速度沿高程变化规律

一些研究者认为 P 波在传播的过程中虽然会产生水平和竖直向运动，但是竖直向地震动一般大于水平向地震动，因此在分析 P 波对边坡的动力响应时只考虑了其对竖直向加速度的响应而忽略了对水平向加速度响应的影响，从上述分析可以看出这种假设对于小角度地震波入射是合理的，在地震波以小角度入射时竖直向 PGA 远大于水平向 PGA，这时竖直向运动占据主导地位。但当地震波入射角超过某一值时，竖直向 PGA 逐渐减小，水平向 PGA 逐渐增大，导致水平向 PGA 远大于竖直向 PGA，这时主要是水平向运动对边坡产生的影响，因此在研究 P 波斜入射对边坡动力响应的过程中，对两向运动的影响应该综合考察。

为了更加综合、直观地分析地震波斜入射对坡面加速度动力响应的影响，本书引入无量纲峰值地面加速度（PGA）放大系数 ϕ，表达式如下：

$$\phi=\frac{A_a}{C_a} \tag{3.54}$$

式中　A_a——坡体内任意一点动力响应加速度峰值；

C_a——自由场地面的动力响应加速度峰值。

由波动理论可以计算出不同入射角度下自由场地面的峰值加速度理论解，见表 3.5。

表 3.5　不同入射角下自由表面 PGA 理论解（m/s²）

PGD	入射角				
	0°	15°	30°	45°	60°
水平向	0	0.5934	1.1211	1.5213	1.7320
竖直向	2.0000	1.9186	1.6901	1.3607	1.0000
合 PGA	2.0000	2.0083	2.0281	2.0410	2.0000

图 3.24 表示了不同入射角入射时坡面峰值加速度放大系数的变化规律。从图中可以看出，地震波以小角度入射（小于 30°）时，随着入射角度的增加 PGA 放大系数逐渐

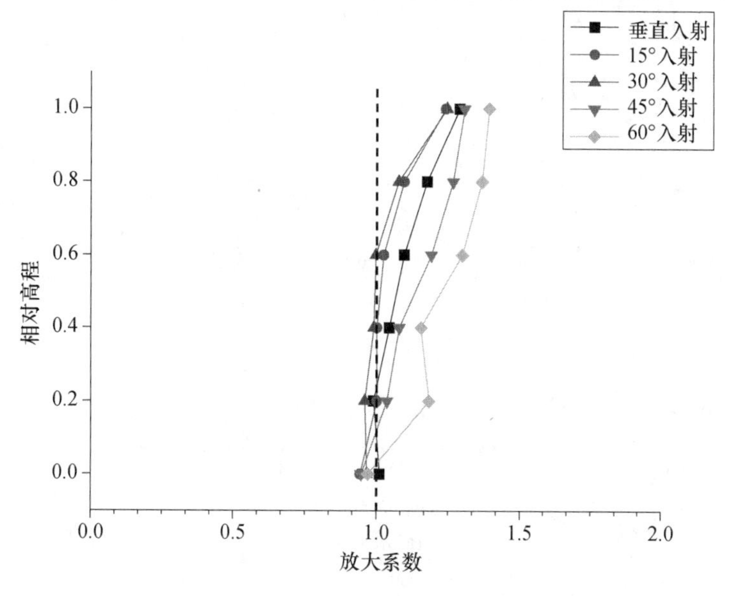

图 3.24　坡面 PGA 放大系数沿高程变化规律

减小，边坡点的高度 h 在小于 $0.5H$ 范围内，PGA 放大系数在 1.0 左右波动；当边坡点的高度 h 大于 $0.5H$，随着高程的增加 PGA 放大系数逐渐增大，最大值出现在坡顶处；当入射角度超过 30°时，随着入射角度的增加 PGA 放大系数逐渐增大，且增大的趋势越明显，坡面点 PGA 放大系数随着高程的增加呈现出不规则的增大趋势。总体上看，P 波在斜入射时 PGA 放大系数介于 0.95～1.4 之间，坡顶 PGA 放大系数最大，与垂直入射相比差异显著，因此在边坡动力响应的分析时应该考虑斜入射的影响。

3.5.3 P 波斜入射对坡顶纵向加速度的影响

以上通过在图 3.15 中 AC 面布点已经了解 P 波入射角改变对坡面加速度的影响规律，本小节主要研究 P 波入射角改变对坡体内加速度的影响，根据相关的工程经验在坡顶纵向 AB 面布设一系列监测点记录地震波以不同角度入射时的加速度时程。图 3.25 分别表示地震波入射角改变时坡顶纵向点水平向和竖直向 PGA 沿高程的变化规律，与图 3.23 坡面点加速度的变化规律相似，随着入射角度的增加水平向 PGA 逐渐增大而竖直向 PGA 逐渐减小，在地震波以小角度入射时竖直向 PGA 远大于水平向 PGA，且沿着高程方向变化规律明显，对边坡的动力响应占主导地位；当地震波超过某一角度时，水平向 PGA 逐渐增大，竖直向 PGA 逐渐减小，此时水平向 PGA 对边坡的影响显著。此外对比图 3.23 还可以发现，垂直入射时坡面较坡体内点的 PGA 大，可见不规则形状对地震波存在临空放大效应。

为了综合考虑水平向 PGA 和竖直向 PGA 的变化规律，图 3.26 绘制了坡体内 AB 面点合加速度峰值放大系数沿高程的变化规律，可以看出 PGA 放大系数随着入射角度的增加先减小后增加，沿高程方向呈现出线性增长的趋势，坡顶的放大作用最大，坡脚高程处放大作用最小，整体 PGA 放大系数在 0.9～1.4 之间。

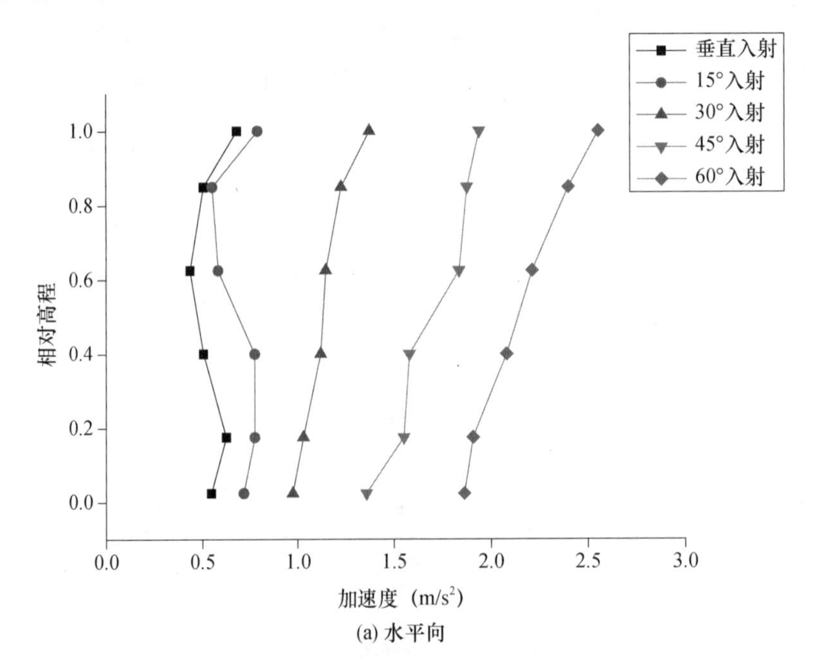

(a) 水平向

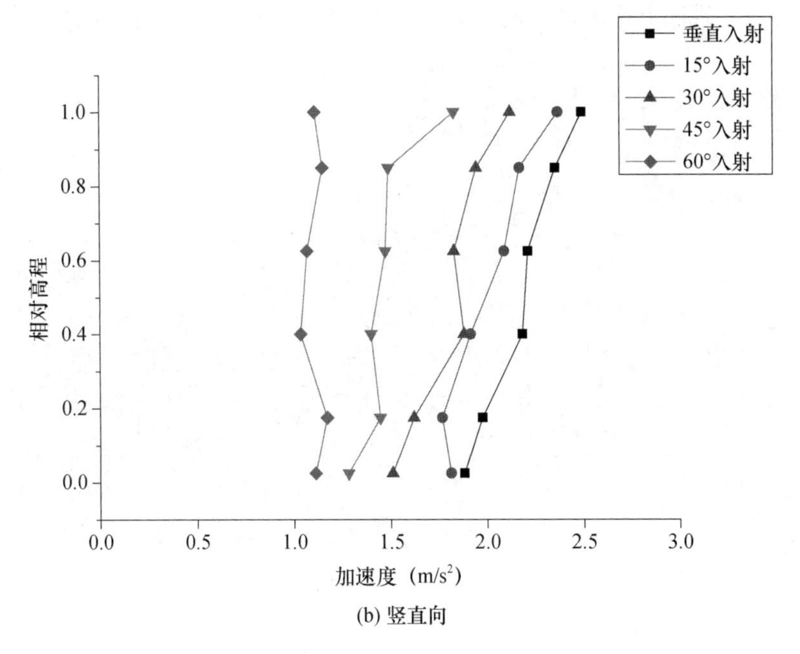

(b) 竖直向

图 3.25　坡体内监测点峰值加速度沿高程变化规律

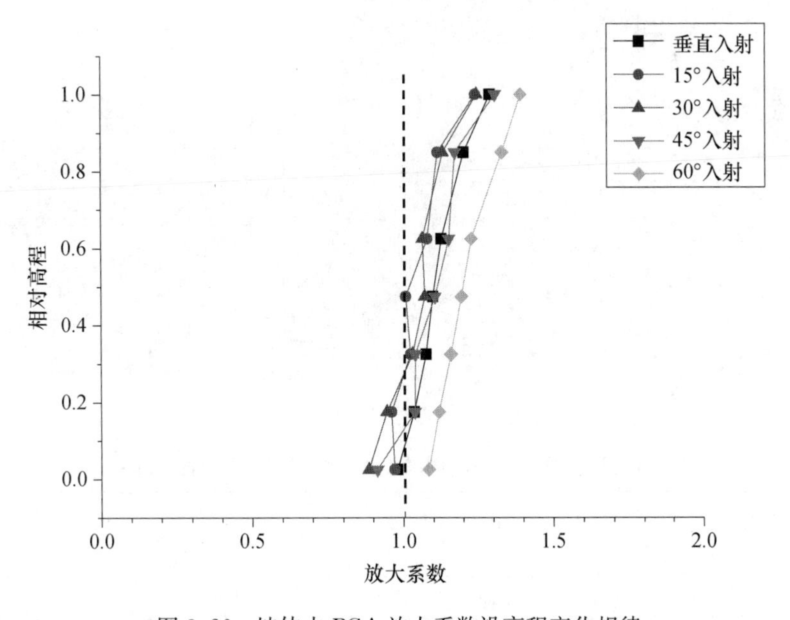

图 3.26　坡体内 PGA 放大系数沿高程变化规律

3.5.4　坡度变化对坡面加速度的影响

上述主要分析了 P 波以不同角度入射坡角为 45°的边坡，并对其坡面和坡体内的动力响应规律进行了总结，本小节将研究边坡坡度改变时 P 波斜入射对坡面加速度的影响。图 3.27 和图 3.28 选取了坡角 $\theta=45°$、50°、60°的边坡进行分析。

表 3.6 和表 3.7 罗列了 P 波在垂直入射和 60°角斜入射时坡顶 A 点水平向和竖直向

PGA 值，可以发现随着边坡角度的增大，水平向和竖直向 PGA 逐渐增大，因此有必要研究边坡坡度改变时对坡面加速度的影响。

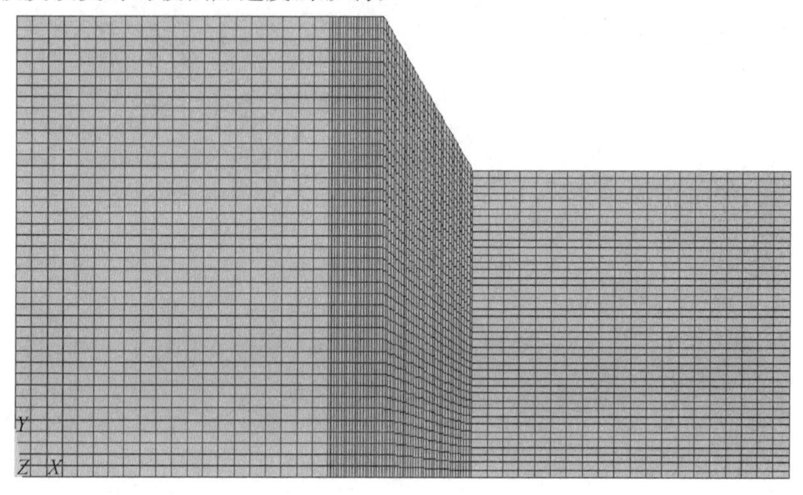

图 3.27　50°边坡网格模型

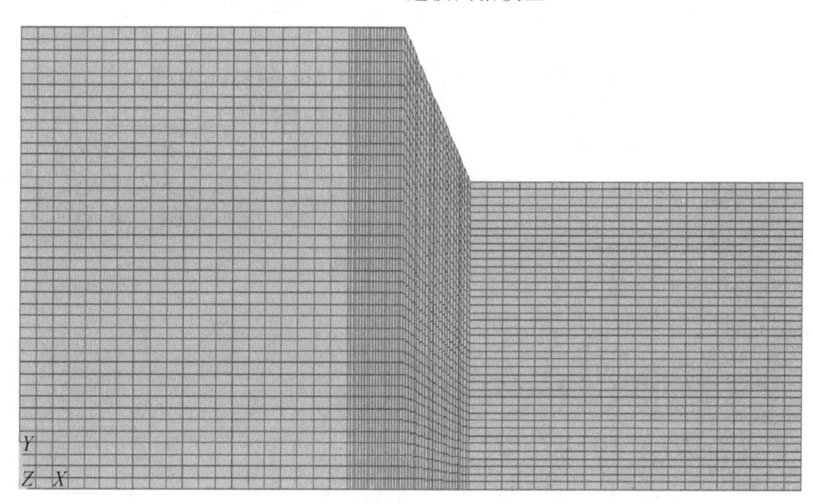

图 3.28　60°边坡网格模型

表 3.6　P 波垂直入射不同坡度边坡坡顶的 PGA 值（m/s^2）

坡度 / PGA	45°	50°	60°
水平向	0.6824	0.7262	0.7881
竖直向	2.488	2.6173	2.6344

表 3.7　P 波 60°角入射不同坡度边坡坡顶的 PGA 值（m/s^2）

坡度 / PGA	45°	50°	60°
水平向	2.5537	2.6036	2.7208
竖直向	1.1087	1.1688	1.2380

垂直入射以及60°角斜入射时不同倾角下坡面点PGA放大系数的变化如图3.29所示。由图可知，当坡面点高度h小于$0.5H$时，坡度的改变对坡面地震动力响应的影响并不明显；当坡面点高度h大于$0.5H$时随着坡度的增加坡面点PGA放大系数逐渐增大，PGA放大系数集中在0.95～1.5之间。

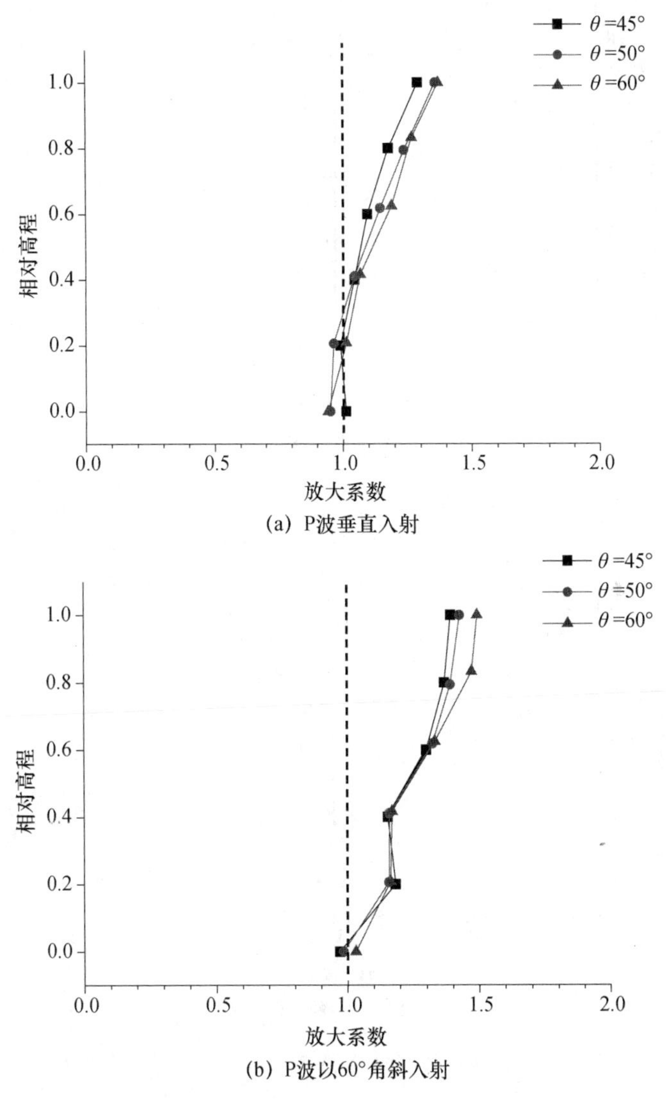

图3.29 不同坡度边坡坡面PGA放大系数分布规律

3.5.5 弹性模量对坡面加速度的影响

保持其他材料参数不变，将弹性模量E分别取10Pa、20GPa和30GPa，分析不同弹性模量对坡面加速度的影响。边坡在不同弹性模量下，边坡放大系数沿高程的变化情况如图3.30所示。图3.30显示了P波在垂直入射和60°斜入射下坡面点PGA放大系数沿高程的变化规律，从图中可以看出在垂直入射时随着弹性模量的降低，坡面点PGA放大系数沿高程的变化幅度更加明显，在P波60°斜入射时随着弹性模量的增加，坡面点 PGA 放大系数逐渐增大。

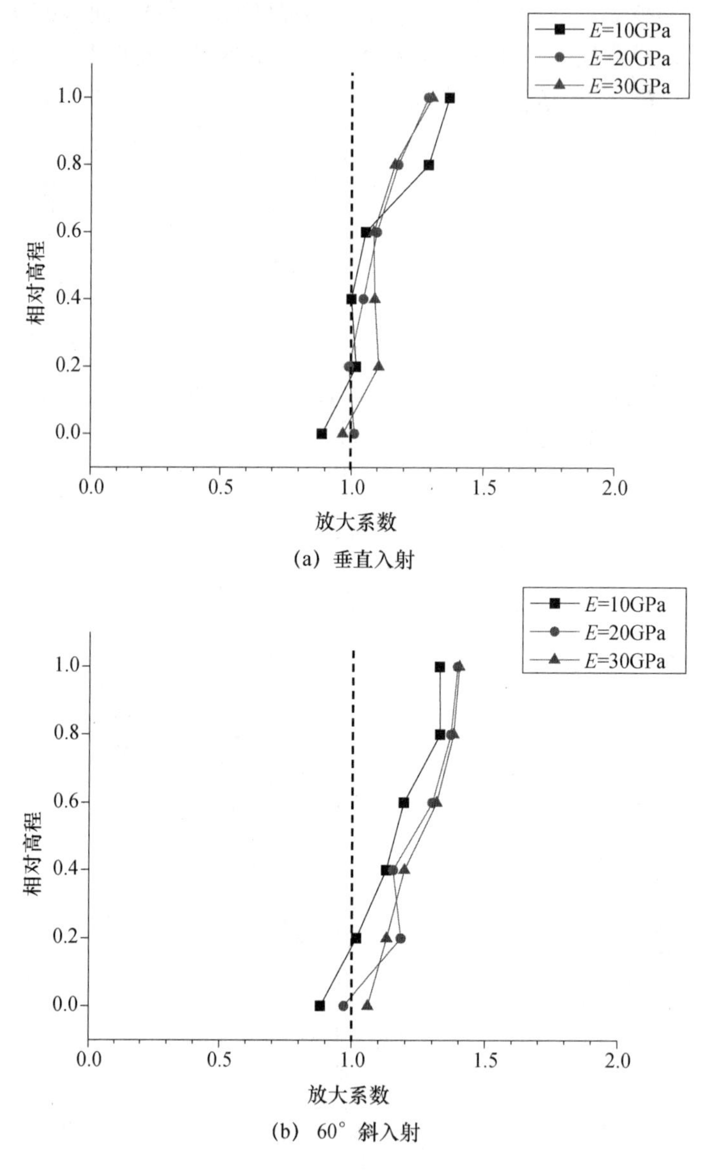

图 3.30 变弹模时坡面 PGA 放大系数沿高程变化规律

3.6 SV 波作用边坡动力放大效应

与 P 波斜入射分析方法相同，本节将讨论 SV 波以不同入射角入射边坡时坡面以及坡体内动力响应规律，并对边坡角度、弹性模量进行了敏感性分析，归纳了坡度以及弹性模量改变对坡面加速度的影响规律。在研究 SV 波时由于存在临界角 $\alpha_{cr} < \arcsin(c_s/c_p) = 35.3°$，超过临界角本书不做研究，且考虑近断层或近场地震动入射角度平均在 30°左右，因此选取入射角 α 分别为 0°、15°、30°的剪切波入射模型分析边坡地震动力响应分析。

3.6.1　SV 波斜入射对坡面位移的影响

平面 SV 波以不同入射角传播到坡顶 A 点的位移时程曲线如图 3.31 所示，由图可见，当地震波以不同角度入射时，坡顶 A 点的水平向和竖直向位移差异显著。表 3.8 为 SV 波以不同入射角度入射时坡顶的峰值位移，SV 波垂直入射时 A 点产生的水平向位移为 0.4339m，30°角斜入射时水平向位移为 0.3865m，可见随着 SV 波入射角度的增加，水平向位移逐渐减小，斜入射对水平向位移存在明显的削弱作用；但是随着 SV 波入射角度的增加竖直向位移反而逐渐增大，A 点在垂直入射时的竖直向位移接近零，30°角斜入射时竖直向位移达到 0.2177m，可见入射角的改变对竖直向位移存在增强作用。此外，从图 3.31 中也可以很明显地发现：不同角度的入射波到达坡顶 A 点的时刻均不同，存在一定的时间延迟，这是由于斜入射作用下，地震波到达结构各部位的路径距离增大，使得行波效应更加明显。因此，有必要研究斜入射对坡面位移的影响。

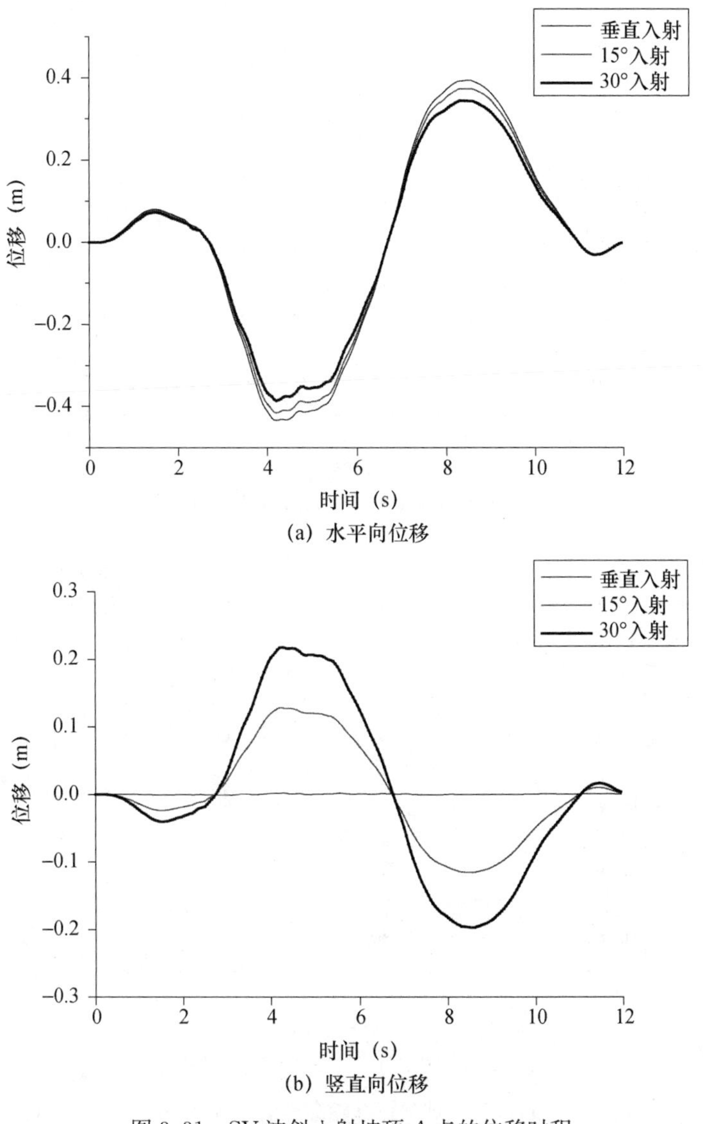

图 3.31　SV 波斜入射坡顶 A 点的位移时程

表 3.8　不同入射角度入射时坡顶 A 点的 PGD（m）

入射角 / PGD	0°	15°	30°
水平向	0.4339	0.4158	0.3865
竖直向	0.0018	0.1282	0.2177
合 PGD	0.4339	0.4351	0.4436

在模型 AC 面设置监测点记录 SV 波入射角度改变时不同高程处的加速度时程，图 3.32呈现了 SV 波斜入射时坡面点位移峰值随高程的变化规律。由图可知，当地震波以某一角度入射时，坡面水平向位移峰值随着高程的增加而增大，坡面竖直向位移峰值则随着高程的增加而减小，垂直入射时水平向位移为初始入射波位移的两倍，竖直向位

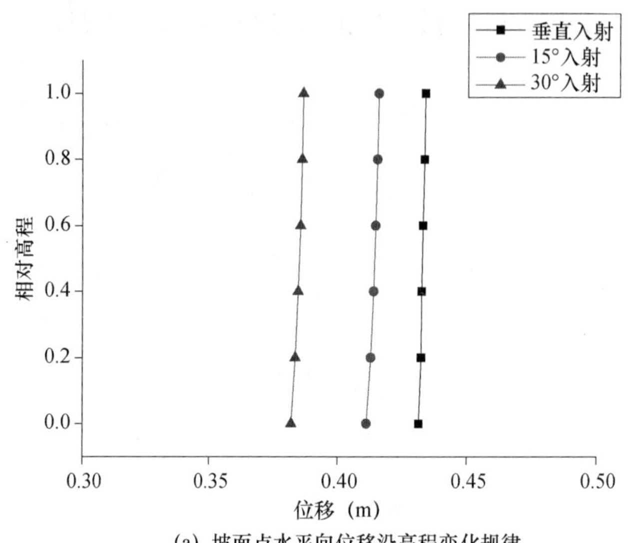

(a) 坡面点水平向位移沿高程变化规律

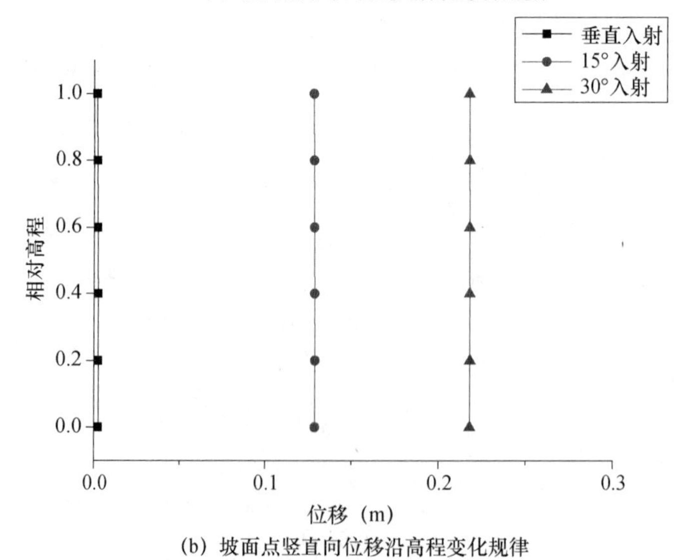

(b) 坡面点竖直向位移沿高程变化规律

图 3.32　坡面位移随高程的变化规律

移趋近零，与波动理论吻合。当入射角度改变时，随着入射角度的增加，坡面各点的水平向位移逐渐减小，且减小的速率逐渐加快；竖直向位移则逐渐加大，随着入射角的增大，增大的速率逐渐减缓，这主要是由于 SV 波对水平向地震动的贡献随着入射角的增加而逐渐减小，对竖直向地震动的贡献随着入射角的增加而增加，当地震波以大角度入射时应该综合考虑水平向和竖直向的响应。

为了更加直观地研究 SV 斜入射对坡面位移的响应规律，引入无量纲参数 PGD 放大系数进行分析，计算式见本章 3.5.1 节式（3.53），其中 SV 波入射时自由场位移峰值理论解 u_d 见表 3.9。不同入射角度下坡面点 PGD 放大系数随高程的变化规律如图 3.33 所示，从图中可知，斜入射作用下坡面各点地震动位移和垂直入射相比差异显著，入射角越大坡面位移峰值放大越显著，且入射角度越大变化规律越明显，总体在 0.99～1.02 之间，因此在近场地震响应分析中应该考虑斜入射对位移带来的影响。

表 3.9　不同入射角下自由表面的 PGD 理论解

入射角 PGD	0°	15°	30°
水平向	0.4362	0.4130	0.3777
竖直向	0	0.1274	0.2181
合 PGD	0.4362	0.4322	0.4362

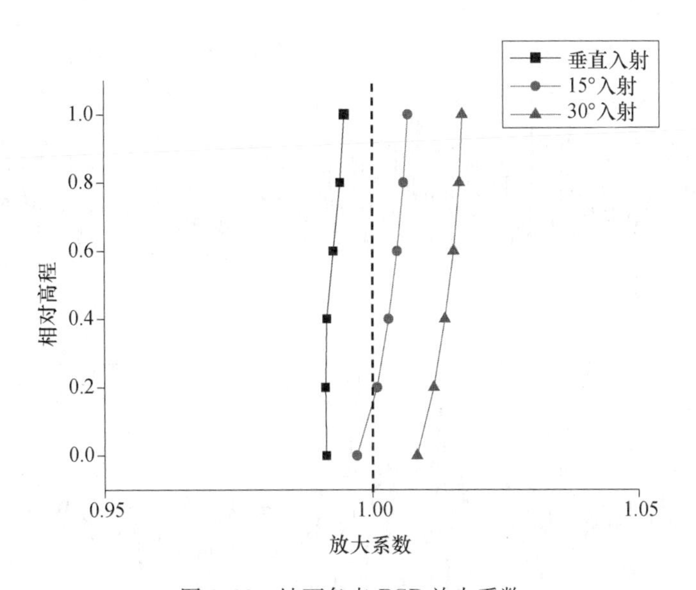

图 3.33　坡面各点 PGD 放大系数

3.6.2　SV 波斜入射对坡面加速度的影响

在模型坡面上布设监测点，记录 SV 波入射时坡面点的加速度时程。图 3.34 给出了坡面 A 点在 SV 波垂直入射、15°角入射以及 30°角入射时的加速度记录，从图中可以看出垂直入射时水平向 PGA 为 $2.1404\mathrm{m/s^2}$，竖直向 PGA 为 $0.5866\mathrm{m/s^2}$；在地震波以 15°角入射时水平向 PGA 为 $2.5663\mathrm{m/s^2}$，竖直向 PGA 为 $0.7005\mathrm{m/s^2}$；而在地震波以

30°角入射时水平向 PGA 为 2.8529m/s^2，竖直向 PGA 为 1.2749m/s^2，可见地震波入射角增加时水平向和竖直向加速度是逐渐增大的。但是斜入射作用下坡面点峰值加速度变化情况还需要进一步分析（表 3.10）。

表 3.10 不同入射角度下坡顶的 PGA（m/s^2）

入射角 / PGA	0°	15°	30°
水平向	2.1404	2.5663	2.8529
竖直向	0.5866	0.7005	1.2749
合 PGA	2.2193	2.6602	3.1248

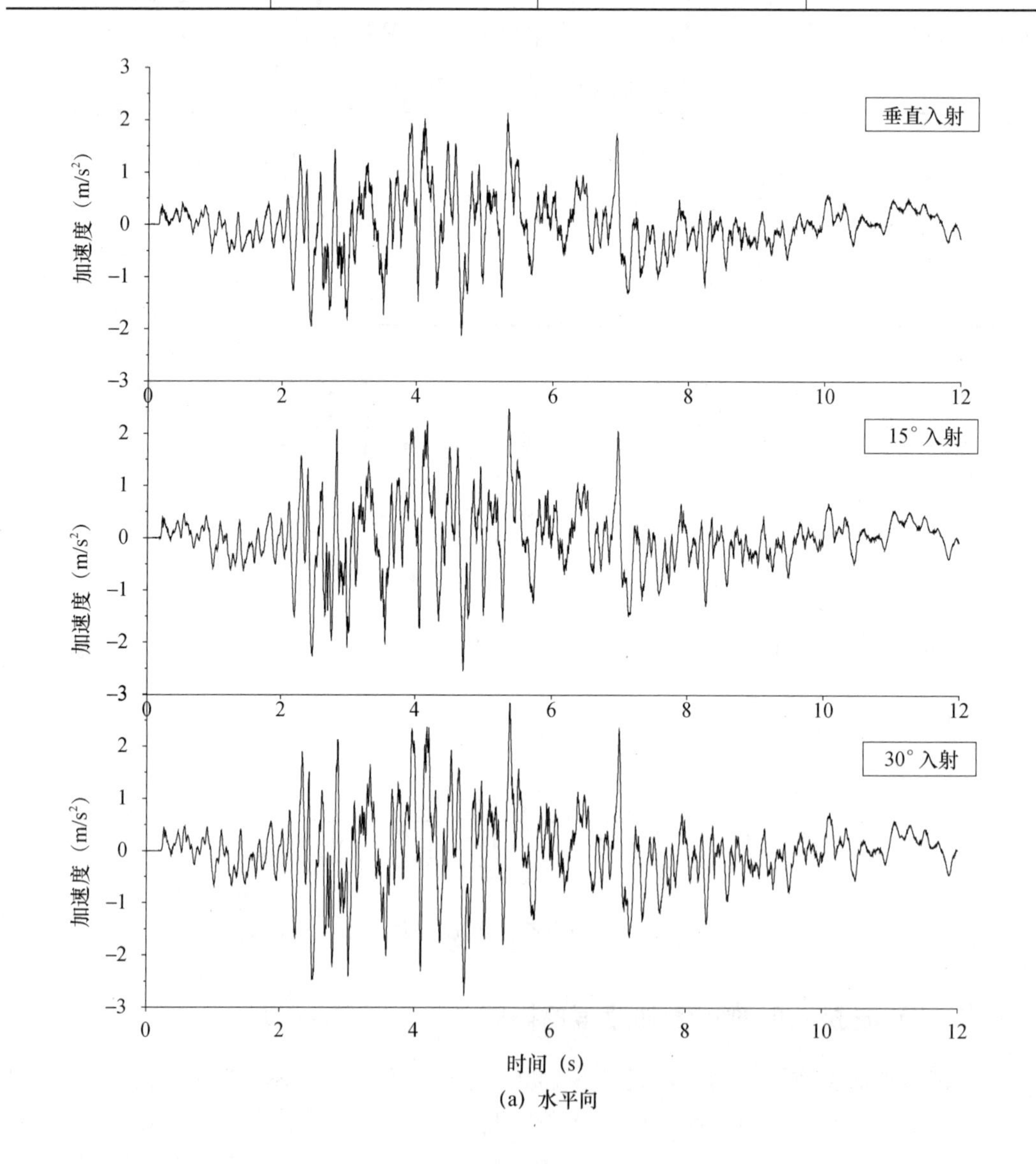

(a) 水平向

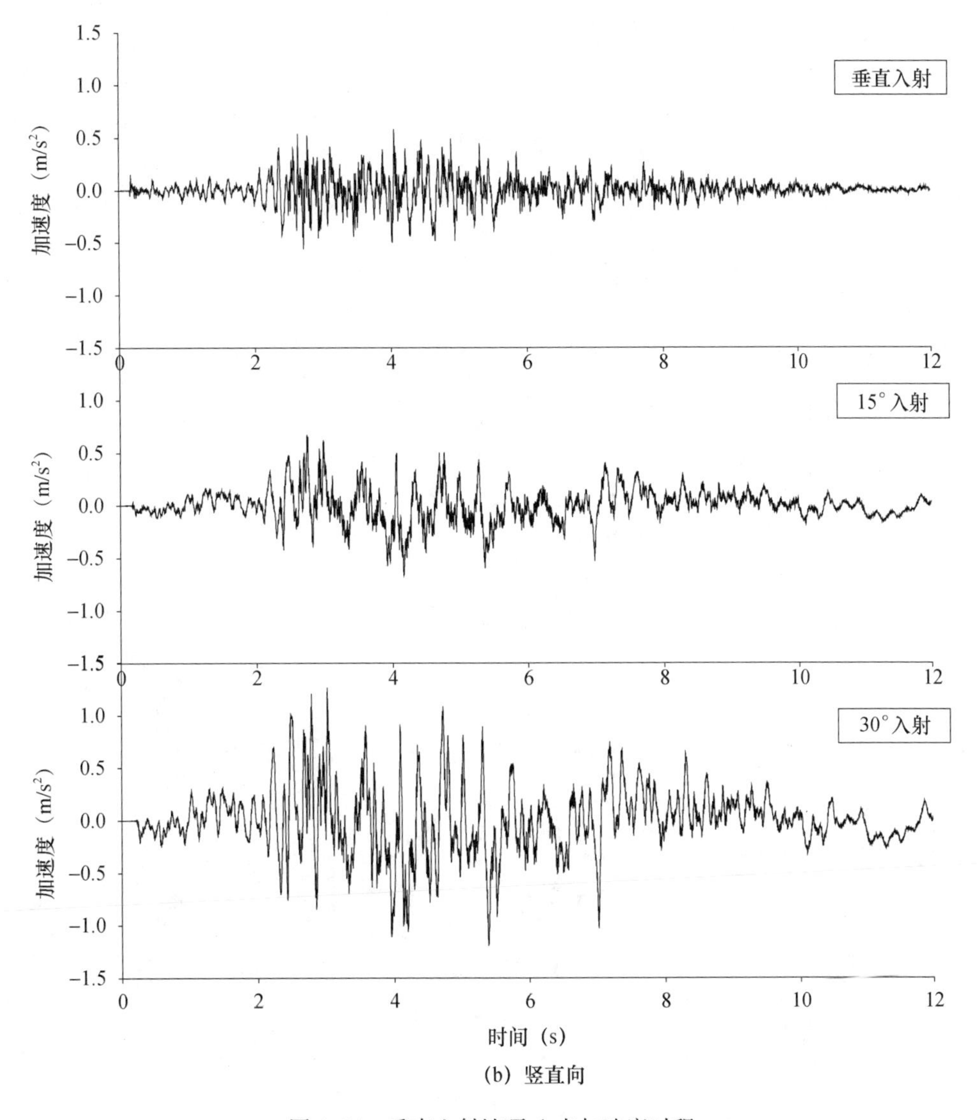

(b) 竖直向

图 3.34　垂直入射坡顶 A 点加速度时程

图 3.35 分别表示 SV 波以不同入射角（垂直入射、15°斜入射、30°斜入射）入射时，水平向和竖直向坡面点 PGA 沿高程的变化规律图。从图中可以看出，对于水平分量而言：垂直入射时在坡脚附近有一定的波动，然后随着高程的增加坡面点 PGA 逐渐增大，15°斜入射和 30°斜入射时坡面点 PGA 均随着高程的增加表现出线性增长的趋势，且入射角度越大，沿高程方向的增大规律越明显；对于竖直分量而言：SV 波以垂直入射和 15°斜入射时沿高程方向波动变化，PGA 在 0.5～0.8 之间，30°斜入射时沿高程方向增长趋势明显。从总体来看，随着入射角度的增加坡面点水平向和竖直向 PGA 均逐渐增大，且增长速率加快，这是由于斜入射的 SV 波传播到坡顶自由表面时将产生波场分解，分解为反射 SV 波和反射 P 波，不同波型相互叠加形成复杂的地震波场，使坡面各点的加速度峰值急剧增大。在地震波以大角度入射时仅仅考虑水平向运动对边坡的影响是偏于不安全的。

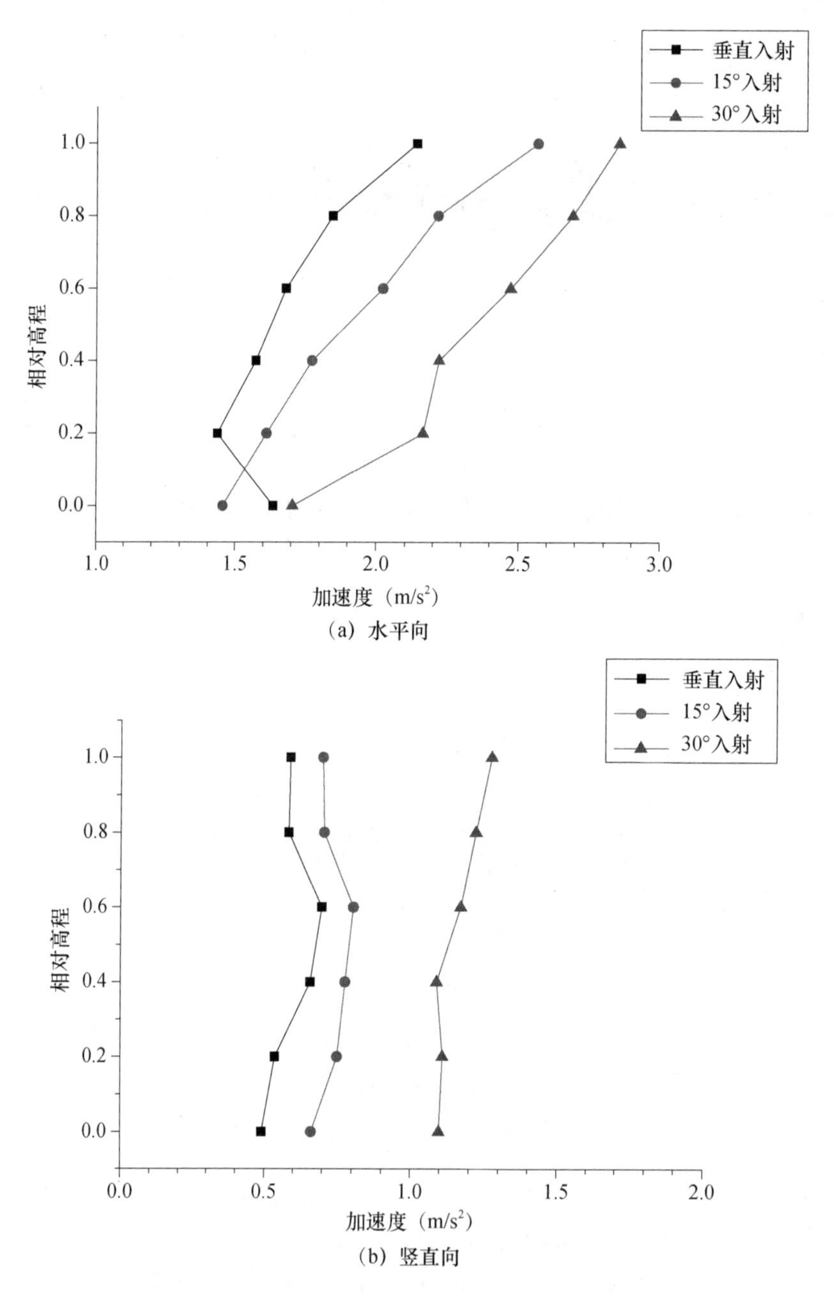

（a）水平向

（b）竖直向

图 3.35　坡面监测点 PGA 变化规律

为了更加综合、直观地分析地震波斜入射对坡面加速度动力响应的影响，采用无量纲峰值地面加速度（PGA）放大系数进行分析，表达式见本章 3.5.3 节式（3.54），其中 SV 波以不同入射角度入射时自由场地面的峰值加速度理论解见表 3.11。

图 3.36 表示了不同入射角入射时坡面峰值加速度放大系数的变化规律，由图可见，随着入射角度的增加 PGA 放大系数逐渐增大，SV 波在斜入射时 PGA 放大系数在 0.8～1.6 之间，坡顶 PGA 放大系数最大，与目前在边坡抗震稳定时假设垂直入射的计算结果相比差异显著，在近场结构动力响应分析时应该考虑斜入射的影响。

表 3.11　不同入射角下自由表面 PGA 理论解（m/s²）

PGA \ 入射角	0°	15°	30°
水平向	2.0000	1.8935	1.7320
竖直向	0	0.5841	1.0000
合 PGA	2.0000	1.9815	2.0000

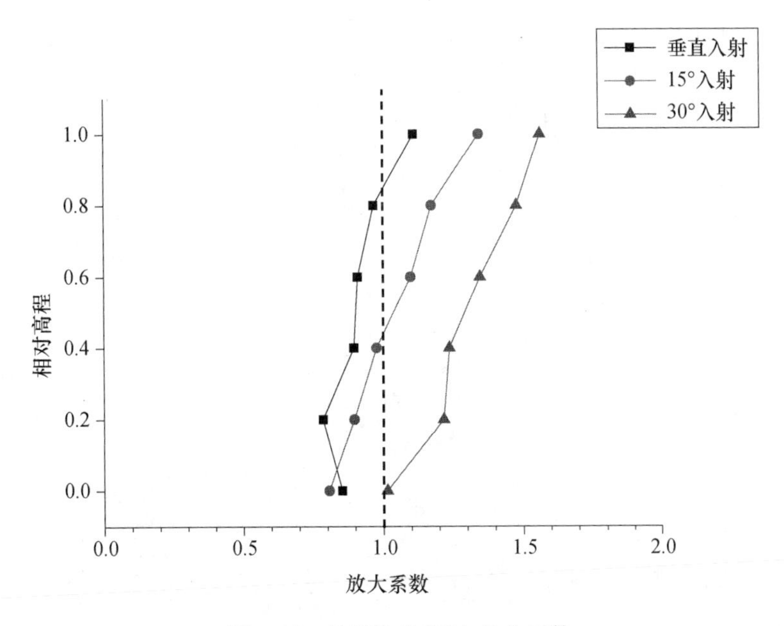

图 3.36　坡面各点 PGA 放大系数

3.6.3　SV 波斜入射对坡顶纵向加速度的影响

在边坡计算模型沿着坡顶纵向设置监测点，图 3.37 反映了 SV 波以不同入射角（垂直入射、15°斜入射、30°斜入射）入射 45°边坡时坡顶纵向水平向和竖直向 PGA 的变化规律图。与图 3.35 坡面点加速度的变化规律相似，随着入射角度的增加水平向和竖直向 PGA 均逐渐增大，垂直入射时 PGA 最小。在同一竖直面上，随着高程的增加竖直向 PGA 总体上呈递增趋势，接近坡顶增大的速率加快，坡顶处地震放大效应最大；水平向 PGA 在垂直入射和 15°斜入射时沿高程波动变化，30°斜入射时呈近似线性增长趋势。此外对比图 3.35 还可以发现，坡面较坡体内点的 PGA 大，可见不规则形状对地震波存在临空放大效应。

为了综合考虑水平向 PGA 和竖直向 PGA 的综合作用影响，图 3.38 绘制了坡体内 *AB* 面点 PGA 放大系数沿高程的变化规律，可以看出 PGA 放大系数随着入射角度的增加而增加，沿高程方向呈现出线性增长的趋势，坡顶的放大作用最大，坡脚高程处放大作用最小，整体 PGA 放大系数在 0.75～1.6 之间。

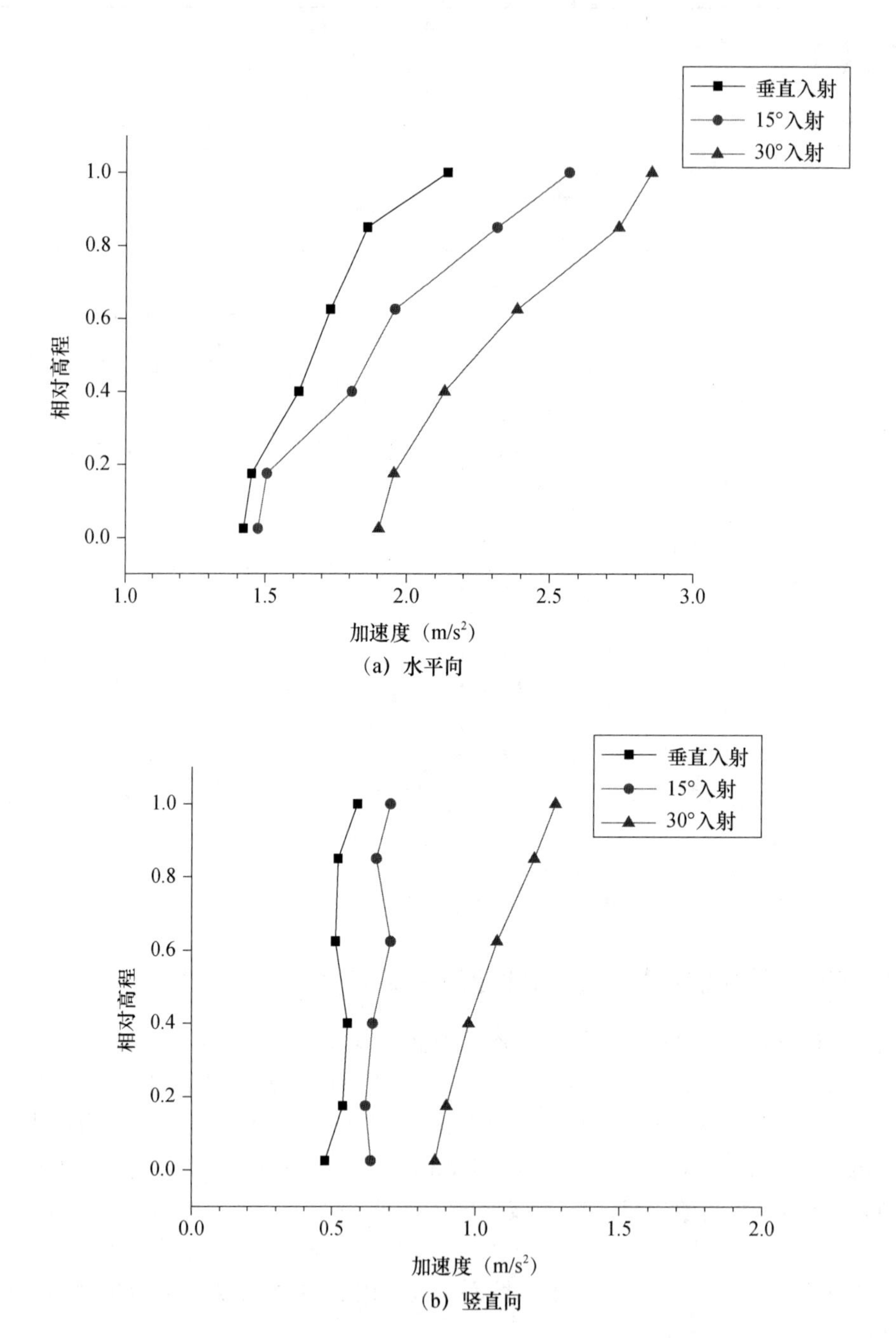

（a）水平向

（b）竖直向

图 3.37　坡体内监测点峰值加速度沿高程变化规律

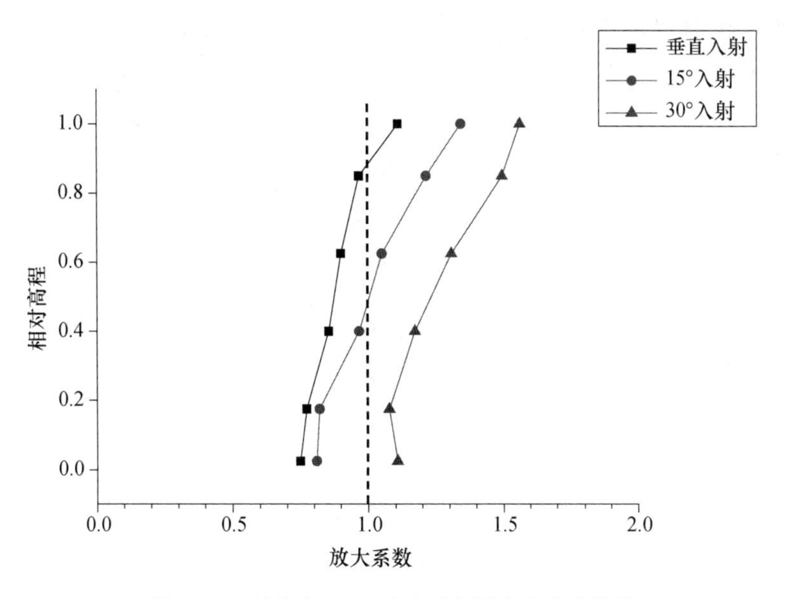

图 3.38 坡体内 PGA 放大系数沿高程变化规律

3.6.4 坡度改变对坡面加速度的影响

本小节选取了坡角 $\theta=45^\circ$、50°、60°的边坡来研究边坡坡度改变时 SV 波斜入射对坡面加速度的影响。表 3.12 和表 3.13 为 SV 波在垂直入射和 30°角斜入射时坡顶 A 点水平向和竖直向 PGA 值，可以发现随着边坡角度的增大水平向和竖直向 PGA 逐渐增大，因此有必要研究边坡坡度改变时对坡面加速度的影响。

表 3.12 SV 波垂直入射不同坡度边坡坡顶的 PGA 值（m/s^2）

入射角 / PGA	45°	50°	60°
水平向	2.1404	2.2136	2.2487
竖直向	0.5866	0.7409	1.0240

表 3.13 SV 波 30°角入射不同坡度边坡坡顶的 PGA 值（m/s^2）

入射角 / PGA	45°	50°	60°
水平向	2.8529	2.9243	3.0688
竖直向	1.2749	1.2860	1.3213

垂直入射以及 30°角斜入射坡角 $\theta=45^\circ$、50°、60°的边坡时，坡面点 PGA 放大系数的变化如图 3.39 所示。由图可知，在垂直入射时，当坡面点高度 h 小于 $0.5H$ 时，坡度的改变对坡面地震动力响应的影响并不明显，当坡面点高度 h 大于 $0.5H$ 时随着坡度的增加坡面 PGA 放大系数逐渐加大；SV 波以 30°角斜入射时，随着坡度由缓变陡，PGA 放大系数逐渐增大。边坡越陡，坡顶的 PGA 放大效应就越大。其实边坡坡度的变化对岩石边坡的自振频率和自振周期的影响很小，但对振型的影响较大；因

此，坡度的变化对岩质边坡的地震动力响应有很大的影响。PGA 放大系数集中在 0.8～1.7 之间。

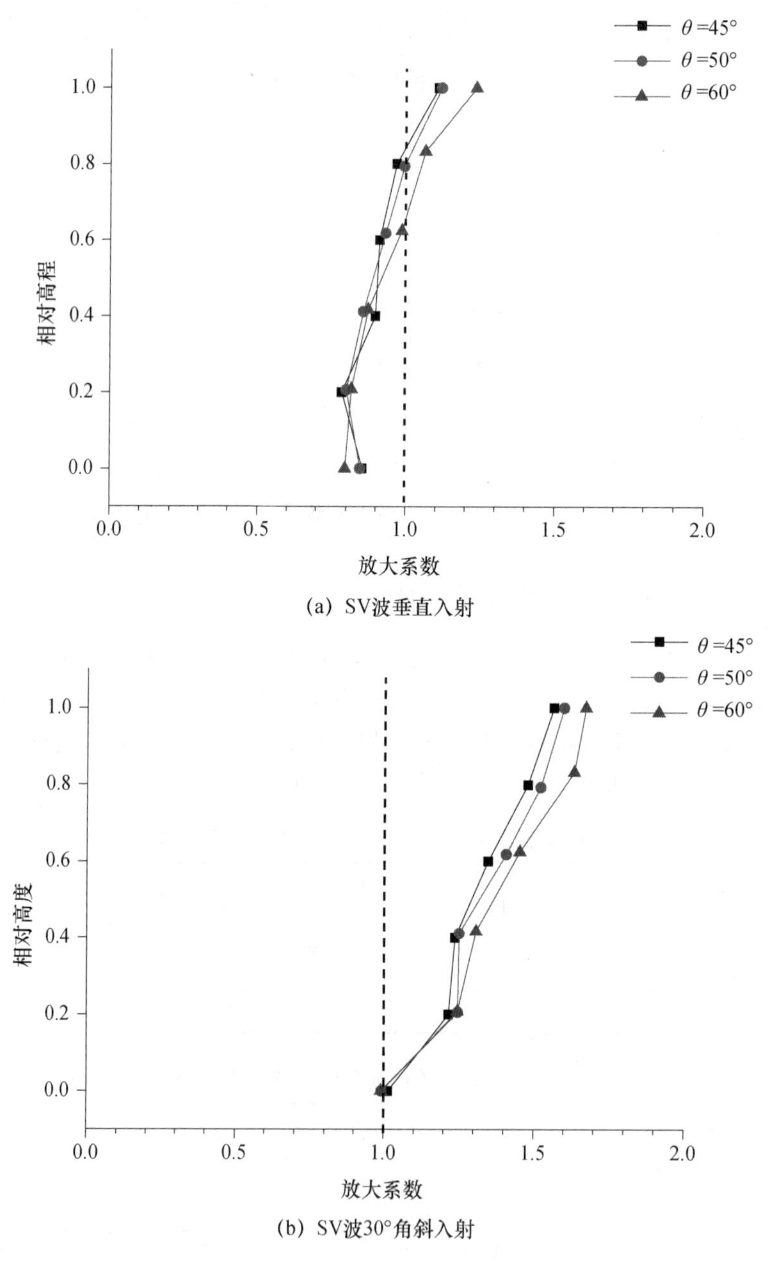

图 3.39 不同坡度边坡坡面 PGA 放大系数分布规律

3.6.5 弹性模量对坡面加速度的影响

与 P 波分析方法相同，保持其他材料参数不变，将弹性模量 E 分别取 10Pa、20GPa 和 30GPa，当 SV 波以垂直入射和 30°斜入射边坡时，观测不同弹性模量对坡面加速度的影响，坡面点 PGA 放大系数沿高程的变化情况如图 3.40 所示。从图中可以看出随着弹性模量的增加，坡面点 PGA 放大系数逐渐增加。

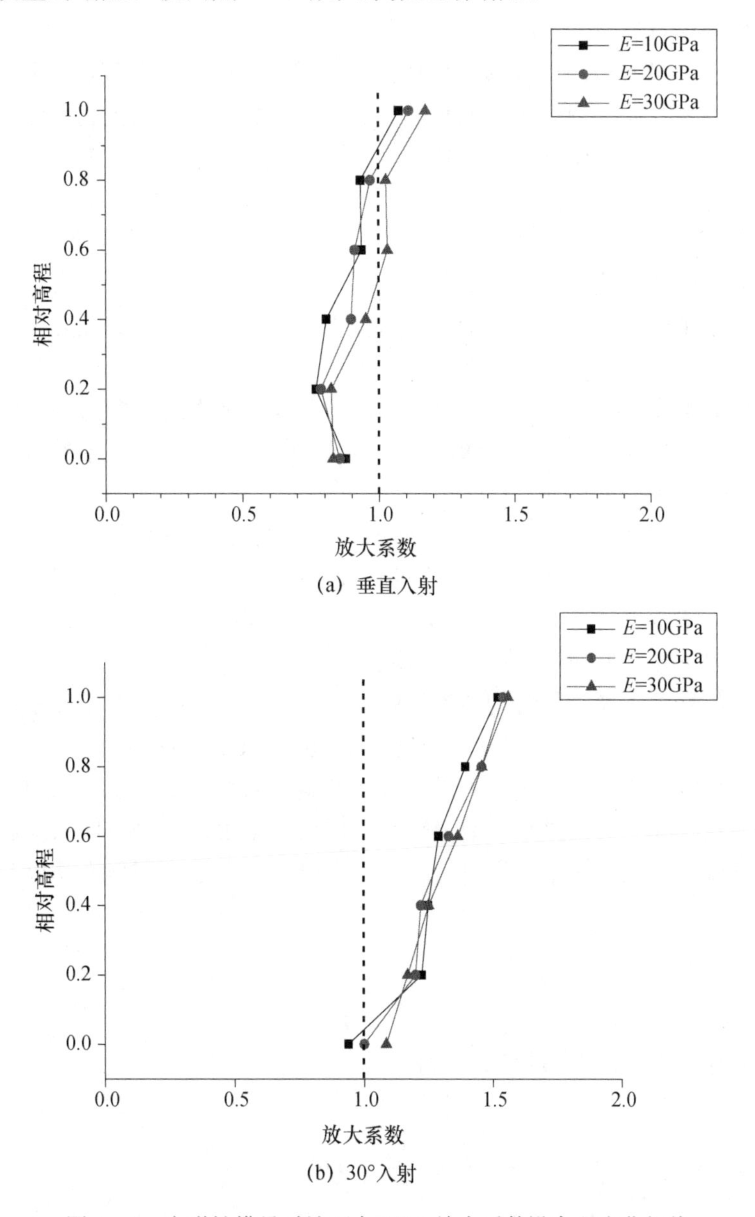

(a) 垂直入射

(b) 30°入射

图 3.40　变弹性模量时坡面点 PGA 放大系数沿高程变化规律

3.7　本章小结

本章主要分析了地震波斜入射对岩石边坡动力响应的影响，其中对人工边界理论、边坡地震动斜输入、地震沿边坡的放大效应等方面开展了深入的研究。通过构建边坡地震输入模型并编制相应的计算程序实现了地震波的斜输入，总结出了平面 P 波和平面 SV 波斜入射不同坡度下岩质边坡时的动力响应规律，得出如下结论：

（1）本章构建了基于时域波动分析法的边坡地震输入模型，包括考虑无限地基辐射阻尼的黏弹性边界和地震波输入方法，可进行地震波斜入射边坡的动力放大响应分析，其对应的计算程序具有较高的精度。

（2）坡角45°，P波入射时，坡面和坡顶纵向PGA放大系数随着入射角度的增加而有所不同，沿高程方向呈现出线性增长趋势，坡顶的放大程度最大，坡脚处放大程度最小，整体PGA放大系数在0.9～1.4之间。极限平衡分析时，宜考虑边坡动力放大效应。

（3）坡角45°，SV波入射时，随着入射角度的增加坡面和坡顶纵向点PGA放大系数均逐渐增大，且增长速率加快，整体PGA放大系数在0.75～1.6之间，采用地震波斜入射方式进行结构动力响应分析的结果与垂直入射相比有明显的差异，在抗震分析中应该考虑地震波斜入射的影响。

（4）当坡面点高度 h 小于 $0.5H$ 时，坡角的改变对坡面地震动力响应的影响并不明显，当坡面点高度 h 大于 $0.5H$ 时随着坡角的增加坡面PGA放大系数逐渐加大。P波入射时PGA放大系数集中在0.95～1.5之间；SV波入射时PGA放大系数集中在0.8～1.7之间。随着弹性模量的增加坡面PGA放大系数逐渐增大。

大型水利水电工程中高陡边坡的抗震稳定性分析，涉及的内容较多，属于多学科交叉的复杂问题，本章仅对平面P波和SV波斜入射边坡的动力响应进行了初步的研究，后续还需要从以下几个方面进行深入的研究：

（1）本章将岩质边坡简化为均匀连续的弹性模型进行分析，对于弹塑性结构、不同波型（SH波）以及三维空间结构下斜入射问题还需要进一步的研究。

（2）本章编制了相应的计算程序进行地震波斜入射作用下边坡的动力响应研究，地震波采用了人工合成波，仅进行了数值模拟，后续如果可以结合具体的地震站台实测资料进行模型试验，与数值模拟结果进行验证可更全面的归纳边坡地震动放大规律。

附录

地震波斜入射矩形的MATLAB程序

```
    Function MainPB()          %P波斜入射地震波主程序
clc;
clear;   %地震波入射问题
wk = 'C:\\Users\\Administrator\\Desktop\\P波入射矩形';
cd(wk)
%基本参数输入
delt = 0.001;
Tmax = 2;
Y = [1/(delt^2),1/(2*delt),2/(delt^2),(delt^2)/2];
T = 0:delt:Tmax;
H = 381;
L = 762;
```

```
h = 1;
deltx = 19.05;
G = 5.292e9;
E = 13.23e9;
ro = 2700;
NU = 0.25;
f = 4;
rb = 381;
alpha = 0;  %选取不同的入射角度
%计算值
cs = sqrt(G/ro);
cp = sqrt(2 * (1 - NU)/(1 - 2 * NU)) * cs;
Ab = deltx * h;
beta = asind(cs * sind(alpha)/cp);
B1 = -(cs^2 * sind(2 * alpha) * sind(2 * beta) - cp^2 * cosd(2 * beta) * cosd(2 * beta))/(cs^2 * sind
(2 * alpha) * sind(2 * beta) + cp^2 * cosd(2 * beta) * cosd(2 * beta));
B2 = 2 * cs * cp * sind(2 * alpha) * cosd(2 * beta)/(cs^2 * sind(2 * alpha) * sind(2 * beta) + cp^2 *
cosd(2 * beta) * cosd(2 * beta));
lamda = E * NU/((1 + NU) * (1 - 2 * NU));
%单元、节点坐标输入
B = load('NLIST.dat');     %节点信息
a = size(B,1);
u = zeros(2 * a,length(T) + 1);
v = zeros(2 * a,length(T) + 1);
afa = zeros(2 * a,length(T) + 1);
Vx1 = lilun(381,0,T,alpha,H,beta,B1,B2,cs,cp,f,delt);    %速度理论解
%总刚 K,M C = alf * M + bale * K
M = qualityAssembly(ro);   %总集中质量矩阵
M = sparse(M);
K = StiffnessAssembly( E,NU,h);   %刚度矩阵
KB = StiffnessMatrix( a,G,E,Ab,rb );
K = K + KB;     %总刚度矩阵
K = sparse(K);
C  = DampingMatrix( a,ro,cs,cp,Ab );     %阻尼矩阵
C = sparse(C);
Mn = Y(1) * M + Y(2) * C;
F0 = Equivalent_load(a,G,E,H,ro,alpha,beta,B1,B2,cs,cp,f,0,Ab,lamda,rb);
afa0 = diag(M).\\(F0 - K * u(:,2) - C * v(:,2));
u(:,1) = u(:,2) - v(:,2) * delt + Y(4) * afa0;
for i = 2:length(T)
    t = delt * (i - 2);
    F = Equivalent_load(a,G,E,H,ro,alpha,beta,B1,B2,cs,cp,f,t,Ab,lamda);
Fn(:,i) = F - (Y(1) * M - Y(2) * C) * u(:,i - 1) - (K - Y(3) * M) * u(:,i);
```

```
    u(:,i+1) = diag(Mn).\\Fn(:,i);
    v(:,i+1) = (u(:,i+1) - u(:,i-1)) * Y(2);
end
u = u(:,2:(length(T) + 1));
v = v(:,2:length(T) + 1);
%%%%%%%%%%%%%%%%%%%%%%%%%%%%%%%%%%%%%%%%%%%%%%%%%%%%%%%%
function F = Equivalent_load(a,G,E,H,ro,alpha,beta,B1,B2,cs,cp,f,t,Ab,lamda,rb)
%该函数进行等效节点荷载的计算
F = zeros(2 * a,1);
D = load('NLISTLeft.dat');
m = size(D,1);
e = D(:,2);
d = D(:,3);
for j = 1:m
      deltt1 = (e(j) * sind(alpha) + d(j) * cosd(alpha))/cp;
      %入射P波相对于波阵面的时间延迟
      deltt2 = ((2 * H - d(j)) * cosd(alpha) + e(j) * sind(alpha))/cp;
      %反射P波相对于波阵面的时间延迟
      deltt3 = (H * cosd(alpha) - (H - d(j)) * tand(beta) * sind(alpha) + e(j) * sind(alpha))/cp +
      (H - d(j))/(cs * cosd(beta));
            %反射Sv波相对于波阵面的时间延迟
      if j>1
          A = Ab;
      else
          A = Ab/2;
      end
      if (t - deltt1)>0 && (t - deltt1)< = 0.25
          sigmax1 = (lamda + 2 * G * sind(alpha) * sind(alpha)) * 0.5 * (1 - cos(2 * pi * f *
          (t - deltt1)))/cp;
          %入射P波产生的正应力
          taoxy1 = G * sind(2 * alpha) * 0.5 * (1 - cos(2 * pi * f * (t - deltt1)))/cp;
          %入射P波产生的剪应力
          vdot1 = 0.5 * (1 - cos(2 * pi * f * (t - deltt1)));
          udot1 = 0.5 * (t - deltt1) - sin(2 * pi * f * (t - deltt1))/(4 * pi * f);
      elseif (t - deltt1)>0.25
          udot1 = 0.125;
          sigmax1 = 0;
          taoxy1 = 0;
          vdot1 = 0;
      else
          sigmax1 = 0;
          taoxy1 = 0;
          vdot1 = 0;
```

```
            udot1 = 0;
        end
        if (t - deltt2)>0 && (t - deltt2)<= 0.25
          sigmax2 = - B1 * (lamda + 2 * G * sind(alpha) * sind(alpha)) * 0.5 * (1 - cos(2 * pi * f *
          (t - deltt2)))/cp;
              %反射P波产生的正应力
              taoxy2 = B1 * G * sind(2 * alpha) * 0.5 * (1 - cos(2 * pi * f * (t - deltt2)))/cp;
              %反射P波产生的剪切应力
              vdot2 = 0.5 * (1 - cos(2 * pi * f * (t - deltt2)));
              udot2 = 0.5 * (t - deltt2) - sin(2 * pi * f * (t - deltt2))/(4 * pi * f);
          elseif (t - deltt2)>0.25
              udot2 = 0.125;
              sigmax2 = 0;
              taoxy2 = 0;
              vdot2 = 0;
          else
              sigmax2 = 0;
              taoxy2 = 0;
              vdot2 = 0;
              udot2 = 0;
          end
          if (t - deltt3)>0 && (t - deltt3)<= 0.25
              sigmax3 = B2 * G * sind(2 * beta) * 0.5 * (1 - cos(2 * pi * f * (t - deltt3)))/cs;
              %反射SV波产生的正应力
              taoxy3 = - B2 * G * cosd(2 * beta) * 0.5 * (1 - cos(2 * pi * f * (t - deltt3)))/cs;
              %反射SV波产生的剪切应力
              vdot3 = 0.5 * (1 - cos(2 * pi * f * (t - deltt3)));
              udot3 = 0.5 * (t - deltt3) - sin(2 * pi * f * (t - deltt3))/(4 * pi * f);
          elseif (t - deltt3)>0.25
              udot3 = 0.125;
              sigmax3 = 0;
              taoxy3 = 0;
              vdot3 = 0;
          else
              sigmax3 = 0;
              taoxy3 = 0;
              vdot3 = 0;
              udot3 = 0;
          end
sigmax = sigmax1 + sigmax2 + sigmax3;
taoxy = taoxy1 + taoxy2 + taoxy3;
vx = vdot1 * sind(alpha) - B1 * vdot2 * sind(alpha) + B2 * vdot3 * cosd(beta);
vy = vdot1 * cosd(alpha) + B1 * vdot2 * cosd(alpha) + B2 * vdot3 * sind(beta);
```

```
ux = udot1 * sind(alpha) - B1 * udot2 * sind(alpha) + B2 * udot3 * cosd(beta);
uy = udot1 * cosd(alpha) + B1 * udot2 * cosd(alpha) + B2 * udot3 * sind(beta);
fx = sigmax * A + ro * cp * A * vx + E * A * ux/(2 * rb);
fy = taoxy * A + ro * cs * A * vy + G * A * uy/(2 * rb);
        F(2 * D(j,1) - 1,1) = fx;
        F(2 * D(j,1),1) = fy;
end
D = load('NLISTRight.dat');    %所有右边界节点
m = size(D,1);
e = D(:,2);
d = D(:,3);
for j = 1:m
        deltt1 = (e(j) * sind(alpha) + d(j) * cosd(alpha))/cp;
        %入射P波相对于波阵面的时间延迟
        deltt2 = ((2 * H - d(j)) * cosd(alpha) + e(j) * sind(alpha))/cp;
        %反射P波相对于波阵面的时间延迟
        deltt3 = (H * cosd(alpha) - (H - d(j)) * tand(beta) * sind(alpha) + e(j) * sind(alpha))/cp
        + (H - d(j))/(cs * cosd(beta));
            %反射SV波相对于波阵面的时间延迟
        if j>1
            A = Ab;
        else
            A = Ab/2;
        end
        if (t - deltt1)>0 && (t - deltt1)<= 0.25
            sigmax1 = (lamda + 2 * G * sind(alpha) * sind(alpha)) * 0.5 * (1 - cos(2 * pi * f *
            (t - deltt1)))/cp;
            taoxy1 = G * sind(2 * alpha) * 0.5 * (1 - cos(2 * pi * f * (t - deltt1)))/cp;
            vdot1 = 0.5 * (1 - cos(2 * pi * f * (t - deltt1)));
            udot1 = 0.5 * (t - deltt1) - sin(2 * pi * f * (t - deltt1))/(4 * pi * f);
        elseif (t - deltt1)>0.25
            udot1 = 0.125;
            sigmax1 = 0;
            taoxy1 = 0;
            vdot1 = 0;
        else
            sigmax1 = 0;
            taoxy1 = 0;
            vdot1 = 0;
            udot1 = 0;
        end
        if (t - deltt2)>0 && (t - deltt2)<= 0.25
          sigmax2 = - B1 * (lamda + 2 * G * sind(alpha) * sind(alpha)) * 0.5 * (1 - cos(2 * pi * f *
```

```
        (t - deltt2)))/cp;
        taoxy2 = B1 * G * sind(2 * alpha) * 0.5 * (1 - cos(2 * pi * f * (t - deltt2)))/cp;
        vdot2 = 0.5 * (1 - cos(2 * pi * f * (t - deltt2)));
        udot2 = 0.5 * (t - deltt2) - sin(2 * pi * f * (t - deltt2))/(4 * pi * f);
    elseif (t - deltt2)>0.25
        udot2 = 0.125;
        sigmax2 = 0;
        taoxy2 = 0;
        vdot2 = 0;
    else
        sigmax2 = 0;
        taoxy2 = 0;
        vdot2 = 0;
        udot2 = 0;
    end
    if (t - deltt3)>0 && (t - deltt3)<= 0.25
        sigmax3 = B2 * G * sind(2 * beta) * 0.5 * (1 - cos(2 * pi * f * (t - deltt3)))/cs;
        taoxy3 = - B2 * G * cosd(2 * beta) * 0.5 * (1 - cos(2 * pi * f * (t - deltt3)))/cs;
        vdot3 = 0.5 * (1 - cos(2 * pi * f * (t - deltt3)));
        udot3 = 0.5 * (t - deltt3) - sin(2 * pi * f * (t - deltt3))/(4 * pi * f);
    elseif (t - deltt3)>0.25
        udot3 = 0.125;
        sigmax3 = 0;
        taoxy3 = 0;
        vdot3 = 0;
    else
        sigmax3 = 0;
        taoxy3 = 0;
        vdot3 = 0;
        udot3 = 0;
    end
sigmax = sigmax1 + sigmax2 + sigmax3;
taoxy = taoxy1 + taoxy2 + taoxy3;
vx = vdot1 * sind(alpha) - B1 * vdot2 * sind(alpha) + B2 * vdot3 * cosd(beta);
vy = vdot1 * cosd(alpha) + B1 * vdot2 * cosd(alpha) + B2 * vdot3 * sind(beta);
ux = udot1 * sind(alpha) - B1 * udot2 * sind(alpha) + B2 * udot3 * cosd(beta);
uy = udot1 * cosd(alpha) + B1 * udot2 * cosd(alpha) + B2 * udot3 * sind(beta);
fx = - sigmax * A + ro * cp * A * vx + E * A * ux/(2 * rb);
fy = - taoxy * A + ro * cs * A * vy + G * A * uy/(2 * rb);
    F(2 * D(j,1) - 1,1) = fx;
    F(2 * D(j,1),1) = fy;
end
D = load('NLISTBottom.dat');
```

```
%所有下边界节点
m = size(D,1);
e = D(:,2);
d = D(:,3);
for j = 1:m
        deltt1 = (e(j) * sind(alpha) + d(j) * cosd(alpha))/cp;
        deltt2 = ((2 * H - d(j)) * cosd(alpha) + e(j) * sind(alpha))/cp;
        deltt3 = (H * cosd(alpha) - (H - d(j)) * tand(beta) * sind(alpha) + e(j) * sind(alpha))/cp
        + (H - d(j))/(cs * cosd(beta));
        if j>2
            A = Ab;
        else
            A = Ab/2;
        end
        if (t - deltt1)>0 && (t - deltt1)<= 0.25
            sigmay1 = (lamda + 2 * G * cosd(alpha) * cosd(alpha)) * 0.5 * (1 - cos(2 * pi * f *
            (t - deltt1)))/cp;
            taoxy1 = G * sind(2 * alpha) * 0.5 * (1 - cos(2 * pi * f * (t - deltt1)))/cp;
            vdot1 = 0.5 * (1 - cos(2 * pi * f * (t - deltt1)));
            udot1 = 0.5 * (t - deltt1) - sin(2 * pi * f * (t - deltt1))/(4 * pi * f);
        elseif (t - deltt1)>0.25
            udot1 = 0.125;
            sigmay1 = 0;
            taoxy1 = 0;
            vdot1 = 0;
        else
            sigmay1 = 0;
            taoxy1 = 0;
            vdot1 = 0;
            udot1 = 0;
        end
        if (t - deltt2)>0 && (t - deltt2)<= 0.25
        sigmay2 = - B1 * (lamda + 2 * G * cosd(alpha) * cosd(alpha)) * 0.5 * (1 - cos(2 * pi * f *
        (t - deltt2)))/cp;
            taoxy2 = B1 * G * sind(2 * alpha) * 0.5 * (1 - cos(2 * pi * f * (t - deltt2)))/cp;
            vdot2 = 0.5 * (1 - cos(2 * pi * f * (t - deltt2)));
            udot2 = 0.5 * (t - deltt2) - sin(2 * pi * f * (t - deltt2))/(4 * pi * f);
        elseif (t - deltt2)>0.25
            udot2 = 0.125;
            sigmay2 = 0;
            taoxy2 = 0;
            vdot2 = 0;
        else
```

```
            sigmay2 = 0;
            taoxy2 = 0;
            vdot2 = 0;
            udot2 = 0;
        end
        if (t - deltt3)>0 && (t - deltt3)<= 0.25
            sigmay3 = - B2 * G * sind(2 * beta) * 0.5 * (1 - cos(2 * pi * f * (t - deltt3)))/cs;
            taoxy3 = - B2 * G * cosd(2 * beta) * 0.5 * (1 - cos(2 * pi * f * (t - deltt3)))/cs;
            vdot3 = 0.5 * (1 - cos(2 * pi * f * (t - deltt3)));
            udot3 = 0.5 * (t - deltt3) - sin(2 * pi * f * (t - deltt3))/(4 * pi * f);
        elseif (t - deltt3)>0.25
            udot3 = 0.125;
            sigmay3 = 0;
            taoxy3 = 0;
            vdot3 = 0;
        else
            sigmay3 = 0;
            taoxy3 = 0;
            vdot3 = 0;
            udot3 = 0;
        end
taoxy = taoxy1 + taoxy2 + taoxy3;
sigmay = sigmay1 + sigmay2 + sigmay3;
vx = vdot1 * sind(alpha) - B1 * vdot2 * sind(alpha) + B2 * vdot3 * cosd(beta);
vy = vdot1 * cosd(alpha) + B1 * vdot2 * cosd(alpha) + B2 * vdot3 * sind(beta);
ux = udot1 * sind(alpha) - B1 * udot2 * sind(alpha) + B2 * udot3 * cosd(beta);
uy = udot1 * cosd(alpha) + B1 * udot2 * cosd(alpha) + B2 * udot3 * sind(beta);
fx = taoxy * A + ro * cs * A * vx + G * A * ux/(2 * rb);
fy = sigmay * A + ro * cp * A * vy + E * A * uy/(2 * rb);
    F(2 * D(j,1) - 1,1) = fx;
    F(2 * D(j,1),1) = fy;
end
%%%%%%%%%%%%%%%%%%%%%%%%%%%%%%%%%%%%%%%%%%%%%%%%
function K = StiffnessMatrix ( a,G,E,Ab,rb)
%边界线性弹簧产生的刚度矩阵
K = zeros(2 * a,2 * a);
d = load('NLISTBottom.dat');
m = size(d,1);
for j = 1:m
    if j>2
            Kx = G * Ab/(2 * rb);
            Ky = E * Ab/(2 * rb);
    else
```

```
            Kx = G * Ab/(4 * rb);
            Ky = E * Ab/(4 * rb);
        end
        K(2 * j - 1,2 * j - 1) = Kx;
        K(2 * j,2 * j) = Ky;
end
e =     load('NLISTLeft.dat');
m = size(e,1);
for j = 1:m
        if j>1
            Kx = E * Ab/(2 * rb);
            Ky = G * Ab/(2 * rb);
        else
            Kx = E * Ab/(4 * rb);
            Ky = G * Ab/(4 * rb);
        end
        K(2 * e(j,1) - 1,2 * e(j,1) - 1) = Kx;
        K(2 * e(j,1),2 * e(j,1)) = Ky;
end
R = load('NLISTRight.dat');
m = size(R,1);
for j = 1:m
        if j>1
            Kx = E * Ab/(2 * rb);
            Ky = G * Ab/(2 * rb);
        else
            Kx = E * Ab/(4 * rb);
            Ky = G * Ab/(4 * rb);
        end
        K(2 * R(j,1) - 1,2 * R(j,1) - 1) = Kx;
        K(2 * R(j,1),2 * R(j,1)) = Ky;
end
end
%%%%%%%%%%%%%%%%%%%%%%%%%%%%%%%%%%%%%%%%%%%%%%%%%%%%
function C = DampingMatrix( a,ro,cs,cp,Ab )
%边界黏滞阻尼产生的阻尼矩阵
C = zeros(2 * a,2 * a);
d = load('NLISTBottom.dat');
m = size(d,1);
for j = 1:m
        if j>2
Cx = ro * cs * Ab;
            Cy = ro * cp * Ab;
```

```
      else
Cx = ro * cs * Ab/2;
          Cy = ro * cp * Ab/2;
      end
      C(2 * j - 1,2 * j - 1) = Cx;
      C(2 * j,2 * j) = Cy;
end
e =   load('NLISTLeft.dat');
m = size(e,1);
for j = 1:m
      if j>1
Cx = ro * cp * Ab;
          Cy = ro * cs * Ab;
      else
Cx = ro * cp * Ab/2;
          Cy = ro * cs * Ab/2;
     end
     C(2 * e(j,1) - 1,2 * e(j,1) - 1) = Cx;
     C(2 * e(j,1),2 * e(j,1)) = Cy;
end
R = load('NLISTRight.dat');
m = size(R,1);
for j = 1:m
     if j>1
Cx = ro * cp * Ab;
          Cy = ro * cs * Ab;
     else
Cx = ro * cp * Ab/2;
          Cy = ro * cs * Ab/2;
     end
     C(2 * R(j,1) - 1,2 * R(j,1) - 1) = Cx;
     C(2 * R(j,1),2 * R(j,1)) = Cy;
end
end
```

参考文献

[1] Stewart J P, Blake T F, Hollingsworth R A. A Screen Analysis Procedure for Seismic Slope Stability [J]. Earthquake Spectra, 2003, 19: 697-712.

[2] Bray J D, Travasarou T. Pseudostatic coefficient for use in simplified seismic slope stability evaluation [J]. Journal of Geotechnical and Geoenvironmental Engineering, 2009, 135: 1336-1340.

[3] Kramer S L. Geotechnical Earthquake Engineering [M]. Prentice Hall: Upper Saddle River,

NJ，1996.
[4] Leshchinsky D，Ling H I，Wang J P，et al. Equivalent seismic coefficient in geocell retention systems [J]. Geotextiles and Geomembranes，2009，27 (1)：9-18.
[5] David L L，West L R. Observed effects of topography on ground motion [J]. Bulletin of the Seismologicul Society of America，1973，63 (1)：283-298.
[6] Bonamassa O. Directional site resonance observed from aftershocks of the 18 Ocrober 1989 Loma Prieta earthquake [J]. Bull. seism. soc. am，1945，81 (5)：1945-1957.
[7] 王伟，刘必灯，刘欣，等．基于汶川 M _ S8.0 地震强震动记录的山体地形效应分析 [J]. 地震学报，2015 (3)：452-462.
[8] Tsaur D H，Chang K H，Hsu M S. An analytical approach for the scattering of SH waves by a symmetrical V-shaped canyon：deep case [J]. Geophysical Journal International，183，1501-1511.
[9] Lee V W. Anti-plane (SH) waves diffraction by an underground semi-circular cavity：analytical solution [J]. Earthquake Engineering & Engineering Vibration，2010 (03)：83-94.
[10] Havenith H B，Vanini M，Jongmans D，et al. Initiation of earthquake-induced slope failure：influence of topographical and other site specific amplification effects [J]. Journal of seismology，2003，7 (3)：397-412.
[11] 何蕴龙，陆述远．岩石边坡地震作用近似计算方法 [J]. 岩土工程学报，1998，20 (2)：66-68.
[12] 薄景山，齐文浩，刘红帅，等．汶川特大地震汉源烈度异常原因的初步分析 [J]. 地震工程与工程振动，2009，29 (6)．
[13] 张国栋，陈飞，金星，等．边界条件设置及输入地震波特性对边坡动力响应影响分析 [J]. 振动与冲击，2011 (1)：102-105.
[14] Paolucci R . Amplification of earthquake ground motion by steep topographic irregularities [J]. Earthquake Engineering & Strvtctural Dynamics，2002，31 (10)：1831-1853.
[15] 王伟．地震动的山体地形效应 [D]. 哈尔滨：中国地震局工程力学研究所，2011.
[16] Zhang C H，Pekau O A，Feng J，et al. Application of distinct element method in dynamic analysis of high rock slopes and blocky structures [J]. Soil Dynamics and Earthquake Engineering，1997，16 (6)：385-394.
[17] 李海波，肖克强，刘亚群．地震荷载作用下顺层岩质边坡安全系数分析 [J]. 岩石力学与工程学报，2007，26 (12)：2385-2394.
[18] Wu G X，Cheng G Y，Ding J S，et al. Determination of Critical Height of Cut Slope of Red-Bed Soft Rock under Seismic Loading [J]. Advanced Materials Research，2011，261-263：1660-1664.
[19] 迟世春，关立军．基于强度折减的拉格朗日差分方法分析土坡稳定性 [J]. 岩土工程学报，2004 (1)：42-46.
[20] Jin X，Liao Z P. Statistical research on S-wave incident angle [J]. Earthquake Research in China，1994 (1)：124-134.
[21] Wong H L，Luco J E. Dynamic response of rectangular foundations to obliquely incident seismic waves [J]. Earthquake Engineering and Structural Dynamics，1978，6 (1)：3-16.
[22] 林皋，关飞．用边界元法研究地震波在不规则地形处的散射问题 [J]. 大连理工大学学报，1990 (2)：145-152.
[23] Ashford S A，Sitar N. Analysis of topographic amplification of inclined shear waves in a steep coastal bluff [J]. Bulletin of the Seismological Society of America，1997，87：692-700.
[24] 李山有，廖振鹏．地震体波斜入射情形下台阶地形引起的波形转换 [J]. 地震工程与工程振动，2002，22 (4)：9-15.

[25] 尤红兵，赵凤新，荣棉水．地震波斜入射时水平层状场地的非线性地震反应 [J]. 岩土工程学报，2009，31 (2)：234-240.

[26] Alfaro P，Delgado J，García-Tortosa F J，et al. The role of near-field interaction between seismic waves and slope on the triggering of a rockslide at Lorca (SE Spain) [J]. Natural Hazards and Earth System Science，2012，12 (12)：3631-3643.

[27] 丁海平，于彦彦，郑志法．P 波斜入射陡坎地形对地面运动的影响 [J]. 岩土力学，2017 (6) .

[28] 苑举卫，杜成斌，刘志明．地震波斜入射条件下重力坝动力响应分析 [J]. 振动与冲击，2011，30 (7)：120-126.

[29] 李建波，梅润雨，林皋，等．基于人工透射边界的核电厂结构抗震分析 [J]. 核动力工程，2016 (5)：24-28.

[30] 刘彪．边坡地震动力放大与永久位移分析 [D]. 北京：中国水利水电科学研究院，2019.

[31] 刘云贺，张伯艳，陈厚群．拱坝地震输入模型中黏弹性边界与黏性边界的比较 [J]. 水利学报，2006，37 (6)：758-763.

[32] 杜修力，赵密，王进廷．近场波动模拟的人工应力边界条件 [J]. 力学学报，2006，38 (1)：49-56.

[33] 刘晶波，吕彦东．结构-地基动力相互作用问题分析的一种直接方法 [J]. 土木工程学报，1998 (3)：55-64.

[34] 张伯艳．高拱坝坝肩抗震稳定研究 [D]. 西安：西安理工大学，2005.

[35] 李小军，刘爱文．动力方程求解的显式积分格式及其稳定性与适用性 [J]. 世界地震工程，2000，16 (2) .

[36] 祁生文，伍法权，严福章，等．岩质边坡动力反应分析 [M]. 北京：科学出版社，2007.

[37] Lerch，R. Simulation of piezoelectric devices by two and three dimensional finite elements [J]. IEEE Transactions on Ultrasonics，Ferroelectrics and Frequency，Control，1990，37 (3)：233-247.

04 第4章 LDDA理论与计算机程序

4.1 引言

在许多实际工程问题中，需要模拟接触缝面的开合运动。例如，将拱坝和地基作为整体分析求解坝肩抗震稳定时，在坝肩附近，存在各种构造面，这些构造面相互切割而形成可能滑动块体，可能滑动块体的边界面必为接触缝面。坝体内设置的伸缩横缝，经过高压灌浆和蓄水后的静水压力的作用，伸缩横缝才被相互压紧。但在强烈地震作用下，坝体上部可能产生较高的拉应力，当这一拉应力超过静水压力引起的压应力时，就可能使接缝张开。另外，施工期温度应力产生的温度缝，在地震作用下，接缝不断处于开闭交替状态，其结果是降低了拱坝的整体性和刚度，延长了自振周期，并引起显著的应力重分布，具有明显的接触非线性特征，影响拱坝的抗震安全。

在边坡稳定分析中，滑坡体一般由断层和层间、层内错动带切割而成，而这些断层或错动带也能作为接触缝面处理[1]。

接触缝隙在地震作用下的开合属于接触非线性问题，这是区别于材料非线性和几何非线性的第三类非线性问题，即边界条件非线性。对接触问题的研究始于100年前Hertz对二次曲面挤压问题的研究。起初，采用的是解析方法，近30年来，随着计算机技术的发展，接触问题的数值解法受到了众多研究者的关注，发展了各种求解接触问题的数值计算方法，包括：①以Lagrange乘子为未知量的各类Lagrange乘子或修正的Lagrange乘子方法；②罚函数方法；③线性补偿方法；④接触单元方法；⑤动接触力方法等。清华大学的刘晶波教授对接触问题的各种数值方法做过详细的介绍，并且结合时域显式有限元与人工透射边界，初步应用研究了动接触力模型[2]，涂劲将这一模型应用于高坝地基系统的非线性反应分析[3]。动接触力模型的特点是无须人为给定接触刚度，不会发生接触面间相互侵入的现象。因此，对于坝体中各种横缝和地基中可能滑动块体的界面，可用这种模型进行动态开合模拟。动接触力模型的优点是易与时域显式有限元方法以及人工透射边界配套使用，它所处理的接触是点对接触，不必迭代计算。其缺点是不适合接触面大滑移问题的求解，动接触力的计算精度有限[4]。

LDDA是在接触界面上采用拉格朗日乘子，而接触判断使用DDA规则，在块体内部进行有限元细分的DDA方法。众所周知，不连续变形分析（DDA）是由著名学者石根华博士提出的，主要是用来求解岩石介质中不连续体的变形和运动。DDA理论体系较完整，常用于计算边坡的滑动、岩石块体的倾覆、隧洞洞室的崩塌。其主要缺点：在接触缝面应用了压缩弹簧以模拟接触刚度，而弹簧常数不易确定；其次，因使用块体单元，块体单元内部的应力是常应力，应力精度不高。LDDA是对DDA的改进，接触缝面上使用了拉格朗日乘子，其物理意义代表接缝法向和切向接触力；另外，块体内部使用常规有限元离散，应力精度较高。接缝张开时，拉格朗日乘子为零；接缝闭合时，真实的接触力即为拉格朗日乘子的值。因此，LDDA方法对接缝的处理更真实、更自然。LDDA与动接触力模型的不同之处是构成接缝的两侧不要求是节点对，可以计算大滑移，LDDA的这种特性可用来重现溃坝的过程。因无节点对的限制，LDDA的接触是利用主从节点来实现的，主从节点在计算过程中不是固定不变的，而是随接缝表面的相对运动而变化，计算时要不断地搜索主从接触点，并对其进行接触判断。对于坝肩抗震稳定计算，已有的研究表明[5-7]：在坝肩滑动块体的滑动位移还不够大的情况下，坝体就已失去挡水功能，因此，为了提高计算效率，大滑移计算是不必进行的。对于具有明确滑面的边坡动力稳定问题，LDDA也同样具有较高计算效率和处理实际工程边坡的能力[1]。

4.2　LDDA基本理论

4.2.1　系统的动力平衡方程

对于具有 n 个块体 B_i（$i=1，2，\cdots，n$）的弹性系统，其中任意块 B_i 应满足下列平衡方程[8-11]：

$$\frac{\partial \sigma_x}{\partial x}+\frac{\partial \tau_{xy}}{\partial y}+\frac{\partial \tau_{xz}}{\partial z}+\rho b_x=\rho\frac{\mathrm{d}V_x}{\mathrm{d}t} \tag{4.1a}$$

$$\frac{\partial \tau_{yx}}{\partial x}+\frac{\partial \sigma_y}{\partial y}+\frac{\partial \tau_{yz}}{\partial z}+\rho b_y=\rho\frac{\mathrm{d}V_y}{\mathrm{d}t} \tag{4.1b}$$

$$\frac{\partial \tau_{zx}}{\partial x}+\frac{\partial \tau_{zy}}{\partial y}+\frac{\partial \sigma_z}{\partial z}+\rho b_z=\rho\frac{\mathrm{d}V_z}{\mathrm{d}t} \tag{4.1c}$$

式中　σ、τ——正应力和剪应力；

ρ——弹性体的质量密度；

b——单位质量的体积力；

V——节点速度，（x、y、z）为直角坐标系；

t——时间。

对于静力平衡：

$$\frac{\mathrm{d}\boldsymbol{V}}{\mathrm{d}t}=0 \tag{4.2}$$

式（4.1）应满足位移边界 $\boldsymbol{\Gamma}_{\mathrm{d}}$、应力边界 $\boldsymbol{\Gamma}_{\mathrm{s}}$ 和接触边界 $\boldsymbol{\Gamma}_{\mathrm{c}}$ 边界条件：

$$\boldsymbol{u}\mid_{\Gamma_{\mathrm{d}}}=\boldsymbol{u}^0 \tag{4.3}$$

式中，$\boldsymbol{u}^0$ 是位移边界 $\boldsymbol{\Gamma}_{\mathrm{d}}$ 上已知位移矢量。

$$(\sigma_x n_x+\tau_{xy}n_y+\tau_{xz}n_z)\mid_{\Gamma_s}=t_x \tag{4.4a}$$

$$(\tau_{yx}n_x+\sigma_y n_y+\tau_{yz}n_z)\mid_{\Gamma_s}=t_y \tag{4.4b}$$

$$(\tau_{zx}n_x+\tau_{zy}n_y+\sigma_z n_z)\mid_{\Gamma_s}=t_z \tag{4.4c}$$

式中，$\boldsymbol{n}=(n_x，n_y，n_z)^{\mathrm{T}}$ 是应力边界 $\boldsymbol{\Gamma}_{\mathrm{s}}$ 法线方向余弦向量；$\boldsymbol{t}=(t_x，t_y，t_z)^{\mathrm{T}}$ 为应力边界 $\boldsymbol{\Gamma}_{\mathrm{s}}$ 已知分布荷载向量。

$$(\sigma_x n_x+\tau_{xy}n_y+\tau_{xz}n_z)\mid_{\Gamma_c}=p_x \tag{4.5a}$$

$$(\tau_{yx}n_x+\sigma_y n_y+\tau_{yz}n_z)|_{\Gamma_c}=p_y \tag{4.5b}$$

$$(\tau_{zx}n_x+\tau_{zy}n_y+\sigma_z n_z)|_{\Gamma_c}=p_z \tag{4.5c}$$

式中，$\boldsymbol{p}=(p_x, p_y, p_z)^{\mathrm{T}}$ 为接触边界 $\boldsymbol{\Gamma}_c$ 的接触力，接触力可分解为法向和切向力：

$$\boldsymbol{p}_n=(\boldsymbol{p}\cdot\boldsymbol{n})\boldsymbol{n} \tag{4.6a}$$

$$\boldsymbol{p}_\tau=\boldsymbol{p}-\boldsymbol{p}_n \tag{4.6b}$$

在任何时刻，当接触边界接触时，接触边界 Γ_c 的法向接触力和切向接触力应满足下列关系式：

$$\boldsymbol{p}_n\leqslant 0 \tag{4.7a}$$

$$|\boldsymbol{p}_\tau|\leqslant f|\boldsymbol{p}_n|+c_0 \tag{4.7b}$$

式中，f 和 c_0 分别为接触面上的摩擦系数和凝聚力。同时接触边界 Γ_c 两侧法向位移应相等，这样可确保接触边界两侧介质不发生嵌入。

当接缝张开时，法向和切向接触力应为零。

4.2.2 有限元方程

利用虚功原理[12]，上述动力平衡方程和边界条件可以离散为有限元方程：

$$\boldsymbol{M}\ddot{\boldsymbol{u}}+\boldsymbol{C}\dot{\boldsymbol{u}}+\boldsymbol{K}\boldsymbol{u}=\boldsymbol{F}+\boldsymbol{G}\boldsymbol{\Lambda} \tag{4.8a}$$

$$\boldsymbol{G}^{\mathrm{T}}\boldsymbol{u}=\boldsymbol{G}_0 \tag{4.8b}$$

式中 $\boldsymbol{M}$、$\boldsymbol{C}$、$\boldsymbol{K}$——系统的质量矩阵、阻尼矩阵和刚度矩阵；

$\ddot{\boldsymbol{u}}$、$\dot{\boldsymbol{u}}$、$\boldsymbol{u}$——t 时刻总体加速度向量、总体速度向量和总体位移向量；

$\boldsymbol{F}$——静力荷载向量；

$\boldsymbol{\Lambda}$——拉格朗日乘子向量；

$\boldsymbol{G}$——矩阵包含接触面局部坐标系到总体坐标系的变换矩阵、主乘子点的投影点所在负面的接触面单元的各个节点的位移选择矩阵、主乘子点的位移选择矩阵和主乘子的乘子向量的选择矩阵；

$\boldsymbol{G}_0$——接触面初始间隙向量。

有限元方程式（4.8），可利用中心差分法离散，中心差分格式如下：

$$\dot{\boldsymbol{u}}^t=\frac{1}{2\Delta t}(\boldsymbol{u}^{t+\Delta t}-\boldsymbol{u}^{t-\Delta t}) \tag{4.9}$$

$$\ddot{\boldsymbol{u}}^t=\frac{1}{\Delta t^2}(\boldsymbol{u}^{t+\Delta t}-2\boldsymbol{u}^t+\boldsymbol{u}^{t-\Delta t}) \tag{4.10}$$

式（4.9）和式（4.10）中，上标 t 表示时间，Δt 为时间间隔。将式（4.9）和式（4.10)代入式（4.8a）可得质量矩阵与阻尼矩阵均为对角矩阵时的显式积分格式。当阻尼矩阵为非对角矩阵时，李小军等建议了一种非对角阻尼矩阵的显式积分格式[13]：

$$\ddot{\boldsymbol{u}}^t=\frac{2}{\Delta t^2}(\boldsymbol{u}^{t+\Delta t}-\boldsymbol{u}^t)-\frac{2}{\Delta t}\dot{\boldsymbol{u}}^t \tag{4.11}$$

将式（4.11）式代入式（4.8a）可得：

$$\boldsymbol{u}^{t+\Delta t}=\frac{\Delta t^2}{2}\boldsymbol{M}^{-1}(\boldsymbol{F}^t-\boldsymbol{K}\boldsymbol{u}^t-\boldsymbol{C}\dot{\boldsymbol{u}}^t)+\boldsymbol{u}^t+\Delta t\,\dot{\boldsymbol{u}}^t+\frac{\Delta t^2}{2}\boldsymbol{M}^{-1}\boldsymbol{G}\boldsymbol{\Lambda}^t \tag{4.12}$$

由式（4.12）可知，只要质量矩阵为对角阵，则式（4.12）是解耦的，已知当前时刻的位移、速度和拉格朗日乘子向量，则可求得下一时步的总体位移向量。$t+\Delta t$ 时刻的速度和加速度可由下列递推公式求出：

$$\dot{\boldsymbol{u}}^{t+\Delta t}=-\dot{\boldsymbol{u}}^{t}+\frac{2}{\Delta t}\left(\boldsymbol{u}^{t+\Delta t}-\boldsymbol{u}^{t}\right) \tag{4.13}$$

$$\ddot{\boldsymbol{u}}^{t+\Delta t}=-\ddot{\boldsymbol{u}}^{t}+\frac{2}{\Delta t}\left(\dot{\boldsymbol{u}}^{t+\Delta t}-\dot{\boldsymbol{u}}^{t}\right) \tag{4.14}$$

若令：

$$\boldsymbol{Z}=\frac{\Delta t^2}{2}\boldsymbol{M}^{-1}\left(\boldsymbol{F}^{t}-\boldsymbol{K}\boldsymbol{u}^{t}-\boldsymbol{C}\dot{\boldsymbol{u}}^{t}\right) \tag{4.15}$$

$$\boldsymbol{S}=\boldsymbol{u}^{t}+\Delta t\,\dot{\boldsymbol{u}}^{t} \tag{4.16}$$

则式（4.12）可写为：

$$\boldsymbol{u}^{t+\Delta t}=\boldsymbol{Z}+\boldsymbol{S}+\frac{\Delta t^2}{2}\boldsymbol{M}^{-1}\boldsymbol{G}\boldsymbol{\Lambda}^{t} \tag{4.17}$$

将式（4.17）代入式（4.8b）得：

$$\boldsymbol{G}^{\mathrm{T}}\boldsymbol{M}^{-1}\boldsymbol{G}\left(\frac{\Delta t^2}{2}\boldsymbol{\Lambda}^{t}\right)=\boldsymbol{G}_0-\boldsymbol{G}^{\mathrm{T}}\boldsymbol{Z}-\boldsymbol{G}^{\mathrm{T}}\boldsymbol{S} \tag{4.18}$$

已知当前时步的位移和速度，由式（4.18）可求当前时步拉格朗日乘子（即接触力）。对接触状态的判断应遵循下列准则：

（1）脱离状态：

$$\boldsymbol{\Lambda}_n=0,\qquad \boldsymbol{\Lambda}_t=0 \tag{4.19a}$$

（2）黏着状态：

$$\Delta\boldsymbol{U}_n=0,\qquad \Delta\boldsymbol{U}_t=0 \tag{4.19b}$$

（3）滑动状态：

$$\Delta\boldsymbol{U}_n=0,\qquad |\Lambda_t|=f\Lambda_n+C_0A \tag{4.19c}$$

式中 Λ_n、Λ_t——接触力 Λ 的法向和切向分量；

ΔU_n、ΔU_t——接触面两侧的法向和切向相对位移；

A——接触点对应的接触面积。

用LDDA方法计算时，一般应遵照以下步骤进行：

（1）设已知 t 时刻的位移和速度，这可由问题的初始条件确定。假设接触面不开张、不滑移，则由式（4.18）可求接触力 $\boldsymbol{\Lambda}^t$。求出接触力后，由式（4.17）可求下一时步位移。

（2）若实际的接触力为拉力，即 $\Lambda_n^t>0$，则表明接触面是开张的，令 $\Lambda^t=0$，可由式（4.17）求下一时步位移。

（3）若接触面进入滑移状态，则应在迭代求乘子（接触力）的过程中，不断地用式（4.19c)约束，求下一时刻的位移。

4.2.3 关于瑞利阻尼系数的取值

在拱坝的动力分析中，材料阻尼一般取瑞利阻尼的形式：

$$\boldsymbol{C}=\alpha\boldsymbol{M}+\beta\boldsymbol{K} \tag{4.20}$$

式中，α、β 为瑞利阻尼系数。从式（4.20）可见，阻尼阵是质量阵与刚度阵的线性组合。Bathe and Wilson 指出了多自由度系统中[14]，瑞利阻尼系数与结构阻尼比和结构系统的圆频率有以下关系式：

$$\alpha+\beta\omega_i^2=2\omega_i\xi_i \tag{4.21}$$

即

$$\xi_i=\frac{1}{2}\left(\frac{\alpha}{\omega_i}+\beta\omega_i\right) \tag{4.22}$$

在式（4.21）和式（4.22）中，ξ_i、ω_i 分别是结构系统第 i 阶振型的阻尼比和角频率。

归一化阻尼比和角频率的关系见图 4.1。图中有 3 条曲线，其中一条为虚线，一条为点画线，一条为细实线，它们分别代表 $\beta=0$、$\alpha=0$ 和两者均不为零的情况。从图 4.1 中可见，与质量呈比例阻尼主要在低频段起作用，而与刚度呈比例的阻尼主要在高频段起作用。设细实线在 $\omega_{\min}$ 处取最小值：

$$\xi_{\min}=(\alpha\beta)^{\frac{1}{2}} \tag{4.23}$$

与 $\xi_{\min}$ 对应的角频率为：

$$\omega_{\min}=\left(\frac{\alpha}{\beta}\right)^{\frac{1}{2}} \tag{4.24}$$

由式（4.23）和式（4.24）得：

$$\alpha=\xi_{\min}\omega_{\min} \tag{4.25a}$$

$$\beta=\frac{\xi_{\min}}{\omega_{\min}} \tag{4.25b}$$

值得指出的是，阻尼比取最小值（与之对应的角频率为 $\omega_{\min}$）时，与质量呈正比的阻尼和与刚度呈正比的阻尼各占总阻尼力的 1/2。

当已知两个系统频率 ω_1、ω_2 和与其对应的阻尼比 ξ_1、ξ_2 时，由式（4.21）也可求得 α、β 的值：

$$\alpha=\frac{2\ (\xi_1/\omega_1-\xi_2/\omega_2)}{(1/\omega_1^2-1/\omega_2^2)} \tag{4.26a}$$

$$\beta=\frac{2\ (\xi_2\omega_2-\xi_1\omega_1)}{\omega_2^2-\omega_1^2} \tag{4.26b}$$

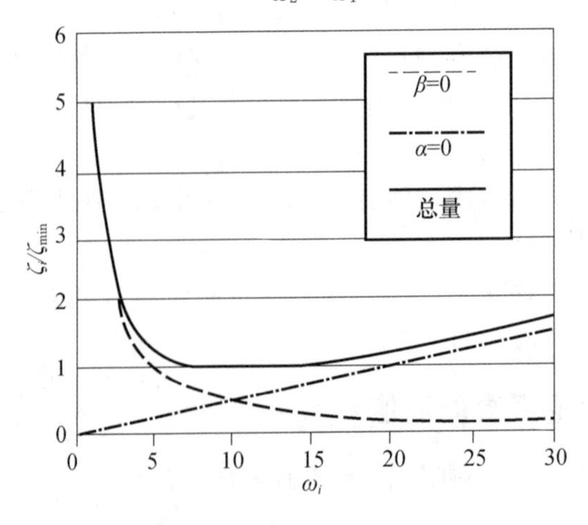

图 4.1　阻尼比与角频率关系曲线

4.2.4 关于计算时间步长

在LDDA和波动时域显式有限元的计算中，计算时间步长的确定非常重要，一方面时间步长不能太大，太大可能导致计算的不收敛；另一方面计算时间步长也不能太小，取值太小会使总的计算时间太长。一般来说，临界时间步长是单元的最小特征尺寸与P波波速的比值：

$$\Delta t_{\mathrm{crit}}=\min\left\{\frac{d_{\min}}{C_{\mathrm{P}}}\right\} \tag{4.27}$$

式中 $d_{\min}$——单元的最短边长；

C_{P}——P波波速。

函数min{}在全部单元上取极小值。式（4.27）只是临界时间步长的估计值，一般要乘以0.5的安全系数，因此，如果不计入与刚度呈比例阻尼的影响，则动力计算的时步为：

$$\Delta t_d=0.5\Delta t_{\mathrm{crit}} \tag{4.28}$$

如果考虑与刚度呈比例阻尼的影响，即$\beta\neq 0$，计算时步还需进一步减小。Belytschko（1983）提出了以下修正公式[15]：

$$\Delta t_\beta=\frac{2}{\omega_{\max}}\left(\sqrt{1+\lambda^2}-\lambda\right) \tag{4.29}$$

式中 $\omega_{\max}$——系统的最高特征频率。$\omega_{\max}$和λ由下式确定：

$$\omega_{\max}=\frac{2}{\Delta t_d} \tag{4.30}$$

$$\lambda=\frac{0.4\beta}{\Delta t_d} \tag{4.31}$$

β由式（4.25b）或式（4.26b）计算。需要指出的是，由本节确定的计算时间步长还只是一个初估值，在实际工程问题中，计算时步可能还要更小些，但可以通过试算很快确定下来。

4.3 LDDA的完善

4.3.1 动接触力的迭代求解方法

在上述LDDA方法求解多变形体的接触问题中，至关重要的一步是获得接触面上的接触力，但接触力与接触状态有关，因此，一般需要迭代求解。已有不少研究者提出了各种求解方法，包括实验误差法[16]、法向接触力和切向接触力的交替迭代法[17]、线性规划解法、直接约束法等[18-21]。这些方法有时能收敛，本节提出一种收敛速度极快的改进Uzawa方法[22]，它是以点对接触的接触力算法为基础，而又对全部接触力进行平衡迭代的新算法。这一方法的原理叙述如下[23]：

（1）假设初始状态为接触状态，由式（4.18）求接触力，由式（4.19）对接触力进行修正得$\boldsymbol{\Lambda}_k^t$。

（2）由式（4.17）求位移$\boldsymbol{u}_k^{t+\Delta t}$，下标$k$是迭代步。

(3) 求接触间隙：$\boldsymbol{u}_k^r=\boldsymbol{G}^{\mathrm{T}}\boldsymbol{u}_k-\boldsymbol{\delta}$，式中 $\boldsymbol{\delta}$ 为上一时步初始接触间隙。

(4) 由下式迭代求解接触力：

$$\boldsymbol{\Lambda}_{k+1}=\boldsymbol{\Lambda}_k-\boldsymbol{\rho}_k\boldsymbol{u}_k^r \tag{4.32}$$

(5) 停止迭代的条件是 $\boldsymbol{u}_k^r$ 足够小和 $\boldsymbol{\Lambda}_{k+1}$、$\boldsymbol{\Lambda}_k$ 充分接近。

上述迭代计算的第4) 步，$\boldsymbol{\Lambda}_{k+1}$ 为向量，代表全部接触点的接触力，因此，上述算法是对全部接触力进行平衡迭代的。在式（4.32）中 $\boldsymbol{\rho}_k$ 为松弛因子，是迭代成功的关键，刘金朝[16]给出了 Uzawa 迭代的松弛因子算法，算例表明：对于拱坝横缝在静力作用下的张开和闭合计算，该算法是难以收敛的。而对于法向接触力和切向接触力的交替迭代法[17]显然存在理论烦琐、编程复杂的缺点。

考察松弛因子的性质，它代表的是接触点的接触刚度。而涂劲[3]、刘晶波[2]在假设接触点对的法向和切向接触刚度以及各接触点之间接触状态完全独立、互不干扰的前提下，推导了接触点对法向和切向接触刚度，很显然，它可以作为式（4.32）中松弛因子的一阶近似解。因为接触力是在迭代求解过程中渐渐逼近真实解的，所以取松弛因子的一阶近似值，进行上述迭代能渐渐逼近真实状态，则松弛因子可由下式计算：

$$\rho_k^i=\frac{2m_i m_{i'}}{\Delta t^2\ (m_i+m_{i'})} \tag{4.33}$$

式中　m_i、$m_{i'}$——代表接触点对在 i 自由度上的集中质量；

Δt——计算时间步长；

ρ_k^i——松弛因子 $\boldsymbol{\rho}_k$ 在 i 自由度上的分量。

4.3.2 系数矩阵为大型稀疏矩阵的线性代数方程组的求解

在地震作用的波动分析中，一般均使用静动组合计算方法来求解静力问题。这样做的主要优点是可以用同一算法或程序进行静力的和动力的计算，避免求解系数矩阵为大型稀疏矩阵的线性代数方程组，因波动分析对数据的特殊要求（也因这一方法不必形成总刚），线性代数方程组系数矩阵的带宽往往是很大的。但这样做的缺点是增加了静力求解的时间。根据经验，在微机（CPU2.8GHz）上计算4万左右自由度，地震作用时间20s的实际工程问题，费时约36h。用于静力计算的时间大约12h，占全部机时的1/3。这样的计算效率显然太低。有必要研究高效静力求解器，提高计算效率。对大型稀疏矩阵的存储[24]一般有二维等带宽存储和一维变带宽存储方法，然而这两种存储方法对现在的波动反应分析因为带宽太大而不适用。比较理想的存储方案是非0存储，即将刚度矩阵的非0元素存储在一维数组，另用指示数组存储其地址。因为矩阵的稀疏性，非0存储只占用较少的内存。

对于大型线性方程组的求解一般使用迭代解法，迭代解可获得较高的计算精度，目前常用的迭代方法[24]有雅可比迭代法、高斯-赛德尔迭代法和超松弛迭代法。超松弛迭代法是高斯-赛德尔迭代法的一种加速方法，为了更好地提高计算效率，本书作者推荐采用这一方法。超松弛迭代法基本原理如下：

对于静力问题有限元方程由式（4.8a）变为：

$$\boldsymbol{K}\boldsymbol{u}=\boldsymbol{F} \tag{4.34}$$

式中　$\boldsymbol{K}$——刚度矩阵；

$\boldsymbol{u}$——总体位移向量；

$\boldsymbol{F}$——右端力向量。

由式（4.34）

$$(\boldsymbol{K}-\boldsymbol{K}_{\mathrm{diag}}+\boldsymbol{K}_{\mathrm{diag}})\ \boldsymbol{u}=\boldsymbol{F} \tag{4.35}$$

在式（4.35）中，$\boldsymbol{K}_{\mathrm{diag}}$为刚度矩阵$\boldsymbol{K}$的对角元素组成的矩阵，由式（4.35）可得由矢量表示的递推公式为：

$$\boldsymbol{u}^{k+1}=\boldsymbol{u}^{k}+\boldsymbol{K}_{\mathrm{diag}}^{-1}\ (\boldsymbol{F}-\boldsymbol{K}\boldsymbol{u}^{k}) \tag{4.36}$$

引入松弛因子$\boldsymbol{\omega}_{\mathrm{sor}}$以改进迭代的收敛速度式（4.36）可改写为：

$$\boldsymbol{u}^{k+1}=\boldsymbol{u}^{k}+\boldsymbol{\omega}_{\mathrm{sor}}\boldsymbol{K}_{\mathrm{diag}}^{-1}\ (\boldsymbol{F}-\boldsymbol{K}\boldsymbol{u}^{k}) \tag{4.37}$$

当$\boldsymbol{\omega}_{\mathrm{sor}}=1$时，迭代公式（4.37）即为高斯-赛德尔迭代；当$\boldsymbol{\omega}_{\mathrm{sor}}<1$时，式（4.37）为低松弛迭代；当$\boldsymbol{\omega}_{\mathrm{sor}}>1$时，式（4.37）为超松弛迭代。可以证明当系数矩阵对称正定，$0<\boldsymbol{\omega}_{\mathrm{sor}}<2$时，则解方程组的SOR方法一定收敛。

为了说明SOR方法的有效性和高的计算效率，举例：图4.2是某高拱坝地基系统网格剖分图，该系统单元总数12954，节点数15694，总自由度数37155，总刚中全部非0元素数2705103。计算该系统在坝体自重、温度荷载、水荷载作用下的静力反应，使用本节提出的系数矩阵非0存储的SOR迭代方法求解，松弛因子ω_{sor}取1.8，所花计算机时间为1min。图4.3是坝体顺河向静位移等值线图，坝体最大顺河向静位移为7.01cm。

所用微机型号为HP d530，奔Ⅳ CPU 2.80GHz，1GB内存。在同样微机上，系数矩阵用一维变带宽存储，求解用分块求解方法[25]，用SAP93计算，大约需要30min；若使用波动分析的动力方法计算静力问题，因达到静力平衡所需计算时步高达3万步，完成这一计算大约需要12h。可见SOR算法在求解大型稀疏矩阵方程时，有较高的计算效率。

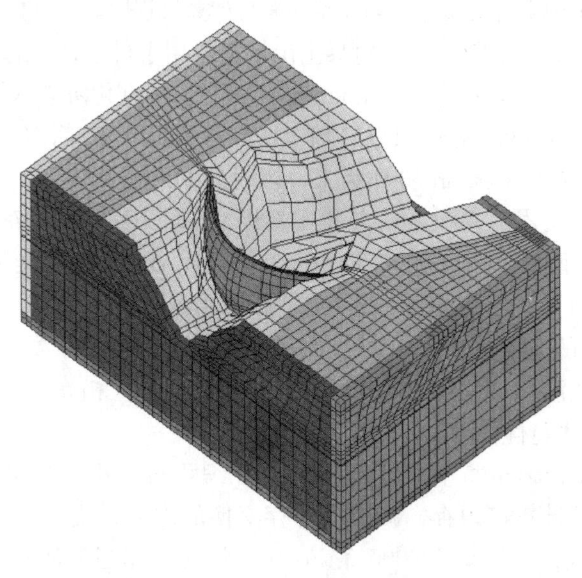

图4.2　高拱坝地基系统网格剖分图

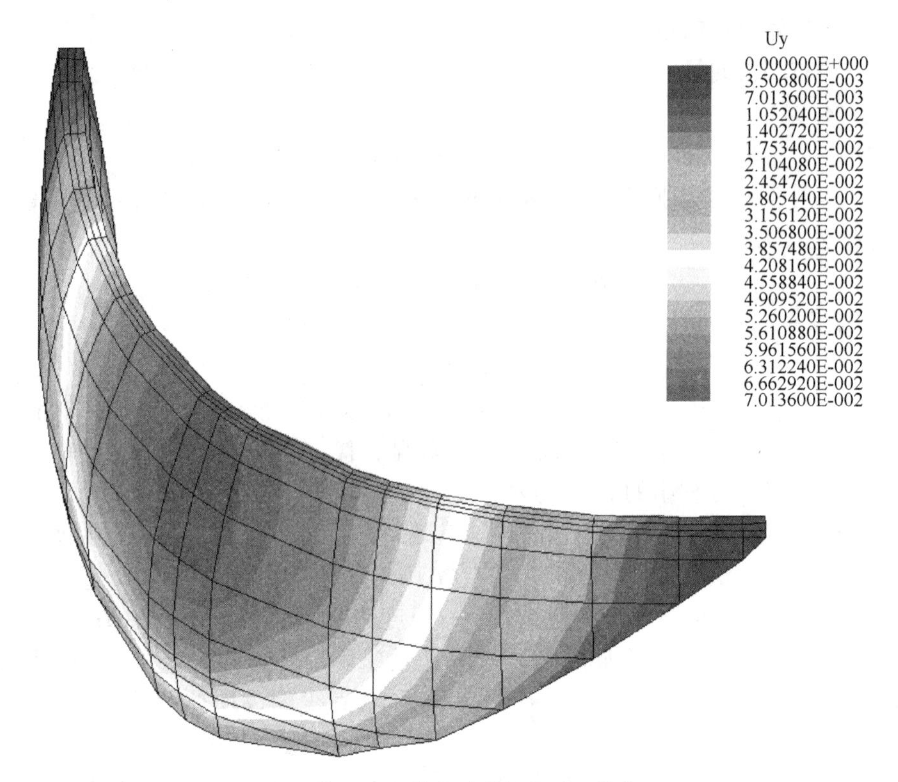

图 4.3 坝体顺河向静位移等值线图（单位：m）

4.4 LDDA 的计算机程序

要将 LDDA 理论用来解决实际问题，需要编写计算机程序。计算机程序设计语言，经历了从低级到高级的发展，而 Fortran 是世界上出现最早用于科学计算的高级语言[26-29]。1958 年出现了 Fortran Ⅱ，1962 年出现了 Fortran Ⅳ。美国国家标准化协会 ANSI 于 1966 年以 Fortran Ⅳ为基础制定了美国标准文本，即 ANSI _ 1966 FORTRAN，简称 Fortran 66。1972 年国际标准化组织 ISO 宣布将 Fortran 66 作为 ISO 当时的 Fortran 标准文本。1976 年，ANSI 对 Fortran Ⅳ提出了修订文本，并于 1978 年推出新标准 ANSI X3.9 _ 1978 Fortran，即 Fortran 77，它是国内广泛使用的文本；1991 年 Fortran 90 推出，我国国家标准是 GB/T 3057—1991；现在 Fortran 95 已经问世[29]。Fortran 95 与先前版本兼容性极好，从计算角度看，最大的改进在于对矩阵与矢量的运算，如矩阵 **A** 与矩阵 **B** 的积，可直接写为 A. x. B。当然，矩阵 **A** 与矩阵 **B** 应满足可积性条件，即矩阵 **A** 的行数与矩阵 **B** 的列数应相等。另外，功能强大的编译工具可以对程序代码进行优化。

本书作者使用 Fortran 95 直接手工编程，在编程过程中，尽量使用矢量和矩阵运算，尽可能多地利用计算机内存，减少内外存交换的次数是提高计算效率的有效途径。LDDA 的全部计算机程序只有约 6000 条 Fortran 语句，相当简洁明了，包含 60 多个子程序段，可以求解静力线性问题、静力接触非线性问题以及地震作用的动力线性和动力接触非线性问题。全部程序均是模块化的，LDDA 程序流程框图如图 4.4 所示。

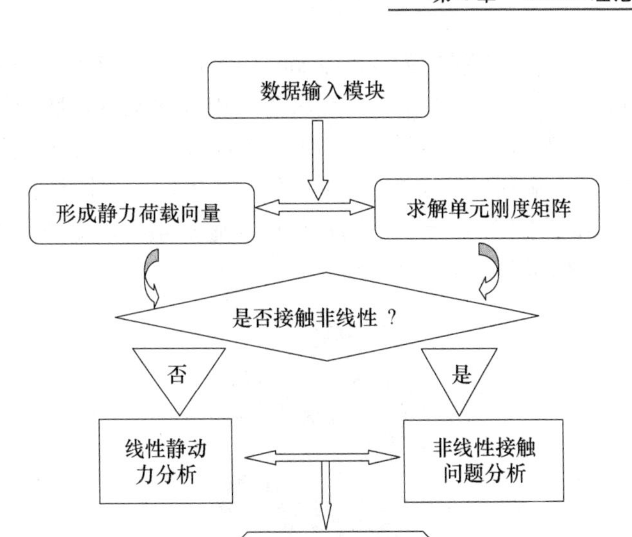

图 4.4　LDDA 程序流程框图

4.5　LDDA 算例

本节将用三个考题来验证 LDDA 理论和所编程序的正确性。

考题一：图 4.5 是两个 8 节点块体元，底部 6 个节点受约束，上部节点自由，且有一对双节点（节点 3、4），代表 3、4 节点处存在缝隙，在节点 1、2 处作用 Y 向水平集中荷载，大小为 1×10^8N，材料弹性模量为 1×10GPa，泊松比为 0.18，质量密度为 2400kg/m^3。不计自重的影响，在 Y 向水平集中荷载作用下，节点 3、4 是张开的（图 4.6）。用标准有限元方法计算 3、4 节点沿 X 向的张开度为 5.78mm。用 LDDA 方法按接触问题计算，瑞利阻尼系数 α=0.628、β=0.003，3、4 节点沿 X 向的张开度仍为 5.78mm。这表明 LDDA方法求解裂隙开裂问题有较高的精度。

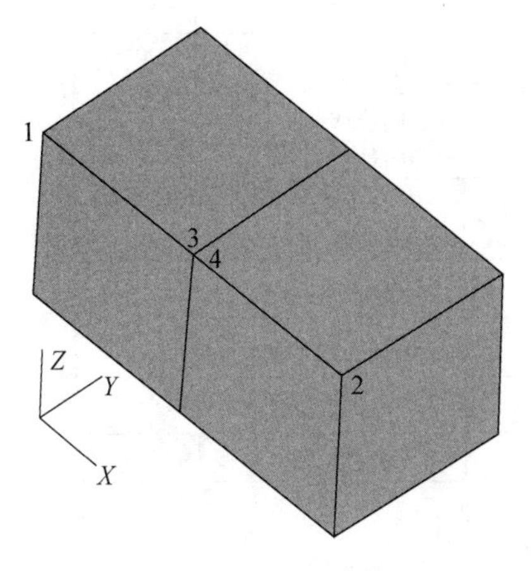

图 4.5　两个 8 节点块体元网格图

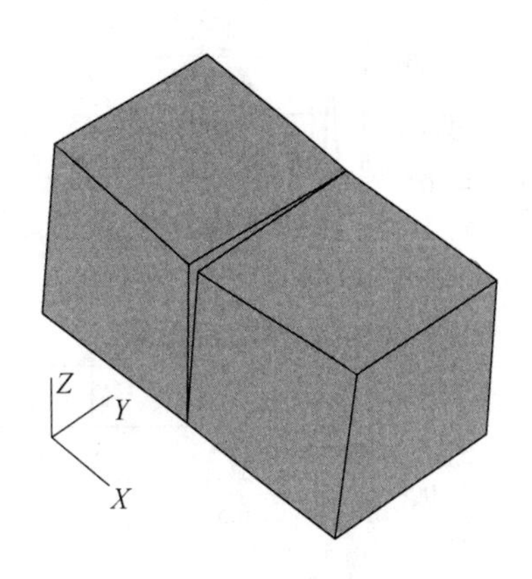

图 4.6　Y 向水平荷载作用下的开裂

考题二：图 4.7 是一长和宽均为 32m、高为 100m 的长方体，在中央部位有一水平切缝，因此，被分割为两个弹性块体，下部块体四周滚筒支撑，底部铰接，上部块体自由。两块体的弹性模量为 2.1×10^{10} N/m^2，泊松比为 0.18，材料密度为 2.4×10^3 kg/m^3，接触面摩擦系数为 1.0，瑞利阻尼系数 $\alpha=0.628$、$\beta=0.003$，计算时间步长取 2×10^{-4}s，总计算时间 3s。从零时刻开始，上、下两块体同时施加重力，则两块体从初始位移和初始速度为零的状态沉降，经几秒后达到静平衡。

图 4.7　长方体网格图

LDDA 较好地模拟了弹性块体的这种运动，图 4.5～图 4.7 分别给出了接触面中点位移、速度和加速度时程。由于问题的对称性，接触面中点 X 和 Y 向位移、速度和加速度都为零，图 4.8～图 4.10 很好地反映了这一事实。另外，图 4.8～图 4.10 也较好地反映了块体从运动到静平衡的过程。图 4.11 是接触面节点编号，表 4.1 是接触面上的接触力。接触力基本上也是对称性的，而全部接触力的和为 1.2288×10^9 N，刚好与上部块体的质量相等，这表明用 LDDA 方法求出的接触力精度是可靠的。

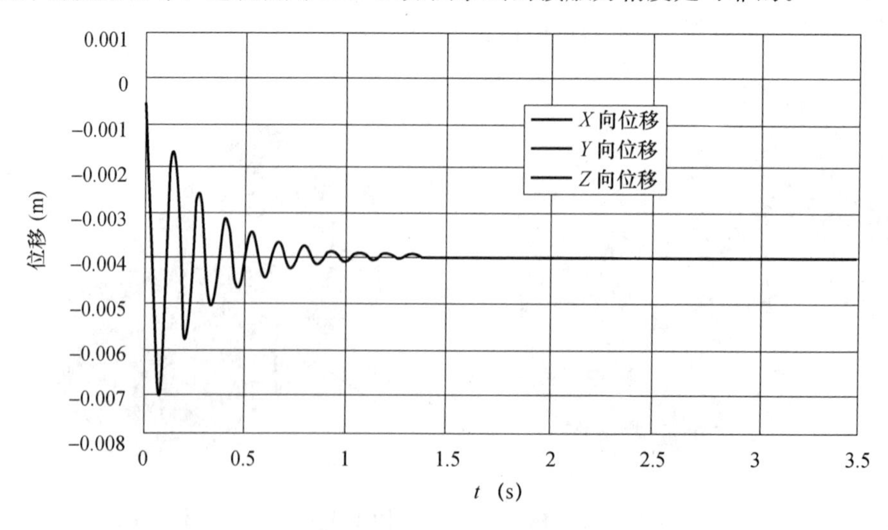

图 4.8　接触面中心点位移时程

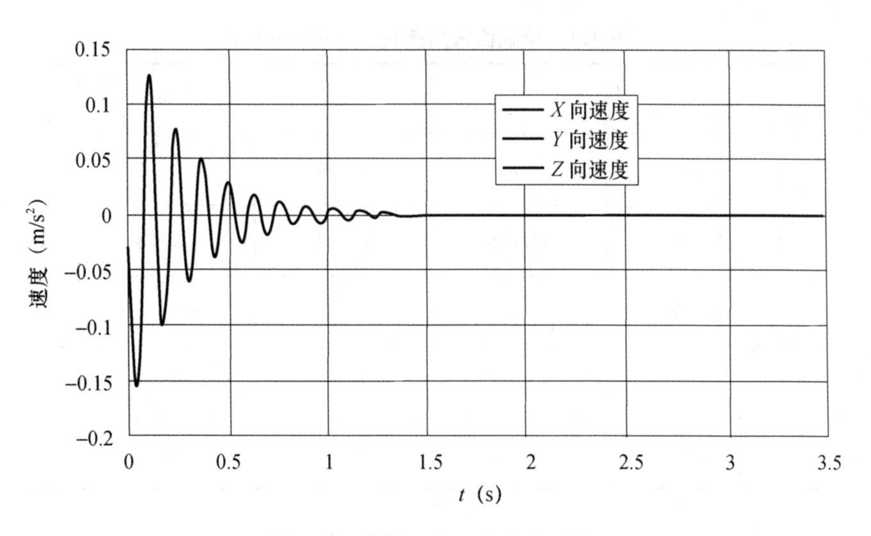

图 4.9 接触面中心点速度时程

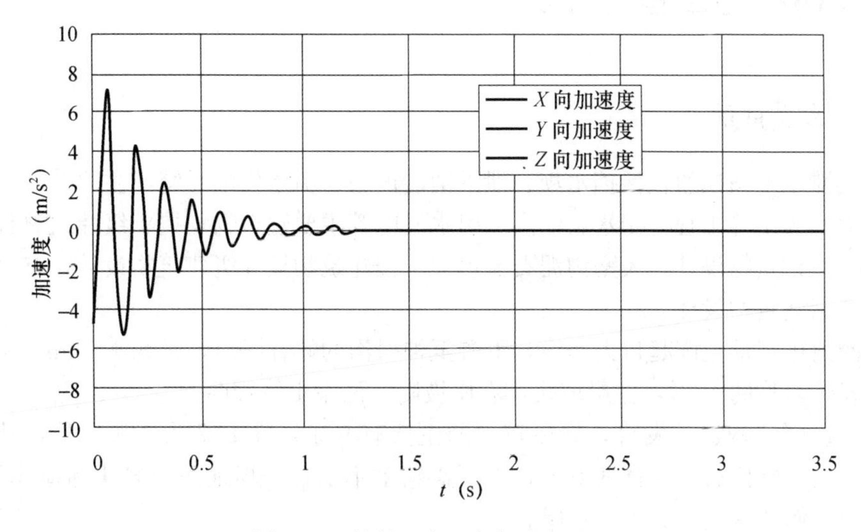

图 4.10 接触面中心点加速度时程

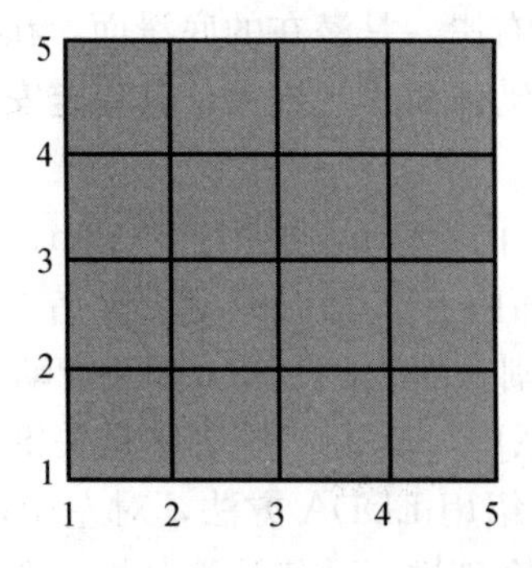

图 4.11 接触面节点编号

表 4.1 接触面法向接触力（单位：kN）

节点号	1	2	3	4	5
1	17.171	36.897	36.866	36.897	17.171
2	35.774	80.038	80.802	80.038	35.774
3	36.120	80.301	81.108	80.301	36.120
4	35.774	80.038	80.802	80.038	35.774
5	17.171	36.897	36.866	36.897	17.171

4.6 LDDA 在工程上的应用

4.6.1 工程背景

白鹤滩水电站枢纽包括挡水坝、泄洪消能设施、引水发电系统等主要建筑物。工程规模巨大，为Ⅰ等工程，挡水、泄洪、引水发电等主要建筑物均按 1 级建筑物设计，水垫塘按 2 级建筑物设计，大寨沟泥石流治理工程建筑物按 3 级建筑物设计，其余次要建筑物按 3 级建筑物设计。

白鹤滩中坝址范围起自大寨沟，下游至神树沟的峡谷河段，长约 1.7km。中坝址河谷为略显不对称的 V 形，左岸坡缓，右岸坡陡，两岸山体雄厚。

中坝址断裂构造较发育，规模较大的主要有 9 条，除 F17 为 NE 向外，其余均为 NW 向。断层延伸长，但宽度不大，上下盘错动不明显。坝址两岸风化卸荷作用较强，左岸风化、卸荷深度普遍大于右岸。

中坝址左岸边坡岩体含缓倾角的层内和层间错动带、近于竖直的断层和卸荷裂隙，层内和层间错动带缓倾上游偏右岸，是潜在的底滑面，在断层和卸荷裂隙的切割下，形成若干个可能滑动体。这些滑动体滑移规模大，其稳定安全对保证枢纽的正常安全运行至关重要。

左岸边坡的范围约为顺河向 550m，横河向 540m，竖向 385m，滑动块体由底面 LS337 和 C3-1 构成，上游侧面由 F14 和 f101 组成，左侧面由 F33 和 J101 等构成，在大块体内部受 J110 和 J101 切割，因此，形成了复杂滑动块体体系（图 4.12）。

在图 4.12 所示的块体体系中，其中 1 号块体是关键块体，1 号块体由 J110、f114 和 LS337 切割而成。本章将介绍用 LDDA 方法，对左岸边坡 1 号块体在静态和地震荷载作用下的失稳机理和稳定安全度进行数值计算分析，评价其稳定安全性，研究相应的加固处理措施并检验其效果。

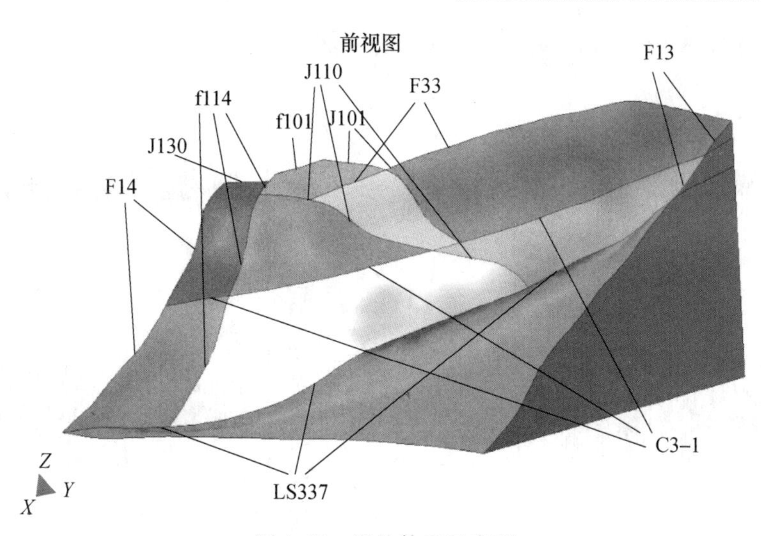

图 4.12 滑块体系示意图

4.6.2 基本资料

块体体系的结构面材料参数见表 4.2，静力作用为岩体自重和地下水的渗透压力。

表 4.2 各块体结构面材料参数

块体编号	结构面	加固前		加固后	
		f	C（MPa）	f	C（MPa）
1号	LS337	0.38	0.07	0.38	0.244
	f114	0.50	0.10	0.50	0.10
	J110	—	—	—	—
4-1号	C3-1	0.35	0.04	0.35	0.04
	f101	—	—	—	—
	f114	0.50	0.10	0.50	0.10
	J101	—	—	—	—
2+3号	LS337	0.39	0.05	0.39	0.106
	J110	—	—	—	—
	F33	—	—	—	—
	F13	—	—	—	—

工程场址所在区域隶属于地震活动强烈的川、滇地震带，历史地震对场址的最大影响烈度为Ⅷ度。场址附近的宁南—巧家段是中小地震频繁发生的地区，但历史地震活动的水平较低，属中强地震活动区；场址周围 40km 范围内历史上无 6 级以上地震记载，场址地震危险性主要来自外围地震带强震活动的影响。根据中国地震局分析预报中心提出的《金沙江白鹤滩水电站坝址设计地震动参数确定报告》，并经中国地震局批复，初步设计阶段工程场址区的地震基本烈度为Ⅷ度。采用 50 年期限内超越概率 5%的基岩峰值加速度为设计地震加速度，即水平向地震动峰值加速度 PGA 为 0.212g，竖直向为 0.141g。

进行了三组地震波作用下的计算分析，依次为谱拟合生成的人工波、白鹤滩场地波和按峰值调整后修正的KOYNA波（图4.13～图4.15）。

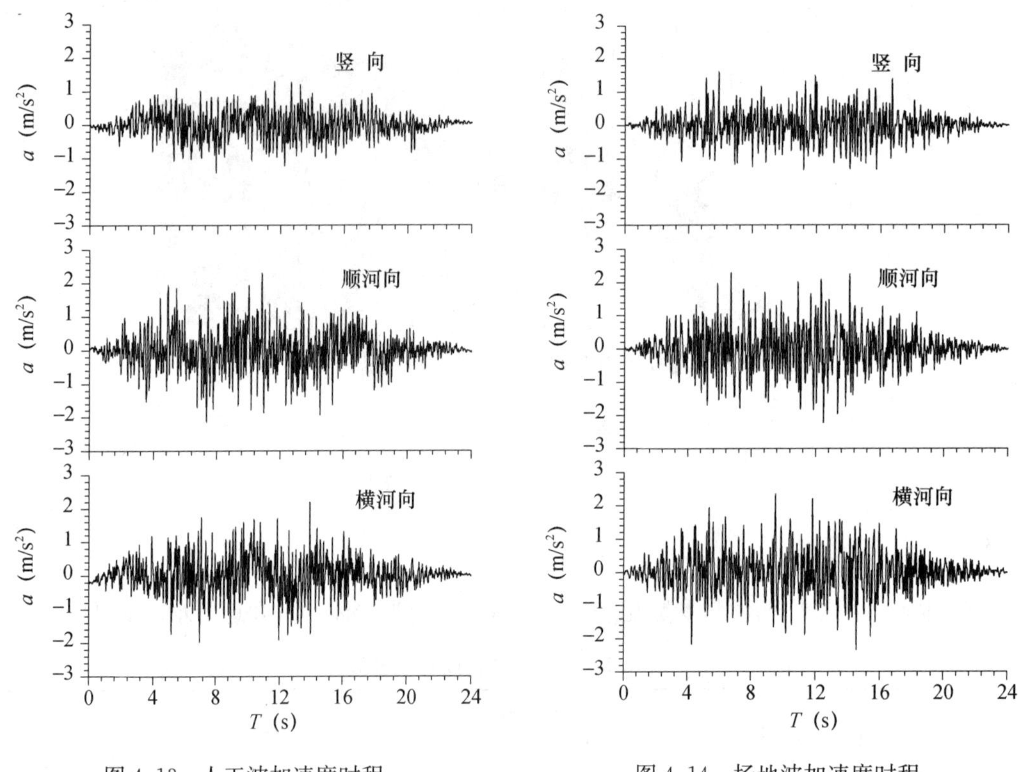

图4.13 人工波加速度时程

图4.14 场地波加速度时程

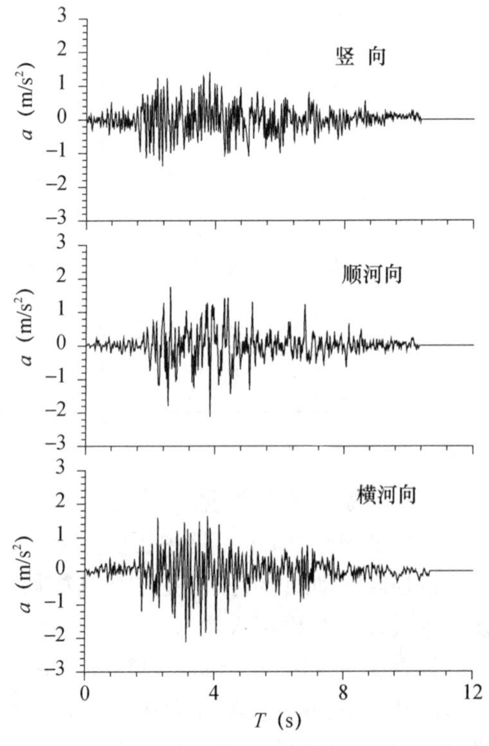

图4.15 按峰值调整后修正的KOYNA加速度时程

4.6.3 有限元模型

在考虑材料分区和各断层、错动带的基础上，进行了有限元网格剖分，坐标系为右手系，X为横河向，Y为顺河向，Z为竖直向。为了便于波动分析中地震动的输入，有限元剖分范围较实际滑坡体大，横河向约为770m，顺河向约为1070m，竖向约为540m，单元总数为29328个，节点总数为39561个，总自由数为105264个。全部缝面的双节点数为1842个。有限元网格剖分见图4.16，1号块体是整个块体体系的一部分，其网格剖分见图4.17。

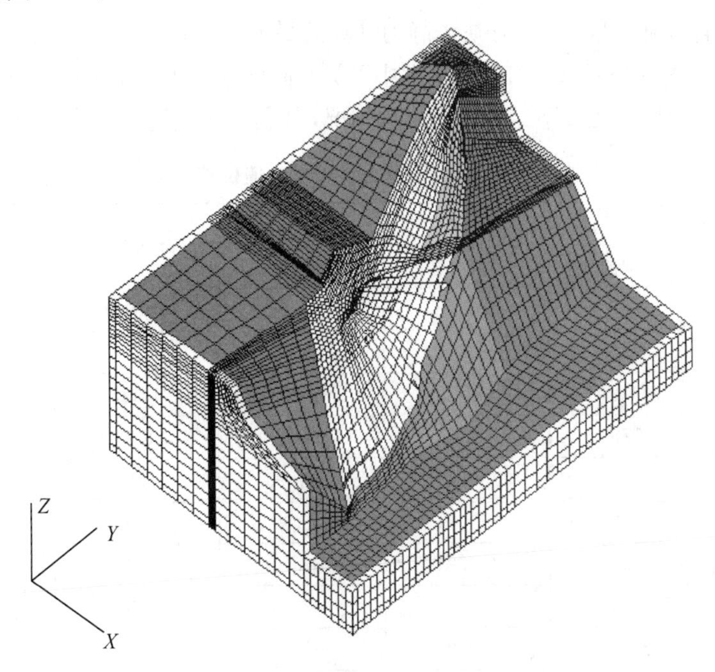

图4.16 有限元网格剖分图

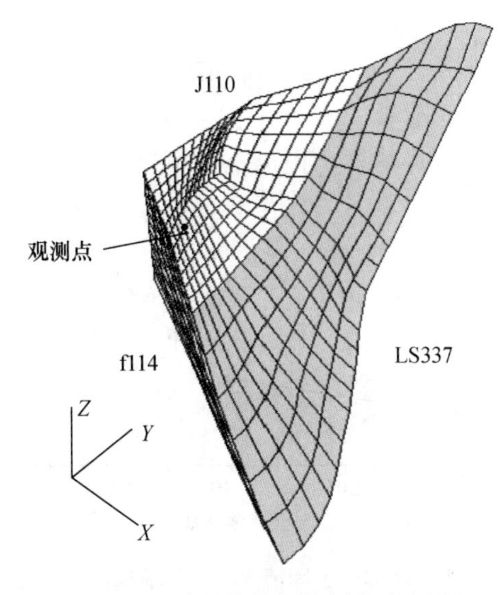

图4.17 1号块体网格剖分示意图

4.6.4 计算结果及分析

本书给出降强系数与地震超载系数的定义如下：降强系数是指结构面抗剪强度（f、C）除以某一数值。据此，求出静动力分析中的强度储备安全系数。地震超载系数，是指动力计算时实际作用的地震加速度为设计加速度与地震超载系数之积。据此，求出动力分析中的地震作用超载安全系数。在以下章节将对边坡静动位移、结构面张开度以及地震反应加速度进行分析研究，并确定白鹤滩左岸边坡的抗震安全度。

4.6.4.1 静位移分析

表 4.3 为各降强系数下，1 号块体静力计算的最大位移值，为此绘制了降强与横河向位移关系曲线（图 4.18 和图 4.19），从图中可见，降强系数大于 1.15 时，1 号块体横河向位移明显增大，可以得出以下结论：未加固情况，1 号块体的静力安全系数约为 1.12。

表 4.3 1 号块体静力计算最大值位移（cm）

降强系数	X、Y、Z 方向			降强系数	备注
	横河向	顺河向	竖 向		
1.00	2.25	−1.72	−6.68	1.00	非加固方案
1.10	3.20	−2.03	−7.38	1.10	
1.13	4.33	−2.53	−8.28	1.125	
1.15	5.85	−3.25	−9.13	1.15	
1.20	11.11	−5.43	−11.93	1.20	
1.00	1.78	−1.71	−6.43	1.00	加固方案
1.20	1.97	−1.84	−6.70	1.20	
1.30	2.28	−2.00	−7.05	1.30	
1.40	2.82	−2.24	−7.56	1.40	
2.00	发散	发散	发散	2.00	

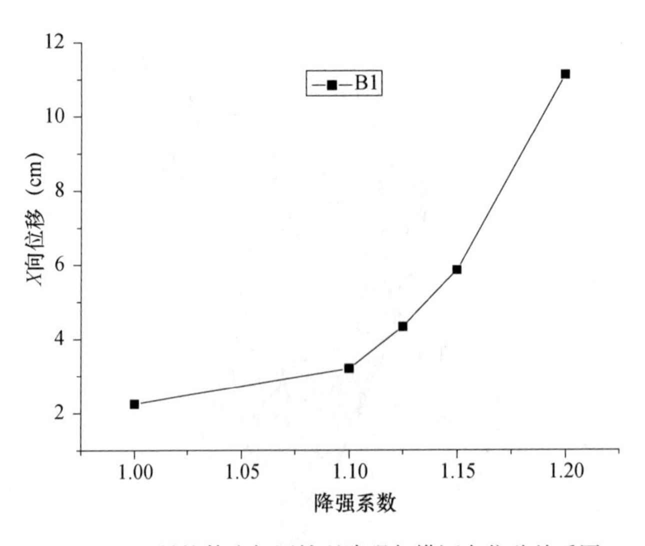

图 4.18 1 号块体未加固情况降强与横河向位移关系图

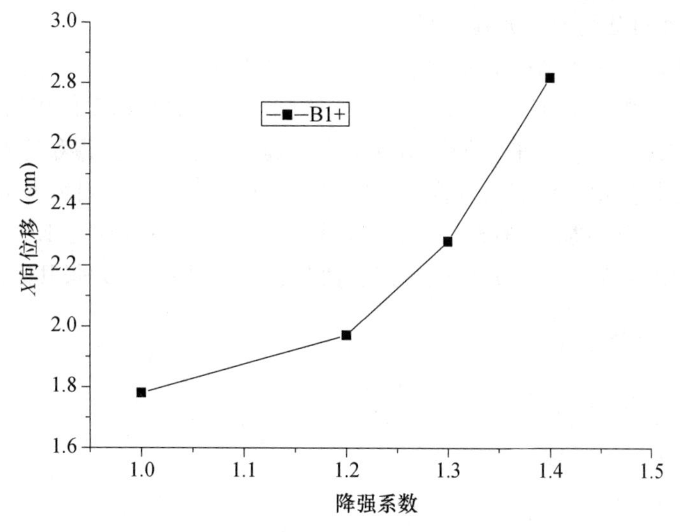

图 4.19　1 号块体加固情况降强与横河向位移关系图

对于加固情况，当降强系数为 2.0 时，块体基本滑出。从图 4.19 中看，降强系数大于 1.3 时，块体横河向位移明显增大，可以得出以下结论：加固情况，1 号块体的静力安全系数约为 1.25。

4.6.4.2　地震作用后残余变形分析

从动力计算结果可见，对规范波而言，1 号块非加固方案，最大残余变形发生在 1 号块体的下边缘；地震作用系数大于 1.0 时，X 向残余变形突然增大，因此，可确定 1 号块非加固方案超载安全系数约为 0.86；对于 1 号块体加固方案，规范波作用下，地震作用系数小于 1.48 时，残余变形无突变，但地震作用系数加大到 1.557 时，计算发散，因此，1 号块体加固方案规范波动力加载安全系数约为 1.48；而柯依波和场地波的 1 号块体加固方案动力加载安全系数均较大，在 3.11 以上。可见动力分析中，影响块体稳定的关键因素与地震波的长周期分量有关。图 4.20 所示给出 1 号块体加固情况下人工波地震超载系数与 X 向最大残余变形关系。

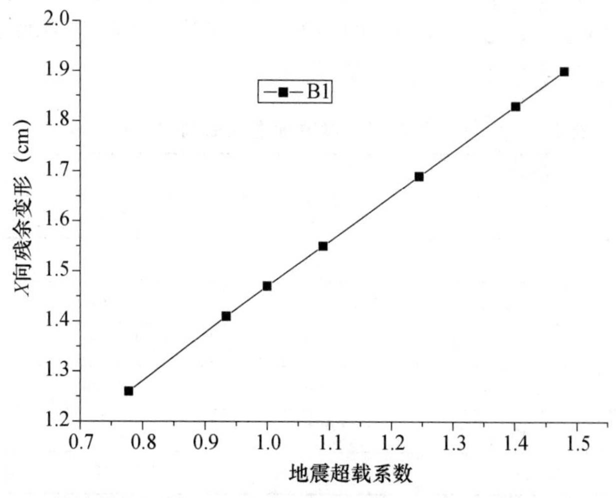

图 4.20　1 号块体加固情况人工波地震超载系数与 X 向最大残余变形关系

4.6.4.3 地震作用结构面张开度分析

对于1号块体，从各结构面张开度等值线图可见，结构面J110基本拉开，且未加固情况地震作用系数为1.09时，f114大部分拉裂，加固情况地震作用系数达1.479时，f114只有部分拉裂，这说明采取加固措施极大地提高了边坡的抗震稳定性。

如果以最大张开度的突变为判据，可以得出：1号块体未加固情况人工波地震作用超载安全系数为0.86；加固情况人工波地震作用超载安全系数约为1.25，图4.21所示给出1号块体加固情况下人工波地震超载系数与J110结构面最大张开度的关系。

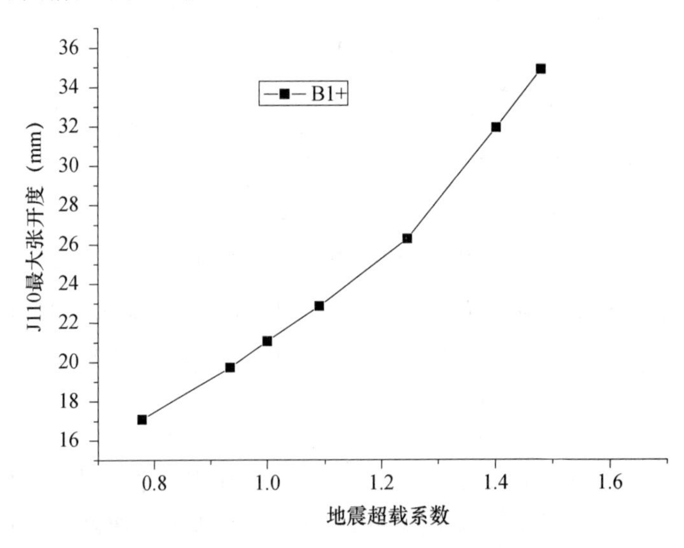

图4.21 1号块体加固情况人工波地震超载系数与最大张开度关系

4.6.4.4 地震反应加速度分析

边坡不同高程处加速度输出点见图4.22，表4.4给出设计地震作用下边坡不同高程处加速度输出点的峰值加速度，图4.23为绘出设计地震作用下，峰值加速度随高程的变化情况。由表4.4和图4.22、图4.23可知，白鹤滩左岸边坡随高程的增高，加速度有所放大，且呈现加速度放大横河向大于顺河向，顺河向大于竖向的特点。由于加速度放大与地形、地质条件，以及有限元网格等因素有关，在此获得的结论，还不能作为普遍规律，仅供白鹤滩水电工程设计参考。

表4.4 设计地震作用下峰值加速度沿高程分布（m/s^2）

高程（m）	横河向	顺河向	竖向	备注
808.88	5.48	4.10	2.59	
799.37	4.07	3.67	2.81	
772.36	2.88	3.35	2.90	
741.36	2.96	3.32	4.01	
698.27	3.40	2.90	2.85	
657.89	1.80	2.35	1.35	
629.97	1.69	2.19	1.57	

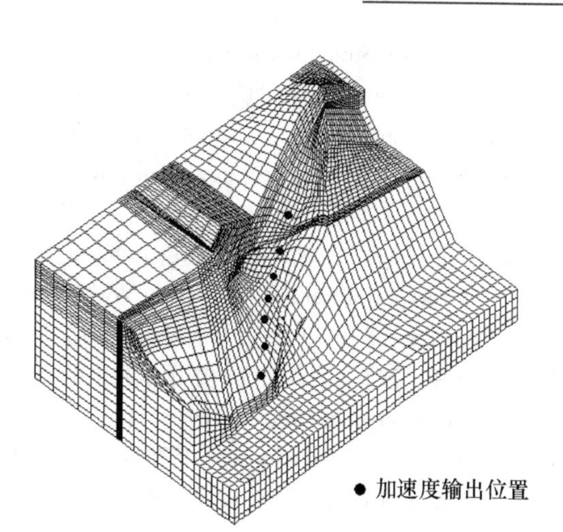

图 4.22　加速度输出点位置示意图

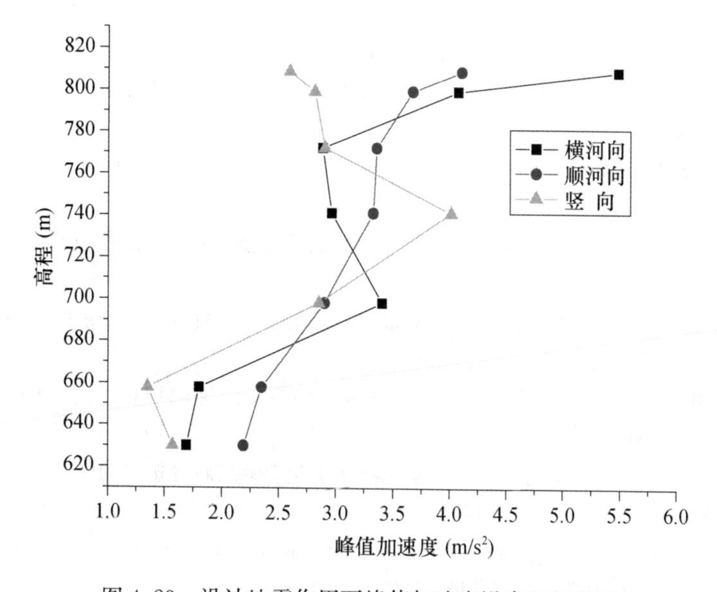

图 4.23　设计地震作用下峰值加速度沿高程的变化

参考文献

[1] 张伯艳，李德玉．白鹤滩水电站左岸边坡抗震分析［J］．工程力学，2014，31（增）：149-154.

[2] 刘晶波、王铎．考虑界面摩擦影响的可接触型裂纹动态分析的动接触力模型［A］．弹性动力学最新进展［C］．北京：科学出版社，1995.

[3] 涂劲．有缝界面的混凝土高坝：地基系统非线性地震波动反应分析［D］．北京：中国水利水电科学研究院博士学位论文，1999.

[4] 张伯艳，陈厚群，涂劲．基于动接触力法的拱坝坝肩抗震稳定分析［J］．水利学报，2004（10）：7-12.

[5] Chen Houqun，Tu Jin，Zhang Boyan. Assessment of seismic stability of foundation of arch dam abutment［A］．地震工程学新进展与新挑战国际学术讨论会［C］．哈尔滨，2002.

[6] Chen Houqun, Tu Jin, Zhang Boyan. Study on seismic behavior of XiaoWan high arch dam [A]// Commission International, Des Grands Barrages [C]. Montreal, 2003.
[7] Chen Houqun, Li Min, Zhang Boyan. Input ground motion selection for XiaoWan high arch dam, 3th World Conference on Earthquake Engineering, Vancouver, B. C. , Canada, August 1-6, 2004.
[8] Kolsky, H. Stress waves in solids [M]. New York: Dover Publications, 1963.
[9] Biggs, J. M. . Introduction to structural dynamics [M]. New York: McGraw-Hill College, 1964.
[10] Clough, R. W. J. Penzien. Dynamics of structures [M]. New York: McGraw-Hill, Inc. , 1993.
[11] 朱伯芳．有限单元法原理与应用 [M]. 2 版．北京：中国水利水电出版社，1998.
[12] Cai Y. , He T. , Wang R. Numerical simulation of Dynamic process of the Tangshan earthquake by a new method LDDA, Pure and Applied Geophysics, 157 (11-12), 2083-2104, 2000.
[13] 李小军、刘爱文．动力方程求解的显式积分格式及其稳定性与适用性 [J]. 世界地震工程，2000，16 (2)：8-12.
[14] Bathe, K. J. , and E. L. Wilson. Numerical Methods in Finite Element Analysis [M]. Englewood Cliffs, New Jersey: Prentice-Hall, Inc. , 1976.
[15] Belytschko, T. , An overview of semidiscretization and time integration procedures, in Computational Methods for Transient Analysis, Ch. 1 pp 1-65, T. Belytschko and T. J. R. Hughes, Eds. New York: Elsevier Science Publishers, B. V. , 1983.
[16] 刘金朝，蔡永恩．求解接触问题的一种新的实验误差法 [J]. 力学学报，2002，34 (2)：286-290.
[17] 刘金朝，王成国，梁国平．多弹性体接触问题的数值算法 [J]. 中国铁道科学，2003，24 (3)：69-73.
[18] 原亮明，王成国，刘金朝，等．一种求解多体系统微分：代数方程的拉格朗日乘子方法 [J]. 中国铁道科学，2001，22 (2)：52-54.
[19] 黎勇，栾茂田．非连续变形计算力学模型基本原理及其线性规划解 [J]. 大连理工大学学报，2000，40 (3)：351-357.
[20] 杜丽惠，邓良军，陈宏钧，等．直接约束法在水工建筑物接触分析中的应用 [J]. 清华大学学报 (自然科学版)，2003，43 (11)：1534-1537.
[21] Chang Xiaolin, Zhou Wei. Contact model based on augmented lagrange method and its engineering application [J]. 岩石力学与工程学报，2004，23 (9)：1568-1573.
[22] Bramble, J. Pasciak J, Vassilev A. Analysis of the inexact Uzawa algorithm for saddle point problems [M]. Math Comp, 1997, 34: 1072-1092.
[23] 张伯艳，陈厚群．LDDA 动接触力的迭代算法 [J]. 工程力学，2007，24 (6)：1-6.
[24] 王勖成，邵敏．有限单元法基本原理和数值方法 [M]. 北京：清华大学出版社，1997.
[25] Bathe, K. J. , and E. L. Wilson. Numerical methods in finite element analysis. Englewood Cliffs, New Jersey: Prentice-Hall, Inc. , 1976.
[26] 桂良进，王军，董波．Fortran PowerStation 4.0 使用与编程 [M]. 北京：北京航空航天大学出版社，1999.
[27] 马瑞民，衣治安．Fortran 90 程序设计 [M]. 哈尔滨：哈尔滨工程大学出版社，1998.
[28] 彭国伦．Fortran 95 程序设计 [M]. 北京：中国电力出版社，2002.
[29] 徐士良．Fortran 常用算法程序集 [M]. 2 版．北京：清华大学出版社，1995.

第5章　基于强度折减原理的有限元方法

05

5.1　引言

虽然极限平衡分析方法为边坡稳定分析所常用，但鉴于地形地貌、边坡体土介质和荷载条件的多样性，在边坡静动力分析中，还常需要用到有限元方法。有限元方法可以满足复杂的几何边界条件和材料非线性特性，同时也可以模拟有限条数的岩体结构面。与传统的极限平衡方法比较，有限元法不需要提前假设滑动面的位置和形状，还能分析边坡土体的应力应变、位移等的分布情况。有限元方法的缺点是不能直接给出安全系数，但通过强度折减，可以较好地克服这一缺陷。

借助有限元分析通用软件，模拟真实边坡的几何形状、材料性质、荷载工况等要素，并将模型划分有限的、能够表示实际连续域的离散单元进行计算求解，从而推演判定边坡的平衡与失稳状态。

在实际工程应用中，土体的强度参数常用凝集力 c 和摩擦角 φ 来表征，ANSYS/LS-DYNA 有限元通用软件可以直接使用这两个参数，无须进行复杂的参数变换，加上后处理软件 LS-PREPOST 的高效和可视化，以及 LS-DYNA 强大的动力分析能力，我们推荐使用这款软件进行边坡稳定强度折减有限元分析。

本章介绍有限元强度折减方法、实现途径和算例验证以及工程应用，此外，还创造性地提出将有限元强度折减方法与极限平衡方法相结合使用，可使极限平衡计算能更精确地发现滑动面的位置和形状，从而较好地获得边坡整体稳定安全系数。

5.2　有限元强度折减方法

5.2.1　强度折减法原理

在土质边坡的有限元稳定分析中，常将边坡体作为非线性材料处理，应用较广泛的是 Druker-Prager 屈服准则的弹塑性模型，这一材料模型在大型有限元分析软件如 ANSYS、MARC、PATRAN、NASTRAN 中均普遍采用[1-2]，然而，与 Druker-Prager 准则相比，摩尔-库仑（Mohr-Coulomb）准则不仅能反映土体的抗压强度不同的 S-D 效应（Strength Difference Effect）及对静水压力的敏感性，而且土体参数 c、φ 值（凝集力和摩擦角）可以通过各种不同的常规试验测定，因此与其他准则相比，更易为工程界所接受[3]。虽然有些文献推导了 Druker-Prager 准则与 Mohr-Coulomb 准则参数的换算关系[1]，但直接使用 Mohr-Coulomb 准则进行计算更方便，计算结果也更准确，因此本章使用 Mohr-Coulomb 屈服准则的弹塑性模型模拟边坡土体。

在摩尔-库仑屈服准则下进行强度折减的边坡稳定性分析，其基本原理是将边坡材料的强度参数进行同比例的折减，反复试算，使折减后边坡结构有限元计算结果逐渐逼近边坡失稳的临界状态，该临界状态时的折减系数被认为是边坡的稳定安全系数，其中，拟进行强度折减的参数是凝聚力 c 以及内摩擦角 φ，具体的折减公式如下：

$$\tau'=\frac{\tau}{F_s}=\frac{\sigma\tan\varphi+c}{F_s}=c'+\sigma\tan\varphi' \tag{5.1}$$

$$c'=c/F_s \tag{5.2}$$

$$\varphi'=\arctan\ (\tan\varphi/F_s) \tag{5.3}$$

对于静力分析而言，判断边坡模型失稳的临界状态，主要有以下判别标准[1]：

(1) 以有限元数值计算迭代过程不收敛作为判别标准；

(2) 以等效塑性应变从坡脚到坡顶贯穿作为判别标准；

(3) 以滑动土体无限移动作为判别标准，此时土体滑动面上特征点的应变和位移发生突变且无限发展。

等效塑性应变是用来确定材料经强化后屈服面位置的物理量，用塑性应变增量的简单组合来确定，其定义式如下：

$$\overline{\varepsilon_p}=\sum\Delta\overline{\varepsilon_p},\ \Delta\overline{\varepsilon_p}=[(\Delta\varepsilon_p)^T\ (\Delta\varepsilon_p)]^{\frac{1}{2}} \tag{5.4}$$

对边坡而言，利用有限元强度折减方法，使边坡处于临界破坏状态时，临界滑面上的点往往是沿深部方向的等效塑性应变最大的地方，因此可以根据临界平衡状态的等效塑性应变分布来估计临界滑面。

边坡动力失衡的准则，可参照上述静力分析的边坡失稳判别准则来定。但地震具有往复振动的特征，且模型整体非线性使得很难预估边坡的破坏形态，因此将以位移、等效塑性应变等动力响应，综合判断边坡是否失稳。

利用极限平衡法分析边坡的稳定性，一般需要设定初始滑面，再通过单纯形法或其他优化方法，计算出临界滑面，临界滑面对初始滑面有较大的依赖，如果初始滑面选择不当，则难以找到合适的临界滑面。与之相比，强度折减法则不需要这一步骤，其安全系数可以直接求得；另外，用 ANSYS/LS-DYNA 进行强度折减动力有限元分析，利用后处理软件 LS-PREPOST 可以显示边坡在地震作用下的整个滑动过程，具有一定的直观性和优越性。

5.2.2 有限元强度折减方法的实现

对于线性材料的静力和动力有限元分析，目前理论比较完善且易于操作，在大型有限元分析软件 ANSYS、ANSYS/LS-DYNA 中只要在命令流文件中用 MP 设置材料参数 [如密度 (DENS)、弹性模量 (EX)、泊松比 (NUXY) 等]，就能够顺利实现参数的输入。然而在强度折减有限元方法中，由于将边坡体作为非线性材料处理，需要增加材料的 c (凝集力)、φ (摩擦角) 值，而 MP 命令只能输入个别常用参数，因此需要在

运算初步形成的 * K 文件中修改其材料定义（MATERIAL DEFINITIONS）部分的内容，将 * MAT _ ELASTIC 改为 * MAT _ MOHR _ COULOMB，除了输入基本的密度、弹性模量、泊松比以外，还要增加相应的 c、φ 值，以使计算能够按照非线性进行。

不断同比例的增大或者缩小 c、$\tan\varphi$ 值，直到等效塑性应变从坡脚到坡顶贯穿，或计算不收敛，或滑动土体无限移动，一般认为只要满足其一，此时的边坡进入临界失稳状态，其缩放比例F_s就是强度折减法的折减系数，也可以认为是边坡的最小安全系数。动力稳定性计算是在静力计算结果的基础上进行动力分析，以位移、等效塑性应变等动力响应为标准来综合判断边坡是否失稳。

5.2.3　数值算例验证

为了验证上述有限元强度折减方法的效果，采用一个二维均质土坡，利用强度折减原理计算其稳定安全系数。该算例被众多文献引用[4-6]，坡面几何形状如图 5.1 所示，坡高 10m，坡角 26.56°，材料参数，凝集力：$c=3.0\text{kN/m}^2$，摩擦角：$\varphi=19.6°$，密度：$\gamma=20\text{kN/m}^3$，弹性模量：$E=10\text{MPa}$，泊松比：$\mu=0.25$。在自重作用下，通过选用不同的折减系数，用 LS-DYNA 程序计算边坡的静力反映。图 5.2 是折减系数为 1 时边坡的等效塑性应变，从坡脚到坡顶基本贯穿。若以等效塑性应变从坡脚到坡顶贯穿作为边坡失稳的判别标准，则得到算例边坡的静力稳定安全系数约为 1.0，与极限平衡方法所得安全系数一致。

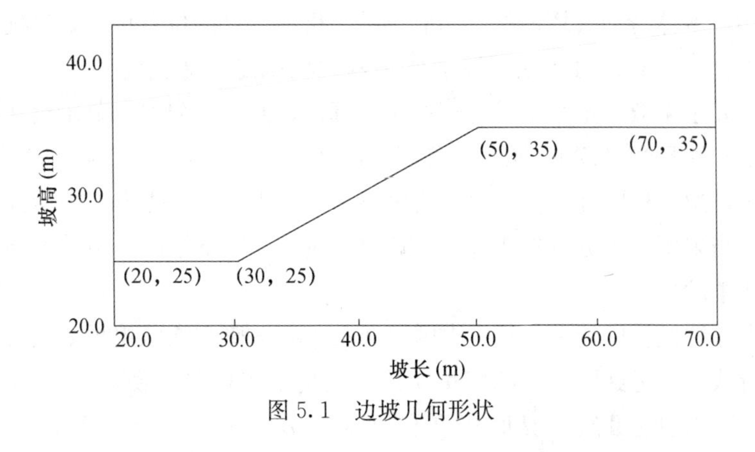

图 5.1　边坡几何形状

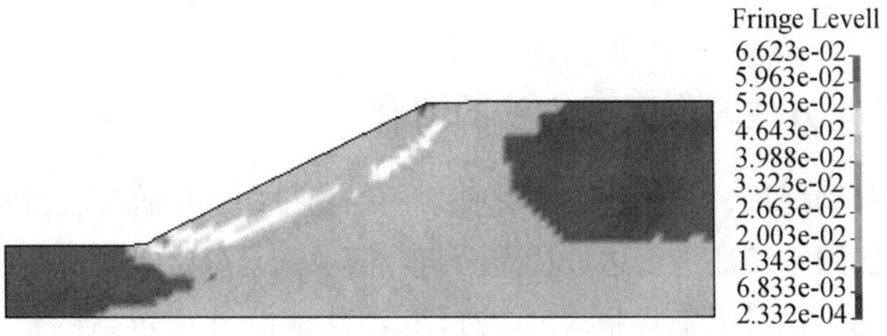

图 5.2　边坡等效塑形应变

5.3 有限元方法与极限平衡方法的结合

5.3.1 极限平衡方法原理

极限平衡的原理和方法可参见相关文献[4,7]，采用极限平衡方法进行边坡在地震作用下的稳定分析计算，其实质利用的是拟静力方法，也就是将作用于边坡体上的地震惯性力作为大小和方向均不变的静力荷载施加在边坡体上。对于一个系统而言，其极限平衡状态是指系统从静力平衡状态转为塑性流动状态的临界状态。对于边坡的极限平衡分析最重要的一点就是确定极限平衡面，即当总的抗滑力等于总的下滑力时的一个潜在破坏面，此时该面上的土体处于极限平衡状态。

基于边界和参数的不确定性，从安全角度考虑，极限平衡计算分上限解和下限解，所谓上限解和下限解是引自岩土塑性力学极限分析的概念，用于边坡稳定分析可以做如下表述：

对于整体滑动破坏模式，如果沿滑面达到极限平衡，且假定滑体内的应力状态都在屈服面内，则相应的安全系数一定小于真实的相应值，此即下限解。传统的圆弧法如瑞典条分法、简化毕肖普法，垂直条分法如简布法、摩根斯坦-普赖斯法（M-P 法）、传递系数法等都属于此类。

对于整体或解体滑动破坏模式，相应于某一机动许可的位移场，如果确保滑面上和滑体内错动面上每一点，对于土质或散体结构边坡则是滑体内每一点，均达到极限平衡，则相应的安全系数一定大于或等于相应的真值，此即上限解。萨尔玛法、潘家铮分块极限平衡法和能量法（EMU 法）等都属于此类。

规范规定，边坡稳定性分析一般采用极限平衡下限解法，当有充分论证时，可以使用上限解法。当采用多种分析方法进行计算时，应取不同下限解法中的最高值，但不能超过上限解法中的最低值。

目前各类计算机软件较多，其中中国水利水电科学研究院陈祖煜院士开发的 STAB 边坡稳定分析软件，得到了较好的应用，其原理是采用极限平衡法，包括瑞典法、毕肖普法、陆军工程师团法、罗厄法和传递系数法、Morgenstern-Price 法和 Spencer 法等。

5.3.2 极限平衡方法与有限元方法的结合

极限平衡法作为堤坝、天然边坡和其他岩土结构中主要的稳定性分析方法，具有一定的优势。运用极限平衡法进行边坡稳定分析，其关键是确定极限平衡初始滑动面，从而计算出临界滑动面，对于临界滑动面的选取，其求解方法包括网格法、单纯形法、遗传算法、DFP 法、模拟退火算法、蚂蚁算法和粒子群算法等[4]。虽然有很多种算法，但也都存在一些问题。一方面，对于实际边坡而言，其结构形状和材料性质均复杂多样，临界滑动面并非规则的圆弧；另一方面，滑动面的选取过程需要借助一定的工程经验，且存在一定的不确定性，初始滑动面选取位置的不同也会导致临界滑动面的不同。

因此，为了使计算结果更加准确可靠，本章提出，将极限平衡方法与基于强度折减的有限元方法进行结合，通过有限元方法得出边坡的潜在滑动面（图 5.2），之后再利用极限平衡方法进行下一步的计算。将两者结合可以避免由于初始滑动面选取的不准确性而导致的结果误差。

5.4　某水电站 C_1 崩坡积体抗震稳定计算

5.4.1　某水电站 C_1 崩坡积体简介

某水电站位于西藏自治区山南地区桑日、加查县交界处，坝址距离上游泽当镇约 80km，下游加查县城约 28km，拉萨市约 271km。水电站工程的拦河坝为混凝土重力坝，最大坝高 117.0m。根据《防洪标准》（GB 50201—1994）和《水电枢纽工程等级划分及设计安全标准》（DL 5180—2003）的规定，本工程为二等大（2）型工程，主要建筑物（大坝、泄水建筑物、引水发电建筑物）按 2 级建筑物设计，次要建筑物按 3 级建筑物设计。

根据初步调查，坝址区主要物理地质现象表现为岩体风化、蚀变、卸荷、泥石流及崩坡积体；其次，由于河流下切剧烈，两岸边坡陡峻，岩体内节理裂隙发育，局部形成危岩体，对大坝安全的影响很大，是值得高度关注的崩坡积体和危岩体。

其中，C_1 崩坡积体位于坝址区左岸萨龙沟下游，总体沿 SN 向展布，上游侧以萨龙沟为界，下游侧上部以 W_5 侧壁基岩陡坎为界，下部以凸起坡体的小山脊为界，后缘高程 3620～3710m，紧靠基岩陡壁，前缘高程 3310～3320m。崩坡积体前后缘高差约 390m，纵坡向长约 560m，横向宽度 66～330m，横向宽度最窄处位于高程 3390～3395m，分布面积约 $10.5\times10^4 m^2$，厚度 10～72m，水平向最深可达 120m，总体积约 $180\times10^4 m^3$。崩坡积体在地形上呈中部较陡前后略缓，高程 3420m 以上坡度较缓，30°～35°；高程 3420～3370m，坡度 38°～43°，高程 3370m 至坡脚坡度为 25°～35°。坡面植被少量发育，高程 3590m 以上以松树为主，高程 3590m 以下主要为灌木，地形总体较完整。钻孔揭示崩坡积体一般厚度为 25～30m，最厚处位于崩坡积体中上部 ZKX48 钻孔，厚度为 71.9m，江边分布少量冲洪积物。

C_1 崩坡积体全貌照如图 5.3 所示，总共截取四个剖面，本章主要针对 1—1′计算剖面进行分析，剖面示意图如图 5.4 所示。根据现场剪切试验、室内环刀剪切试验和室内中型剪切试验成果，并类比工程区其他相似工程岩土层参数，提出崩坡积体各土层的参数建议值，见表 5.1，各土层材料对应的位置分区如图 5.5 所示。

图 5.3　C_1 崩坡积体全貌照

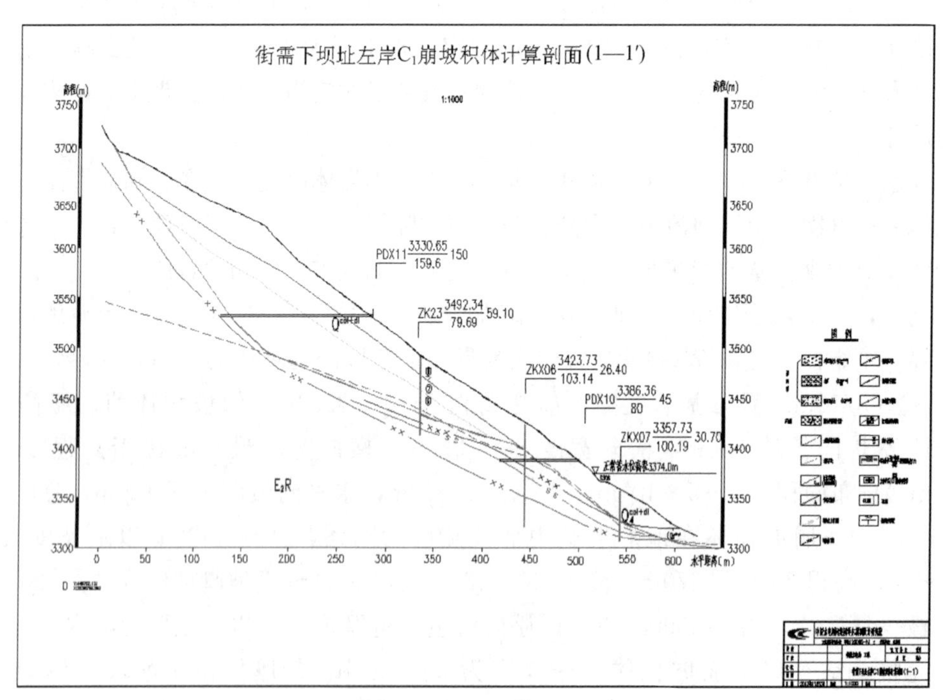

图 5.4　C_1 崩坡积体 1—1′计算剖面示意图

表 5.1　C_1 崩坡积体各土层物理力学参数建议值表

土层名称	材料编号	密度（g/m³）	c（kPa）	φ（°）	变形模量（MPa）	泊松比（m）
块石层	1	2.15	55	33	52.5	0.27
块石层	2	2.2	40	32	52.5	0.27
碎石混合层	3	2.1	80	32	47.5	0.29

续表

土层名称	材料编号	密度（g/m³）	c（kPa）	φ（°）	变形模量（MPa）	泊松比（m）
块石层	4	2.2	60	36.5	57.5	0.265
岩体层	5	2.59	600	36.5	4000	0.24
岩体层	6	2.61	600	36.5	4000	0.24

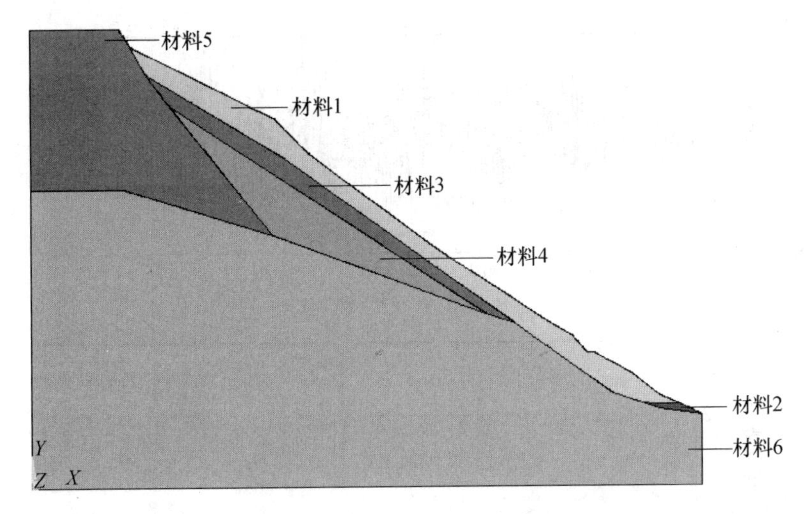

图 5.5　C_1崩坡积体 1—1′计算剖面材料分区示意图

本节采用有限元强度折减法和极限平衡法两种方法对 C_1崩坡积体 1—1′剖面的稳定安全性进行深入分析和研究。

5.4.2　C_1崩坡积体的地震作用

通过对某水电站坝址区的地质条件及历史地震动分析，可知该水电站预见未来仍有发生 7 级，甚至 8 级地震的可能性，因而有必要进行边坡的地震危险性分析。根据中国地震灾害防御中心完成，并于 2011 年 9 月通过中国地震局批复的《某水电站工程场地地震安全性评价报告》，坝址区四种超越概率水平的基岩地震动峰值加速度见表 5.2。C_1崩坡积体抗震设计标准与主要水工建筑物相同，采用 50 年超越概率 10%的基岩水平向地震动峰值加速度为 176gal 设计。对于二维有限元时域分析，取水平向和竖向地震作用进行计算，水平向峰值加速度为 176gal，竖向峰值加速度为 117.3gal。

表 5.2　场址基岩地震动峰值加速度计算成果表

超越概率	50 年		100 年	
	10%	5%	2%	1%
地震动峰值加速度 PGA（gal）	176	232	406	408.5

极限平衡分析时，作用在滑坡体上的地震作用力是地震作用系数、基岩地震动峰值加速度和滑块质量的乘积。由于我国与水利水电工程边坡有关的三个规范[8-10]对边坡地震作用系数的取值均无条文规定，参考正在修订的国标《水工建筑物抗震设计规范》和

Leshchinsky 等[11]对土质边坡的振动台试验结果，取水平地震作用系数为 0.25 和 0.3，对应地震放大系数分别为 1.0 和 1.2。

由于现行的水工抗震规范中缺少对边坡设计反应谱的规定，依据以往的工程经验，本书拟采用重力坝的计算反应谱。取特征周期为 0.2s，反应谱最大值的代表值为 2.0，阻尼比为 10%，按此反应谱生成了三分量 30s 的人工合成地震波，规一化地震动时程及谱拟合如图 5.6 所示。

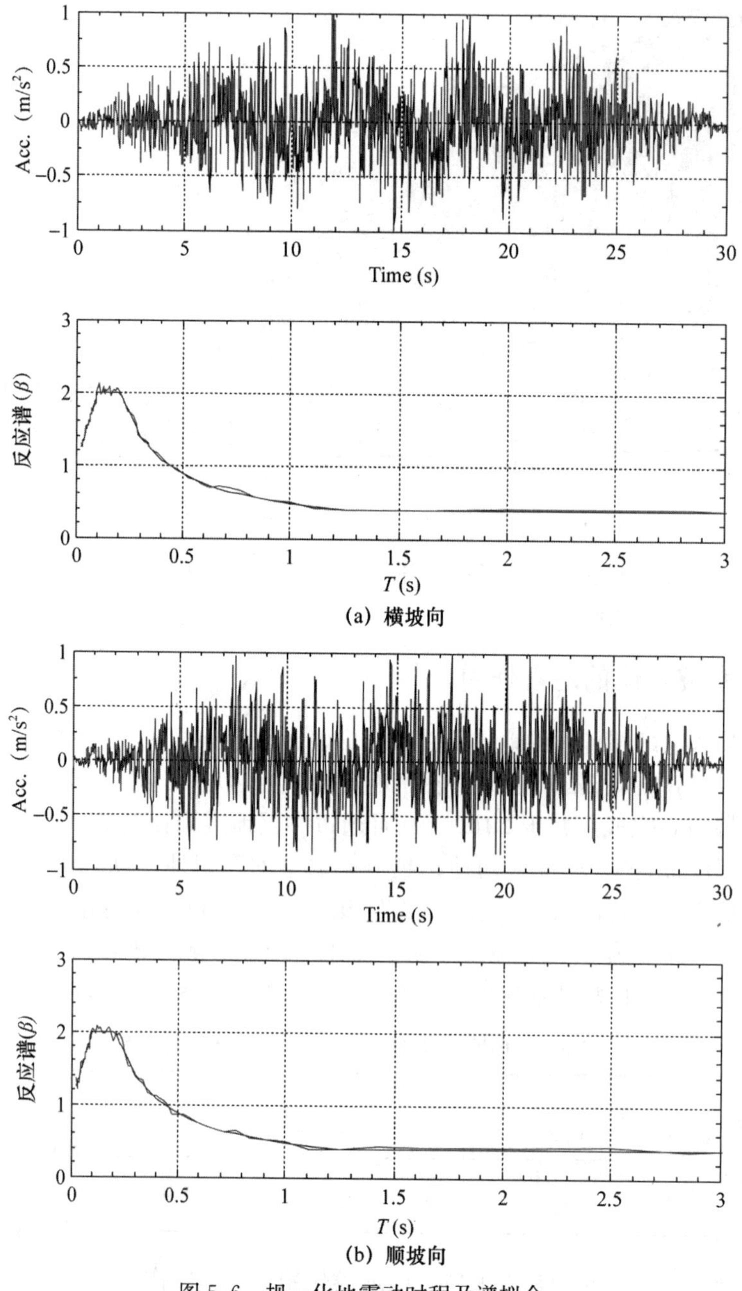

图 5.6 规一化地震动时程及谱拟合

5.4.3　有限元计算分析

利用 5.1.2 节提到的有限元强度折减法进行计算，C_1崩坡积体 1—1′剖面的有限元网格剖分是用 ANSYS/LS-DYNA 程序自动剖分完成的，如图 5.7 所示，共有 14164 个单元，21849 个节点。材料的分区和取值与极限平衡方法一致。

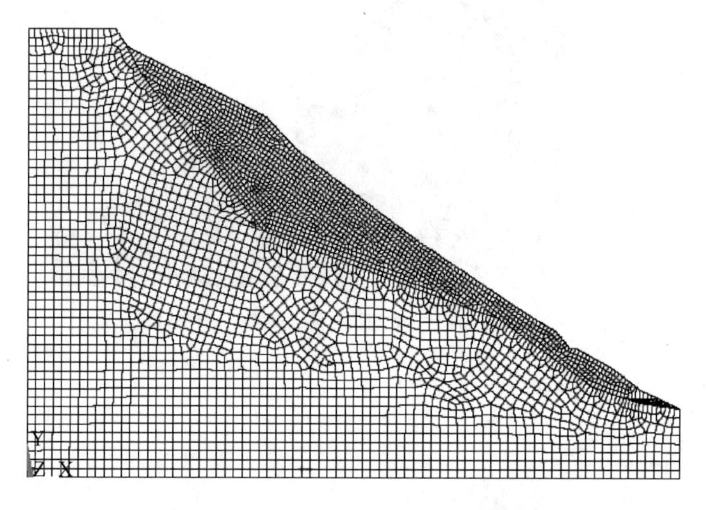

图 5.7　C_1崩坡积体 1—1′剖面有限元网格

有限元静力分析是利用 ANSYS/LS-DYNA 动态松弛（Dynamic Relaxation）选项进行计算，计算结果的第一步显示的就是边坡在自重作用下稳定后的状态。图 5.8 为 C_1崩坡积体 1—1′剖面天然状态（即持久工况）下，强度折减系数依次为 1.0、1.1、1.2 和 1.3 时等效塑性应变示意图。当强度折减系数为 1.3 时，等效塑性应变从坡脚到坡顶基本贯穿，且在坡顶处，个别单元等效塑性应变极大（最大值 2.81），因此，可以认为天然状态下静力安全系数约为 1.30。

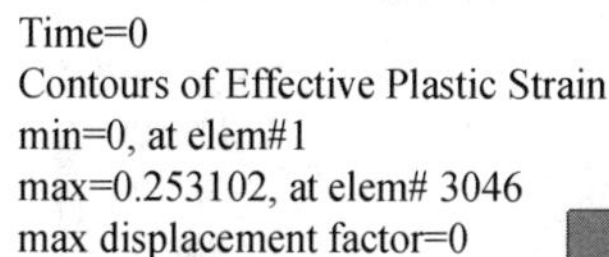

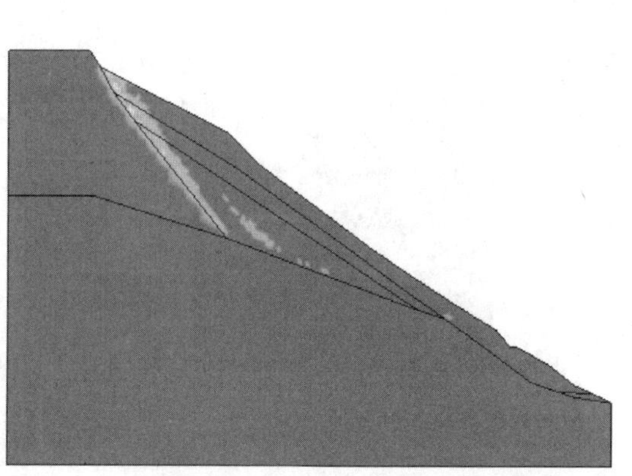

(a) 1—1′剖面持久工况下降强系数1.0时塑性区示意图

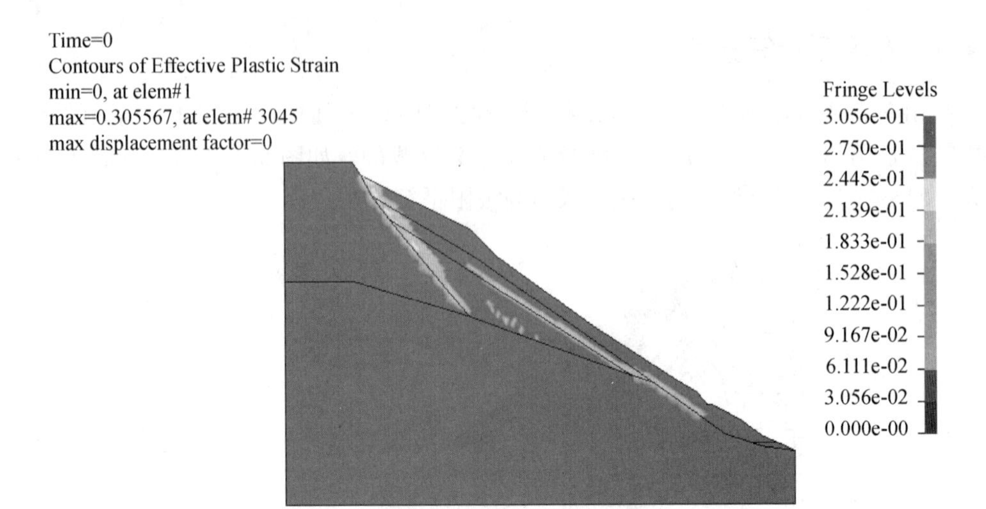

(b) 1—1′剖面持久工况下降强系数1.1时塑性区示意图

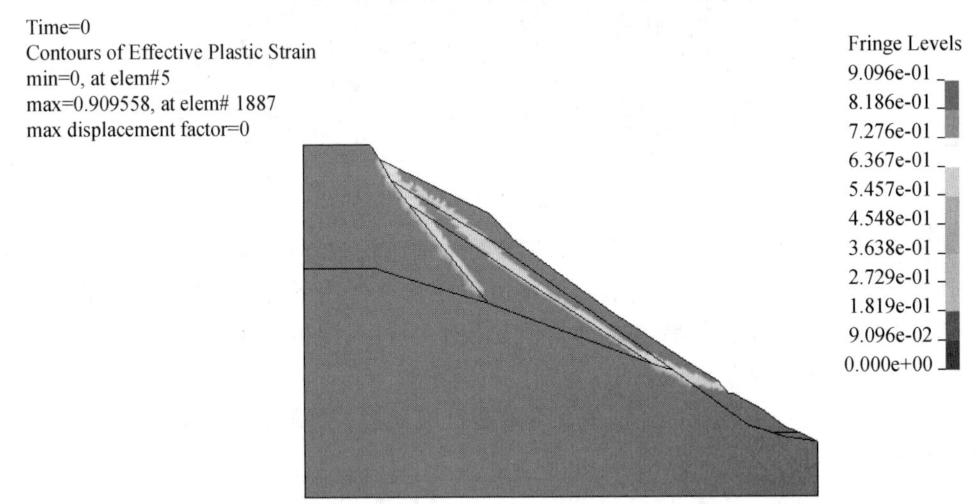

(c) 1—1′剖面持久工况下降强系数1.2时塑性区示意图

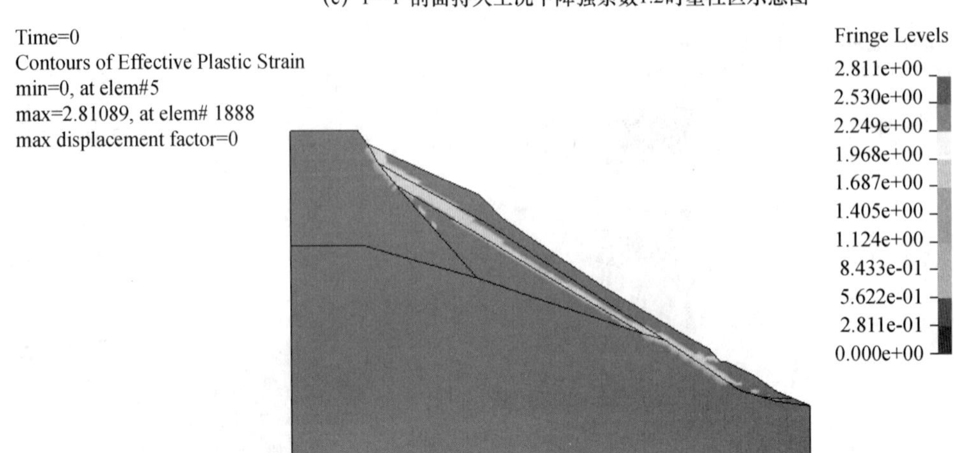

(d) 1—1′剖面持久工况下降强系数1.3时塑性区示意图

图 5.8　1—1′剖面持久工况下不同降强系数等效塑性应变示意图

有限元动力计算是在相应静力分析的基础上加上设计地震作用，包括顺坡向和竖向地震动。设计地震水平向地震峰值加速度为0.176g，竖向地震峰值加速度为0.117g，地震动时程和反应谱拟合见5.3.2节。

图5.9（a）～图5.9（d）为C_1崩坡积体1—1′剖面天然状态强度折减系数依次为1.0、1.05、1.1和1.15时，经历地震作用后，边坡体等效塑性应变示意图。当强度折减系数为1.15时，从边坡中部表面区域至坡脚处有明显的滑移区，且强度折减系数大于1.16时，有限元计算不收敛，所以动力强度折减安全系数约为1.15。

由图5.9（d）可知，虽然降强系数1.15时，边坡未发生整体失稳破坏，但边坡体的中下部区域形成了一定范围的滑移区，这一现象是极限平衡分析不能揭示的。

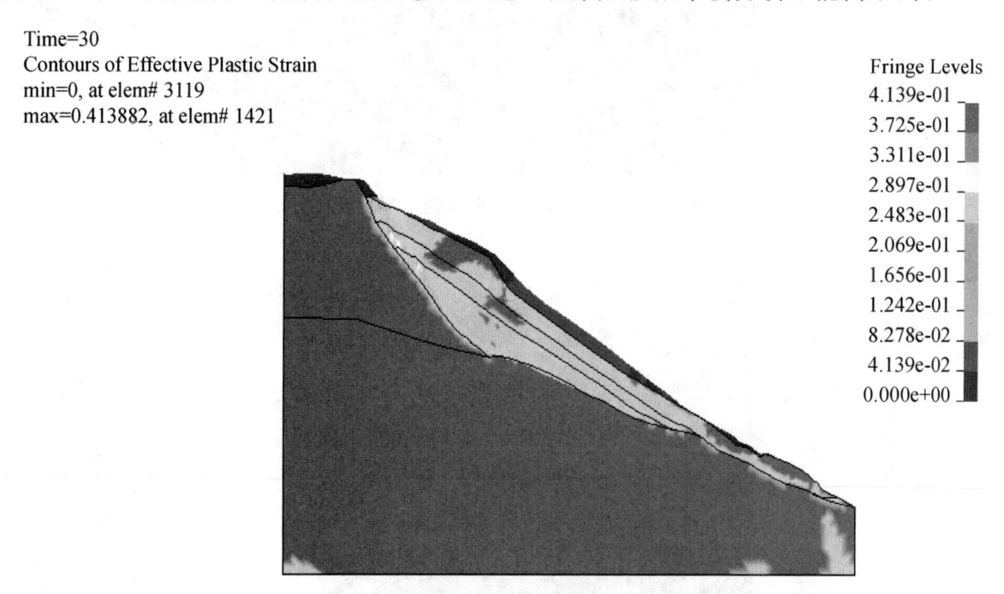

(a) 1—1′剖面天然状态降强系数1.0时地震后塑性区示意图

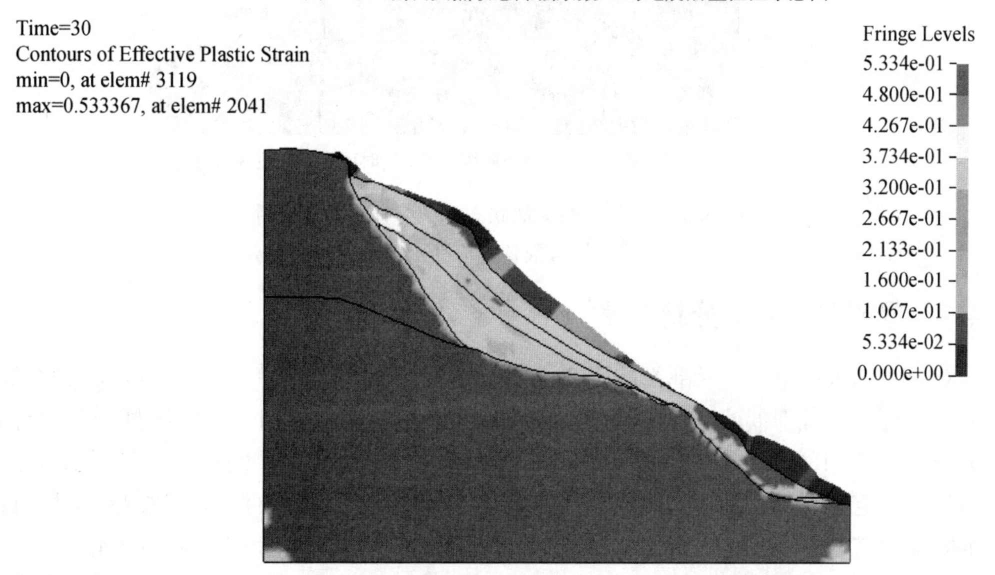

(b) 1—1′剖面天然状态降强系数1.05时地震后塑性区示意图

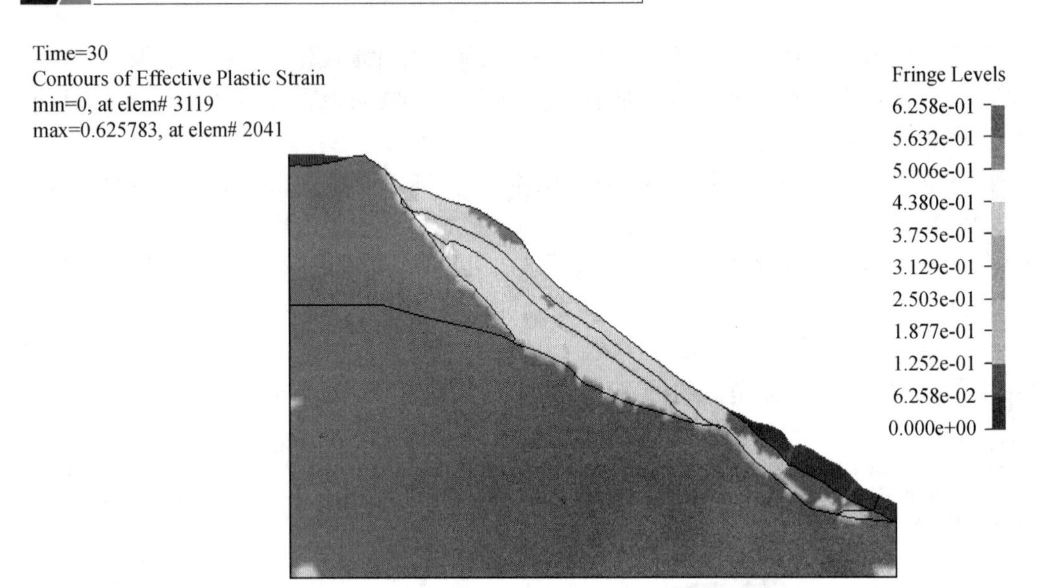

(c) 1—1′剖面天然状态降强系数1.1时地震后塑性区示意图

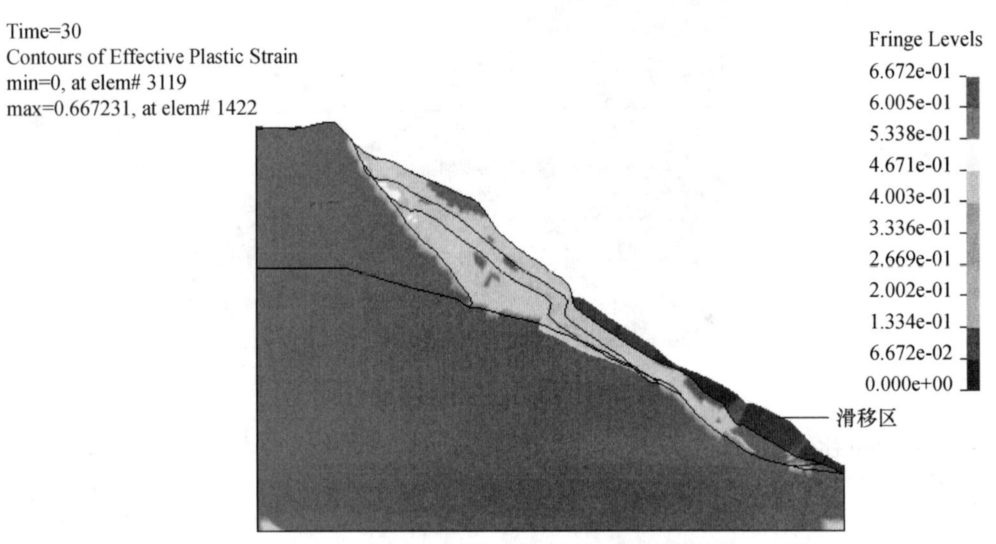

(d) 1—1′剖面天然状态降强系数1.15时地震后塑性区示意图

图 5.9 1—1′剖面天然状态不同降强系数地震后边坡体等效塑性应变示意图

5.4.4 极限平衡计算分析

对于 C_1 崩坡积体 1—1′剖面的研究主要包括天然工况（即持久工况）以及天然工况与地震组合工况（即偶然工况）两种。安全标准根据《水电枢纽工程等级划分及设计安全标准》（DL 5180—2003）中第 5 节“工程等别及建筑物级别”的规定，对照水电站装机容量，确定工程等别和边坡级别。由于崩坡积体距离坝址仅数百米，建筑物边坡抗滑稳定安全标准参照《水电水利工程边坡设计规范》（DL/T 5353—2006）的规定：水电站 C_1 崩坡积体边坡整体类别为 A 类Ⅱ级，局部为 A 类Ⅲ级。因而将持久工况的安全系数设为 1.15，将偶然工况的安全系数设为 1.05。

极限平衡分析的地震工况计算采用规范推荐的拟静力法，只考虑水平向地震力的作用。分析过程分为整体稳定性分析和局部稳定性分析，整体稳定性计算以M-P法进行，局部稳定性分析以简化毕肖普法计算。某水电站坝址区的基岩50年超越概率10%地震动峰值加速度176gal，地震折减系数分别为0.3和0.25。

下图为1—1′剖面各计算工况极限平衡计算结果，其中图5.10（a）～图5.10（c）为持久工况下的计算结果，图5.11（a）～图5.11（c）为地震折减系数为0.3时偶然工况下的计算结果，图5.12（a）～图5.12（c）为地震折减系数为0.25时偶然工况下的计算结果，均包括一个整体稳定分析和两个局部稳定分析：

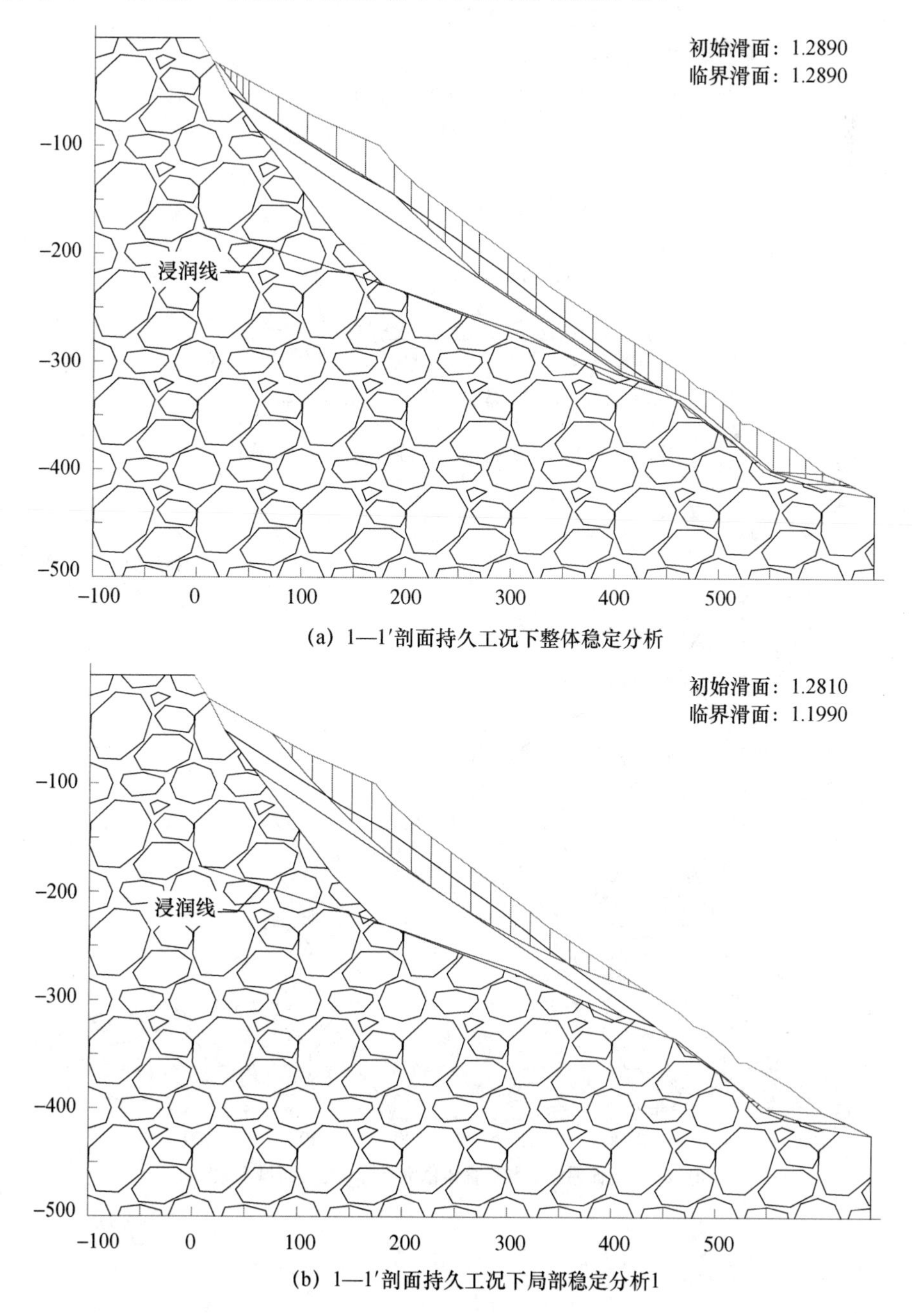

(a) 1—1′剖面持久工况下整体稳定分析

(b) 1—1′剖面持久工况下局部稳定分析1

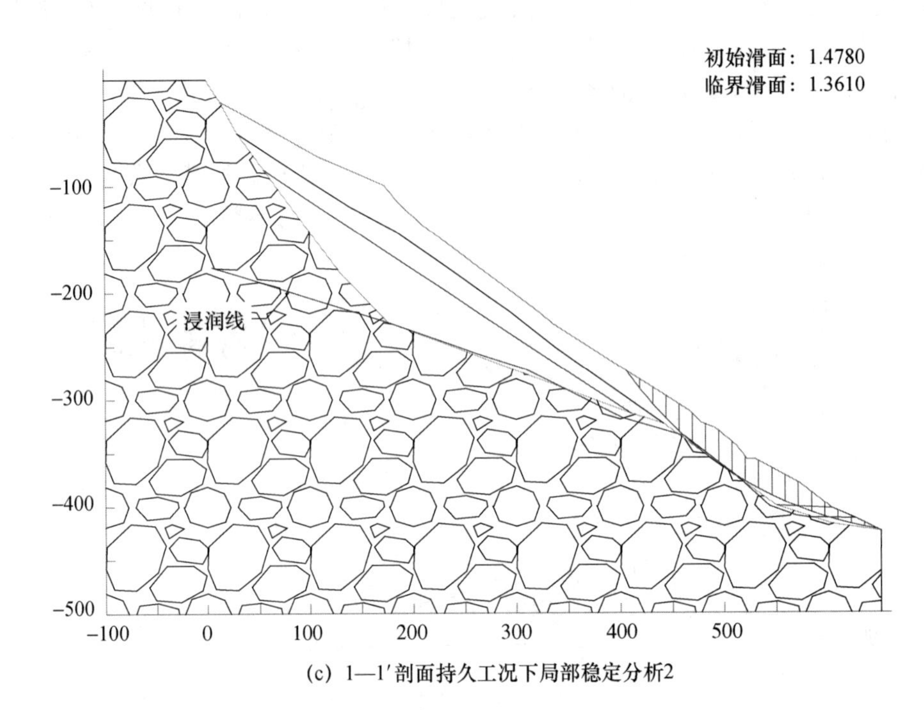

(c) 1—1′剖面持久工况下局部稳定分析2

图 5.10　1—1′剖面持久工况下的计算结果

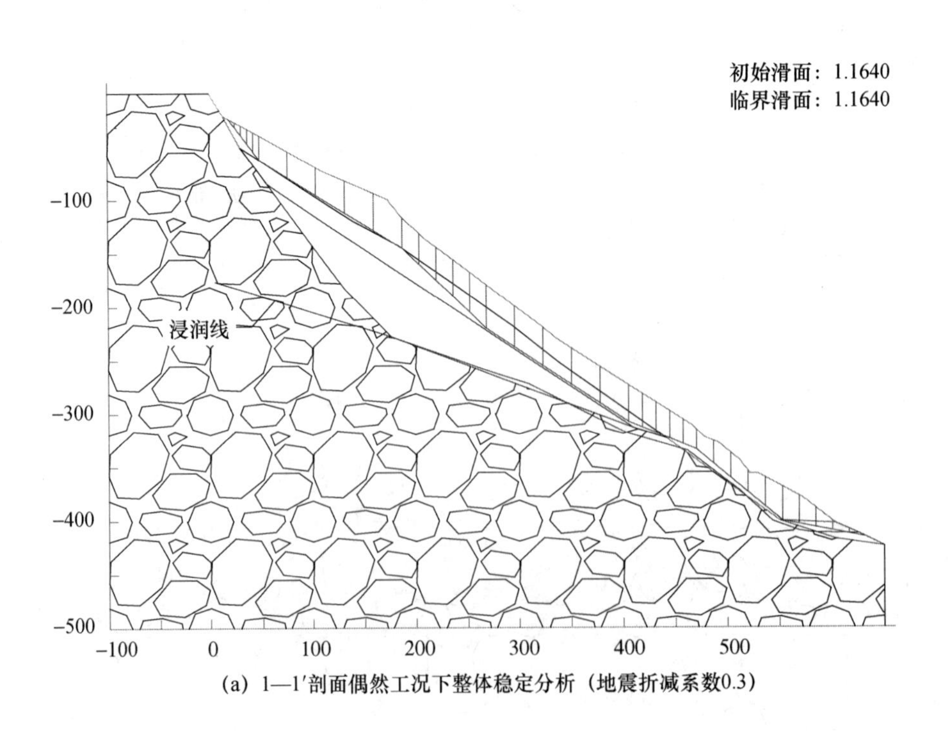

(a) 1—1′剖面偶然工况下整体稳定分析（地震折减系数0.3）

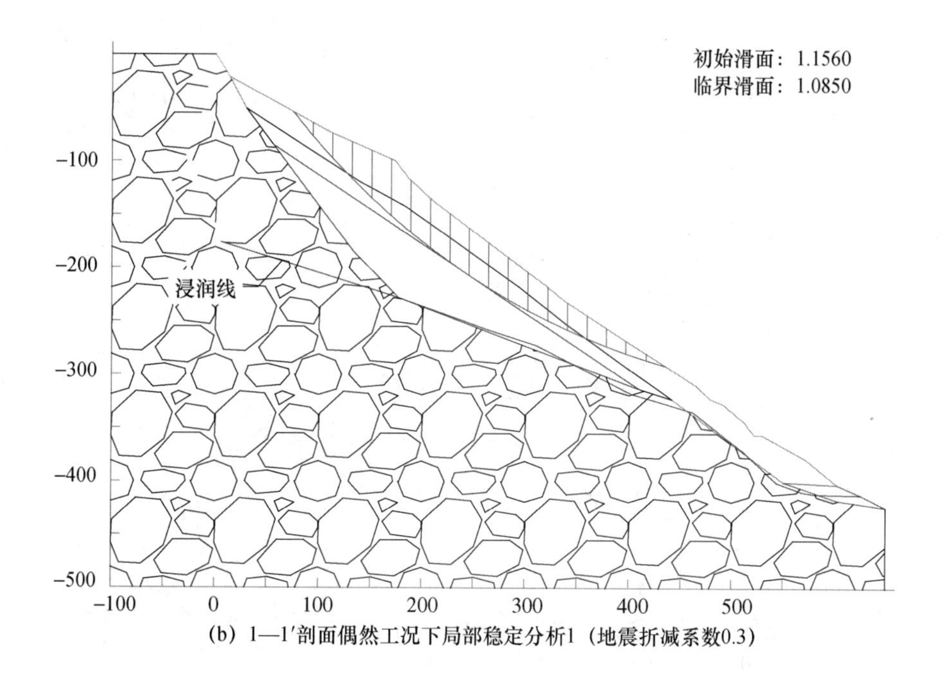

(b) 1—1′剖面偶然工况下局部稳定分析1（地震折减系数0.3）

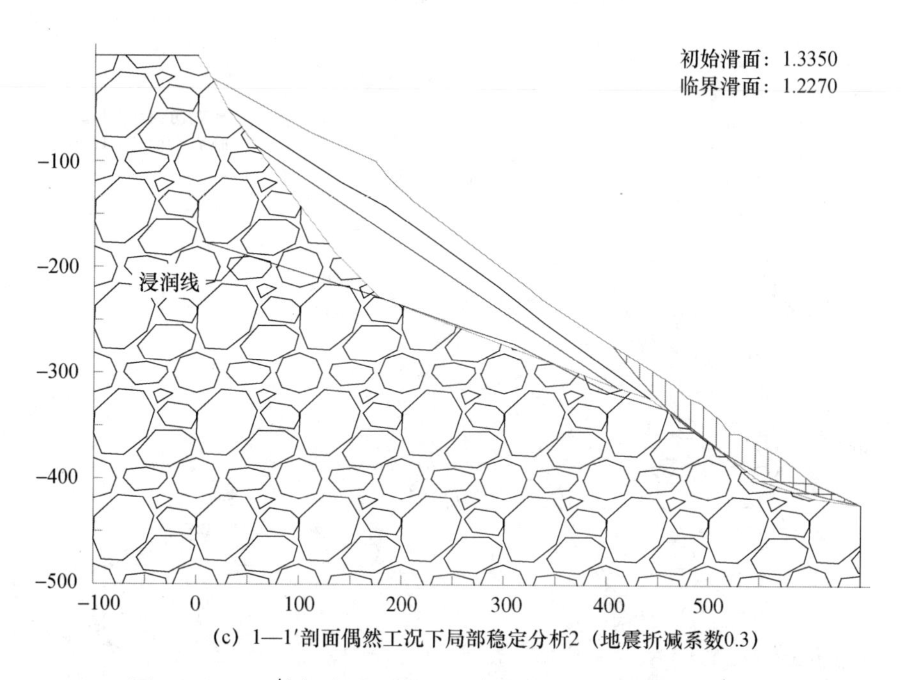

(c) 1—1′剖面偶然工况下局部稳定分析2（地震折减系数0.3）

图 5.11　1—1′剖面偶然工况下的计算结果（地震折减系数 0.3）

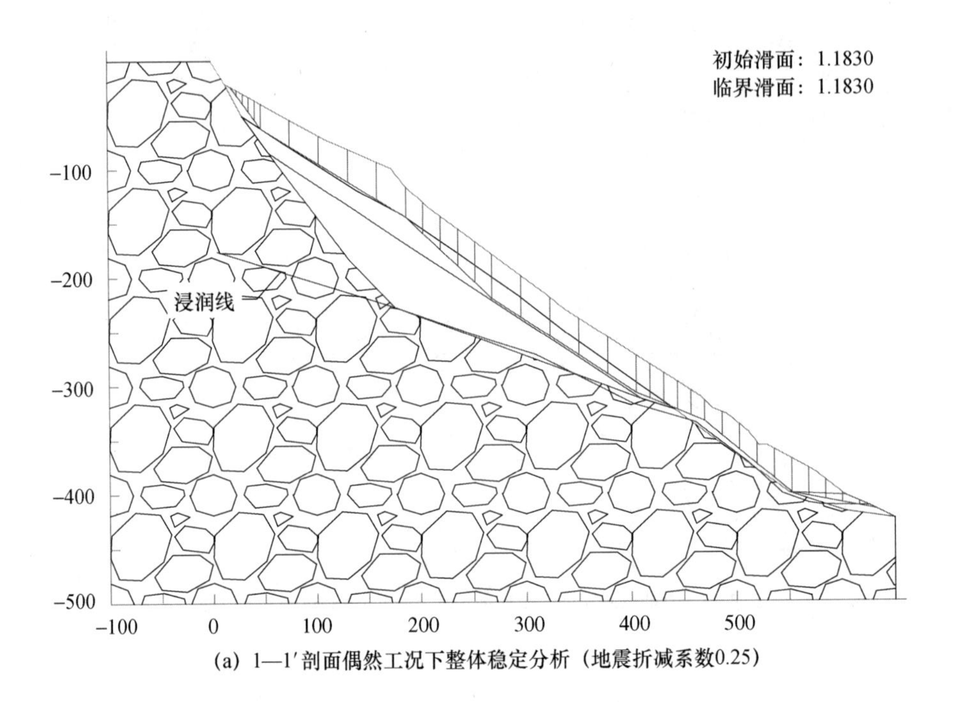

(a) 1—1′剖面偶然工况下整体稳定分析（地震折减系数0.25）

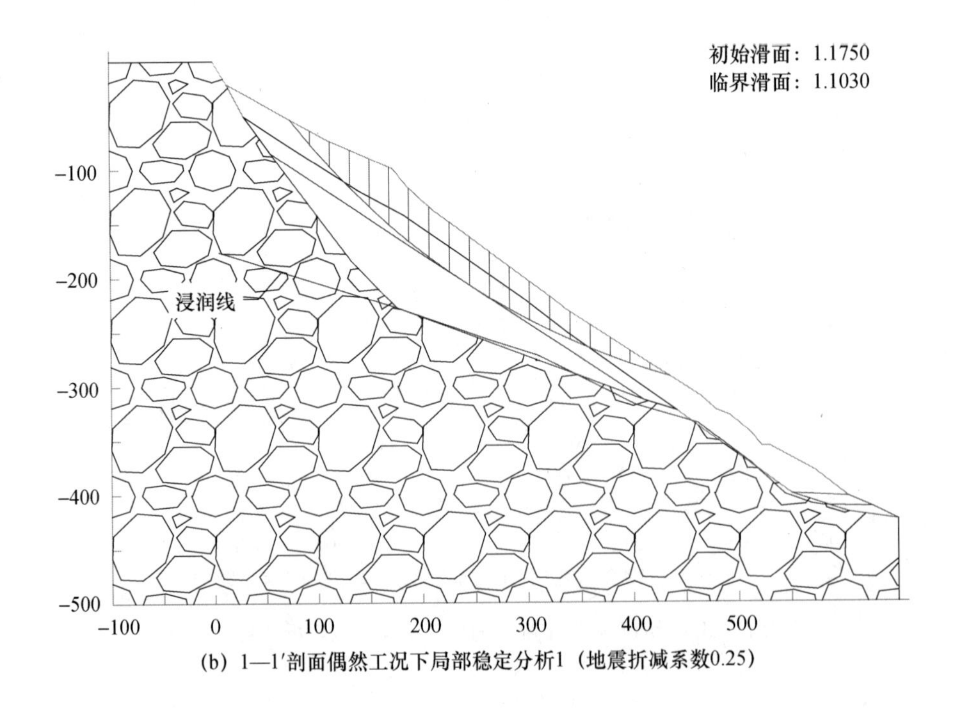

(b) 1—1′剖面偶然工况下局部稳定分析1（地震折减系数0.25）

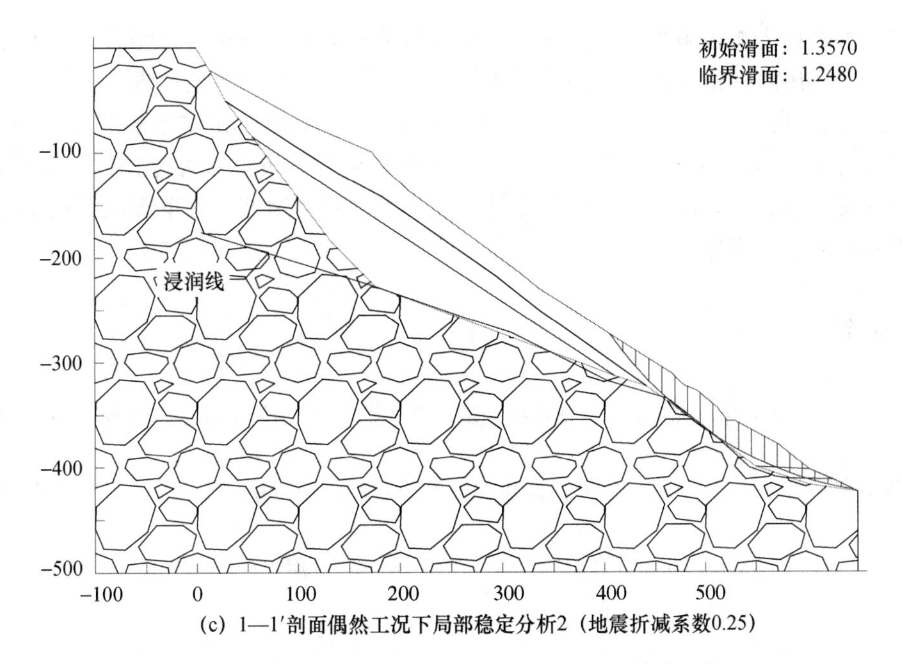

(c) 1—1′剖面偶然工况下局部稳定分析2（地震折减系数0.25）

图 5.12　1—1′剖面偶然工况下的计算结果（地震折减系数 0.25）

将持久工况、偶然工况下的整体和局部稳定安全系数汇总于表 5.3 中。

表 5.3　C_1 崩坡积体 1—1′剖面安全系数

状态	整体稳定	局部稳定 1	局部稳定 2	地震折减系数
持久工况	1.289	1.199	1.361	0
偶然工况$_1$	1.164	1.085	1.227	0.3
偶然工况$_2$	1.183	1.103	1.248	0.25

由表 5.3 可知，持久工况即静力作用下，安全系数为 1.289，与有限元法计算出的安全系数 1.3 较接近；偶然工况地震折减系数 0.3 和 0.25 时，整体稳定安全系数分别为 1.164 和 1.183，与有限元动力稳定安全系数 1.15 相比有些差别，但差别不大。

整体和局部稳定安全系数均大于 1.15；偶然工况下，整体和局部稳定安全系数均大于 1.05，两种工况下的计算结果均满足规范要求。

5.5　本章小结

本章主要提出基于强度折减原理的有限元方法，主要包括以下几个方面的内容：

(1) 给出了强度折减有限元方法的原理，并利用大型有限元软件 ANSYS/LS-DYNA 来实现，其主要优势在于使用摩尔-库仑（Mohr-Coulomb）屈服准则的弹塑性模型模拟边坡土体，摩尔-库仑屈服准则因能通过室外和室内试验获得其物理参数，更易为工程设计部门应用。

(2) 进行经典算例的有限元程序验证，结果与极限平衡方法所得安全系数一致，表明本书提出的基于强度折减原理的有限元方法具有一定的可行性。

（3）本书提出将极限平衡方法与基于强度折减的有限元方法进行结合，以有限元方法为基础，得出潜在滑动面，继而进行极限平衡计算，会使结果更加真实可靠。

（4）通过进行实际的工程项目——西藏某水电站 C_1 崩坡积体抗震稳定计算表明，基于强度折减原理的 ANSYS/LS-DYNA 静动力有限元分析，除可以得到较准确的静、动力计算安全系数外，还可揭示极限平衡方法不能得到的边坡体中下部区域会形成一定范围滑移区的这一现象。

参考文献

[1] 郑颖人，赵尚毅，宋雅坤．有限元强度折减法研究进展［J］．后勤工程学院学报，2005，3（1）：1-6.

[2] 李颢，张风安，姚环．Ansys 强度折减法在开挖边坡稳定分析中的应用［J］．电力勘测设计，2008，4（1）：10-13.

[3] 刘英，于立宏．Mohr-Coulomb 屈服准则在岩土工程中的应用［J］．世界地质，2010，29（4）：633-639.

[4] 陈祖煜．土质边坡稳定分析：原理·方法·程序［M］．北京：中国水利水电出版社，2003.

[5] 杨铭键，余贤斌，黎剑华．基于 ANSYS 与 FLAC 的边坡稳定性对比分析［J］．科学技术与工程，2012，20（24）：6241-6244.

[6] 何爱军，李学范，赵俊兰．土体边坡稳定性及地基承载力的三维动力分析［J］．北方工业大学学报，2013，25（1）：85-89.

[7] 陈祖煜，汪小刚，杨健，等．岩质边坡稳定分析：方法·应用·程序［M］．北京：中国水利水电出版社，2005.

[8] 中华人民共和国水利部．水利水电工程边坡设计规范（附条文说明）：SL 386—2007［S］．北京：中国水利水电出版社，2007.

[9] 中华人民共和国国家发展和改革委员会．水电水利工程边坡设计规范：DL/T 5353—2006［S］．北京：中国电力出版社，2007.

[10] 中华人民共和国国家经济贸易委员会．水工建筑物抗震设计规范：DL 5073—2000［S］．北京：中国电力出版社，2001.

[11] D. Leshchinsky，H. I. Ling，J-P Wang，et al. Equivalent seismic coefficient in geocell retention systems［J］. Geotextiles and Geomembranes，2009，27（1）：9-18.

第6章　岩质边坡动力模型试验研究

6.1　引言

一般来说，边坡的稳定分析包括刚体极限平衡分析方法、Newmark滑块分析法和应力变形分析方法。这三类分析方法为边坡的稳定计算提供了较好的分析手段，然而仅有数值计算还是不充分的，对于重要的、对水电工程安全影响较大的边坡，还应进行地震模拟振动台试验研究。地震模拟振动台试验虽然存在着一定的局限性，如难以满足应力、变形、材料特性的严格相似，试验通常会受到振动台尺寸的限制，然而也存在着相应的优势，可模拟试验结构在真实地震记录作用下的动力反应，且结构中的惯性力和子结构的边界条件也可以被很好地模拟。对于大型的工程项目，往往被用来作为一种定性和宏观破坏现象的研判，或用于计算模型的试验验证，加之模型试验的直观性，使水电工程师们乐于采用。

20世纪70年代以前，主要对土石坝进行模型试验，其特点是波形单一、试验模型较小。近年来，进行了越来越多的地震模拟震动台试验[1-8]，从模型材料上讲，不仅针对土质边坡，还针对岩质边坡；从波形上看，既有固定频率的正弦波，又有人工合成的地震波和天然地震波；从模型大小看，模型最大长度能达到4m多；从试验目的看，主要是研究边坡的地震破坏机理。在长宽高分别为4.4m、1.3m和1.2m的模型箱内，Lin和Wang[1]制作了均质土坡模型，在激振频率低于8.9Hz的条件下，进行了不同频率和振幅的加载试验，得出的结论是模型土坡在0.5g以上加速度时，呈现了明显的非线性反应，且破坏形态与原型土坡基本吻合。徐光兴等[2]进行了约为38°坡角的土坡模型试验，主要结论：振动次数增多，振动幅度加大，边坡自振频率会减小；随坡高增大，试验土坡具有明显的动力放大效应；在不同地震波加振下，动力响应有较大差异，地震动卓越频率与模型边坡自振频率接近时，会产生共振效应。针对陡倾层状岩质边坡、反倾层状结构岩质边坡和层状岩质斜坡，李振生等[3]、杨国香等[4]、邹威等[5]分别进行了相应的模型试验，得出结论：岩质边坡与土质边坡一样沿坡高有地震放大效应，岩质边坡的稳定性及其损伤破坏，与多种因素有关，包括地震波振幅、类型、频率、加振方向、岩体性质和结构面地质参数等。利用振动台试验叶海林等[6]研究了预应力锚索的作用机制，Srilatha等[7]分析了边坡加固措施的效果，Murakami等[8]研究探讨了岩石螺栓和绳网对边坡的加固效果和作用机理。上述模型试验所针对的试验对象均为较小的边坡体，激振频率较低。中国水利水电科学研究院的大型地震模拟振动台，有较高的工作频段，为大型水电工程边坡的振动台模型试验提供了较好的试验平台。

本章采用地震模拟振动台试验方法进行实际工程项目——西部地区某水电站左岸边坡的动力模型试验研究，模拟边坡结构在真实地震动作用下的动力反应，并将模型试验测试结果与试验模型的有限元计算结果进行比较，以相互印证，同时揭示在地震作用下，岩质高边坡滑块滑面的张合反应，地震波沿坡高的放大作用，及高边坡失稳破坏机理[9-11]。

6.2 某水电工程左岸边坡概况

西部地区某水电站作为我国仅次于三峡的第二大水电站，承担着发电、防洪、拦沙、改善下游航运条件等重要任务。该工程主要以发电为主，是“西电东送”的骨干电源点之一。电站装机容量 16000MW，多年平均发电量 640.25 亿 kW·h，保证出力 5500MW。

西部地区某水电站左岸边坡的范围约为顺河向 550m，横河向 540m，竖向 385m，滑动块体由底面 LS337 和 C3-1 构成，上游侧面由 F14 和 f101 组成，左侧面由 F33 和 J101 等构成，在大块体内部受 J110 和 J101 切割，因此，形成了复杂滑动块体体系（图 6.1），其中 1 号滑块（由 J110、LS337 和 f114 切割而成，图 6.2）为最不利滑块，其横河向长度约 246m，顺河向长度约 450m，竖向长度约 240m，由图可知，该滑动块体体积十分庞大，倘若发生失稳破坏，会对整个枢纽工程的建设和运行安全造成无法估量的损失。

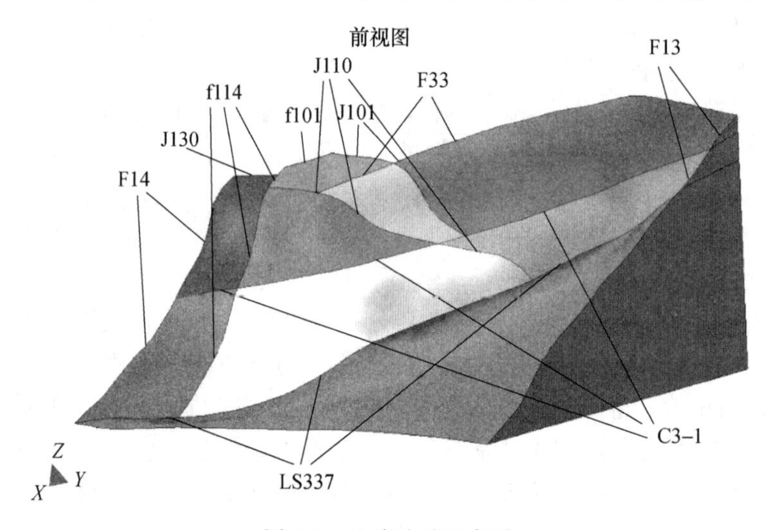

图 6.1 左岸边坡示意图

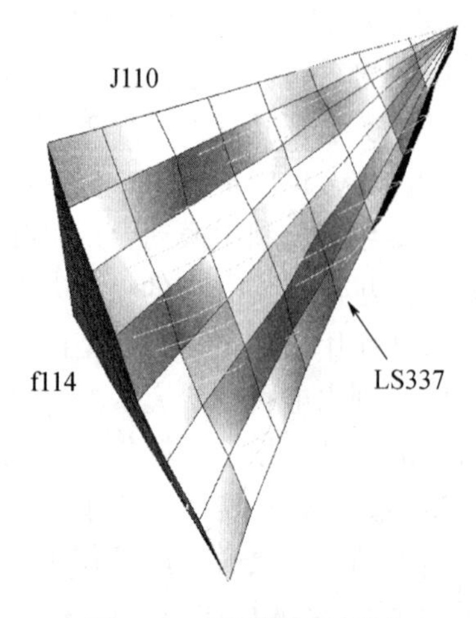

图 6.2 1 号滑块示意图

为揭示边坡地震破坏机理，确保西部地区某水电站近坝址左岸边坡的抗震安全，本章拟通过振动台动力模型试验手段，深入研究左岸边坡1号滑块在设计地震及超设计地震作用下的动力反应。

6.3　模型试验研究内容及方法

6.3.1　模型总体设计

振动台模型主要包括1号滑块和滑块附近部分基岩，1号滑块横河向长度约246m，顺河向长度约为450m，竖向长度约为240m，由于振动台台面大小和承载能力的限制，拟在横河向加长50m，顺河向和竖向各加长100m，以模拟1号块体近域岩体，在边界区使用黏性液模拟无限地基辐射阻尼的影响。

振动台的基本性能参数见表6.1。综合考虑各因素，将本试验模型的长度比尺C_l取200；试验在常重力场条件下进行，加速度比尺C_a取1.0，材料弹性模量比尺C_E根据振动台工作频率范围和材料加工的可行性取100，密度比尺C_ρ取1.0；由上述基本比尺可以推导出弹性范围的其他相似比尺，见表6.2，需要指出的是，本次试验模拟的山体和滑块本身的变形均在弹性范围内，因此，不考虑应变比尺为1的限制。强震作用下，滑块将沿接触面滑动，本章对接触面仅考虑抗剪强度的相似，接触面视为无厚度的。

边坡岩石材料的泊松比一般在0.2～0.3，在模型试验时，选取的模型材料弹性模量都远低于试验原型材料的弹性模量，因而导致泊松比很难满足0.3以下的要求，但是根据以往经验，泊松比对边坡整体响应影响不大，因此对于此次试验，不再控制模型材料的泊松比。另外，由于材料的阻尼系数难控制、难测定，且影响因素众多，试验中一般选择使材料阻尼特性近似满足相似比的要求。

表6.1　振动台的基本性能参数

台面尺寸	5m×5m
最大载重量	20t
工作频率	0.1～120Hz
振动方向	三向平动和三向转动
最大加速度	水平向1.0g、竖向0.7g
最大速度	水平向±400mm/s、竖向±300mm/s
最大位移	水平向±400mm/s、竖向±300mm/s
最大倾覆力矩	35t·m

表6.2　模型相似比尺

长度比尺*	$C_l=200$
密度比尺*	$C_\rho=1.0$
弹性模量比尺*	$C_E=100$
加速度比尺*	$C_a=1.0$

续表

时间比尺	$C_t=C_l \cdot C_\rho^{\frac{1}{2}} \cdot C_E^{-\frac{1}{2}}=200/\sqrt{100}=20$
频率比尺	$C_f=C_t^{-1}=1/20=0.05$
变形比尺	$C_\delta=C_t^2 \cdot C_a=400$
应变比尺	$C_\varepsilon=C_\delta \cdot C_l^{-1}=400/200=2.0$
应力比尺	$C_\sigma=C_E \cdot C_\varepsilon=100\times 2.0=200$
黏聚力比尺	$C_c=C_\rho \cdot C_l=1.0\times 200=200$

* 表示基本相似比尺，其他为导出比尺。

试验模型如图 6.3 所示，包括边坡岩体、1 号滑动块体及阻尼边界。边坡岩体（包括滑块）用特制加重橡胶砌筑而成，考虑边坡材料的不均质性，将边坡及附近岩体材料概括为三类，其动弹模量分别为 78MPa、117MPa、169MPa。模型顺坡向 220cm，横坡向 295cm，高 191cm。模型总体积 6.45m^3，其中滑块体积 0.174m^3。图 6.4 是 1 号滑块，滑块由底滑面 LS337、侧滑面 f114、上部开裂面 J110 构成（图 6.5），由运动学分析可知，块体潜在滑动方向沿底滑面和侧滑面交线方向。

图 6.3　边坡试验模型

图 6.4　1 号滑块

图 6.5　1 号滑块对应滑裂面

天然边坡的基础岩体一般较大，但室内试验模型只能包括有限范围的基础，由此产生的人工截断边界对边坡的动力响应有较大影响。为了减小这一影响，本次试验在模型的基础四周设置人工阻尼边界。

1 号块体共有底滑面 LS337、侧滑面 f114 和上部开裂面 J110，滑面的结构面参数见表 6.3。模型试验中要模拟上述结构面的空间位置和渗压，以及底滑面 LS337 和侧滑面 f114 的抗剪强度 f、C。渗压采用气压缸来模拟（图 6.6）；抗剪断摩擦系数 f 通过在滑块结构面粘贴聚四氟乙烯、尼龙和聚乙烯膜的方法来模拟（图 6.7），不同材料间摩擦系数都通过实际测量获得；由于模型黏聚力 C 非常小，且调整困难，模型中采用控制实际面积的方法，在底滑面和侧滑面分别布设圆孔，在孔内涂以石膏，以体现黏聚力综合效应，所需石膏面积及分布见表 6.4。

表 6.3　块体结构面参数

结构面	模型参数				原型参数	
	面积（m^2）	渗压（N）	抗剪断摩擦系数 f	C（Pa）	抗剪断摩擦系数 f	C（MPa）
LS337	0.95159	46.63	0.38	1220	0.38	0.244
f114	0.27988	0.57	0.50	500	0.50	0.100
J110	0.54051	0.87	0.15	0.00	0.15	0.00

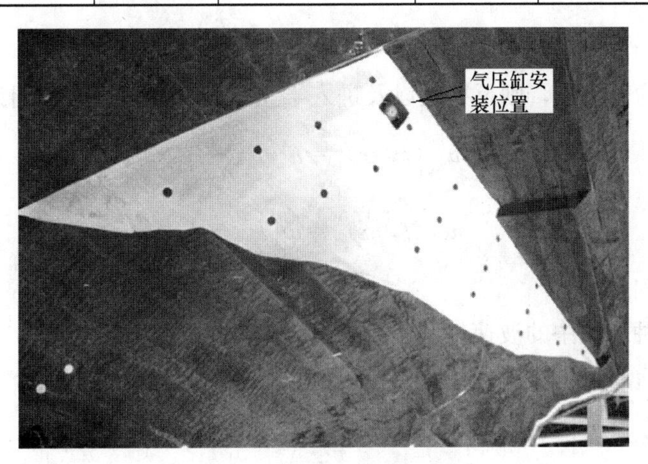

图 6.6　气压缸安装位置

图 6.7　块体结构面粘贴试验材料

表 6.4　块体结构面黏聚力计算表（强度折减系数 1.0）

结构面	面积（m^2）	C（Pa）	黏聚力（N）	石膏强度（N/cm^2）	所需石膏面积（cm^2）	孔个数
LS337	0.95159	1220	1160.94	11.866	97.84	20（ϕ25）
f114	0.27988	500	139.94	11.866	11.79	4（ϕ19）
J110	0.54051	0.00	—	—	—	—

6.3.2　阻尼边界

在室内试验条件下，试验模型只能选取边坡基础的有限范围。本次振动台动力试验采用中国水利水电科学研究院开发的高分子黏性液体剪切阻尼边界模拟辐射阻尼效应，此液体为高分子硅橡胶，其在常温下具有很好的物理化学稳定性，安全无毒且便于控制。该方法已在拱坝-地基系统的振动台试验中应用并取得较好效果，阻尼特性易于调整。结合阻尼边界，采用有质量基础，在边坡动力模型试验中对地质地形条件的影响进行模拟。

利用阻尼边界模拟辐射阻尼效应，其基本思想是基于一维波动理论，将自上而下传播的地震波表示为[12]：

$$u(t,x)=u\left(t-\frac{x}{v_1}\right) \tag{6.1}$$

设 $x=0$ 处为边界点，则反射波以及进入半无限介质的透射波分别为：

$$u'(t,x)=u'\left(t+\frac{x}{v_1}\right) \tag{6.2}$$

$$w(t,x)=w\left(t-\frac{x}{v_2}\right) \tag{6.3}$$

式中　t——时间；

v_1、v_2——两种介质中的波速。

当传递波为剪切波时，两种介质中的剪应力在交界面处分别为：

$$\tau_{xy}\big|_{x=0}=G_1\varepsilon_{xy}\big|_{x=0}=G_1\frac{\partial}{\partial x}\left[u\left(t-\frac{x}{v_1}\right)+u'\left(t+\frac{x}{v_1}\right)\right]\bigg|_{x=0}$$

$$=-\frac{G_1}{v_1}[\dot{u}(t)-\dot{u}'(t)]$$

$$=-\rho_1 v_1[\dot{u}(t)-\dot{u}'(t)] \tag{6.4}$$

$$G_2\varepsilon_{xy}\bigg|_{x=0}=G_2\frac{\partial}{\partial x}w\left(t-\frac{x}{v_2}\right)\bigg|_{x=0}=\frac{G_2}{v_2}\dot{w}(t)=-\rho_2 v_2\dot{w}(t) \tag{6.5}$$

v_1、v_2取剪切波速，即

$$v_i=\sqrt{\frac{G_i}{\rho_i}} \tag{6.6}$$

式中　G_i——介质的剪切模量；

ρ_i——密度。当传递波为压缩波时，两种介质中的正应力在交界面处分别为：

$$\sigma_x\bigg|_{x=0}=(2G_1+\lambda_1)\varepsilon_x\bigg|_{x=0}=(2G_1+\lambda_1)\frac{\partial}{\partial x}\left[u\left(t-\frac{x}{v_1}\right)+u'\left(t+\frac{x}{v_1}\right)\right]\bigg|_{x=0}$$

$$=-\frac{(2G_1+\lambda_1)}{v_1}[\dot{u}(t)-\dot{u}'(t)]=-\rho_1 v_1[\dot{u}(t)-\dot{u}'(t)] \tag{6.7}$$

$$(2G_2+\lambda_2)\varepsilon_x\bigg|_{x=0}=(2G_2+\lambda_2)\frac{\partial}{\partial x}w\left(t-\frac{x}{v_2}\right)\bigg|_{x=0}$$

$$=\frac{(2G_2+\lambda_2)}{v_2}\dot{w}(t)$$

$$=-\rho_2 v_2\dot{w}(t) \tag{6.8}$$

v_1、v_2取压缩波速，即

$$v_i=\sqrt{\frac{\lambda_i+2G_i}{\rho_i}} \tag{6.9}$$

式中　λ——介质的拉梅常数。

利用位移连续条件可知交界面上的速度相等，利用应力连续条件可知半无限空间上的作用力与交界面上的速度呈比例关系。由此可设阻尼系数 $c=\rho_2 v_2$，将一端与交界面相连，另一端固定的独立分布阻尼器替代半无限空间的动态相互作用，如图 6.8 所示。

若平面波的传播方向与交界面的法向一致，则上述转换方式与人工边界的位置无关，结果也比较精确。设置人工阻尼边界，其实质是消耗外传波的能量，从而阻止外传波反射重新进入模型，可以实现与黏性人工边界一致的效果。

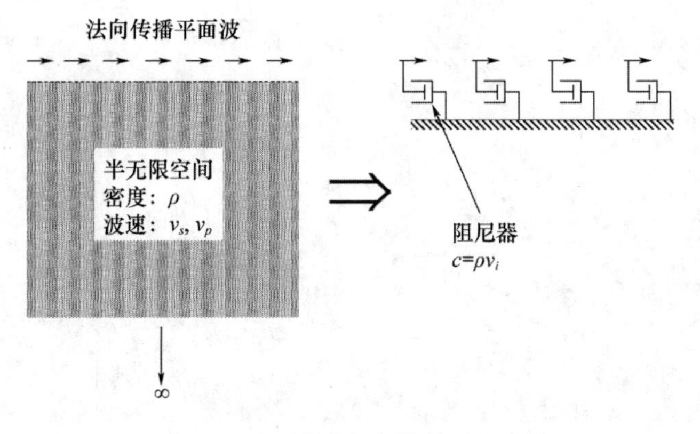

图 6.8　半无限空间与等效阻尼边界

利用上述高分子黏性液体的剪切黏性可以实现模型边界的剪切阻尼效应，当黏性液体受到纯剪切变形时，剪切黏性η_a等于剪切应力与剪切应变速率的比值：

$$\eta_a = \frac{\tau_a}{\gamma_a} \tag{6.10}$$

式中　τ_a——剪切应力；

γ_a——剪切应变速率。

设边界切向质点速度为$\dot{u}$，液体厚度为ΔL，则：

$$\gamma_a = \frac{\dot{u}}{\Delta L} \tag{6.11}$$

将式（6.11）代入式（6.10）可得，阻尼边界的切向阻尼系数c_t为：

$$c_t = \rho v = \frac{\eta_a}{\Delta L} \tag{6.12}$$

式中　ρ、v——基础介质的密度和波速。

由上式可以看出，切向阻尼系数c_t可以由液体剪切黏性η_a和液体厚度ΔL共同确定。

对于边界法向运动阻尼的模拟本次试验没有进行。一方面，由于黏性阻尼液只能模拟剪切黏性，要想使其模拟法向黏性就必须想办法将法向运动转换成切向运动，需借用特殊的装置或边界形式，目前还没有很好的解决办法；另一方面，根据以往的拱坝模型试验经验可知：仅记入切向阻尼的结果与同时记入法向、切向阻尼的结果相当接近，可以认为法向阻尼的影响程度较小。因此，综合考虑上述因素，本次模型试验仅考虑施加切向阻尼，参数选取时考虑对法向阻尼的适当补充，以此来消耗大部分外传波的能量，在保障足够精度的前提下大大降低模型制作的难度。

经测量液体的剪切黏性η_a为7.0×10^3（Pa·s），本次模型基础材料弹性模量为169MPa，阻尼边界厚度ΔL取17mm，较实际推算略小，主要考虑对法向阻尼效应的适当补偿。试验模型中阻尼边界的外部是通过固定于振动台面的钢架支撑（图6.9），因此，阻尼液所承受的剪切变形是人工边界对于基底的相对运动。为防止阻尼液渗漏于基础外表面还进行了防水处理。

图6.9　基础外表面的钢架支撑

6.3.3 地震动输入方法

本次模型试验采用的地震波，分别是按水工建筑物设计规范谱生成的人工地震波（简称规范波）、按场地谱生成的人工地震波（简称场地波）和按峰值调整后的柯依那（KOYNA）波，各地震波及计算谱如图 6.10～图 6.12 所示。采用 50 年期限内超越概率 5%的基岩峰值加速度为设计地震加速度，即设计水平向峰值加速度为 212gal，垂直向峰值加速度为水平向的 2/3，即 141gal。

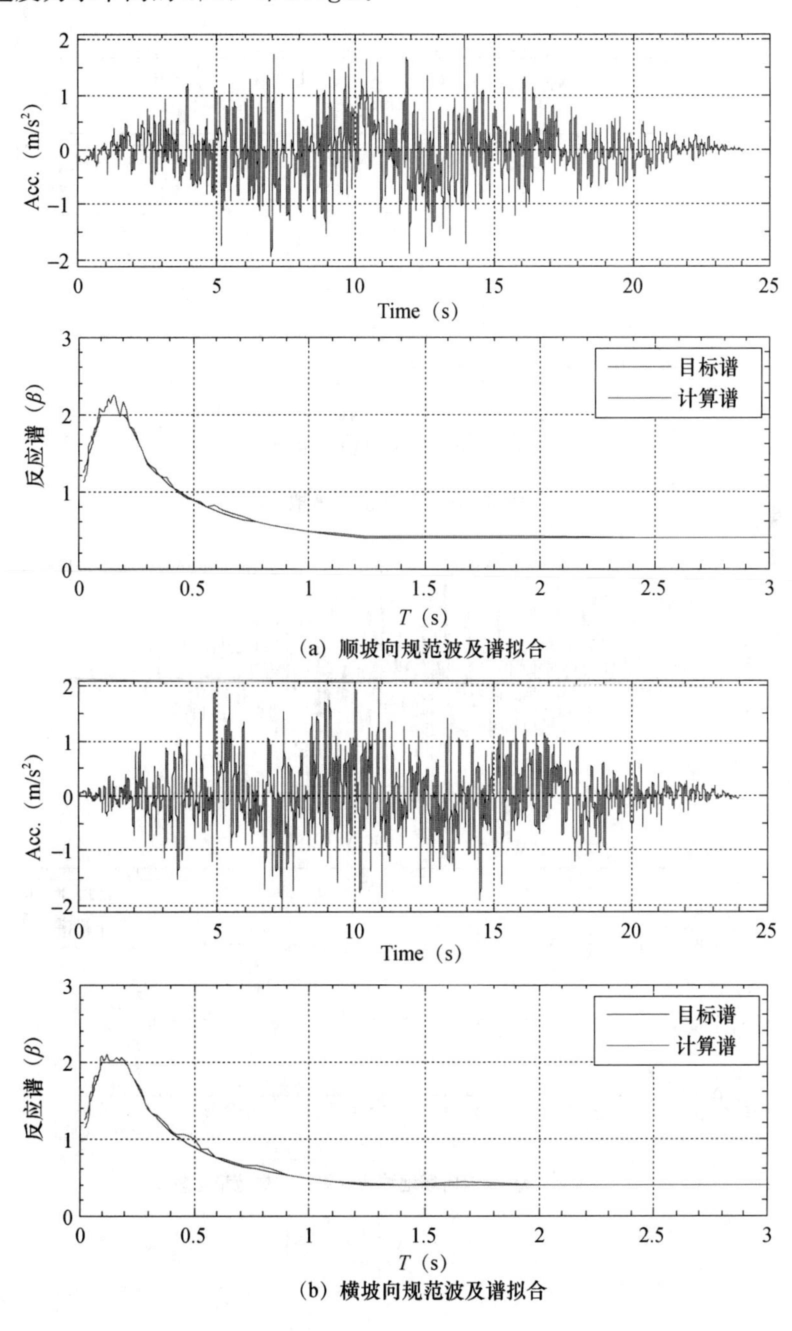

（a）顺坡向规范波及谱拟合

（b）横坡向规范波及谱拟合

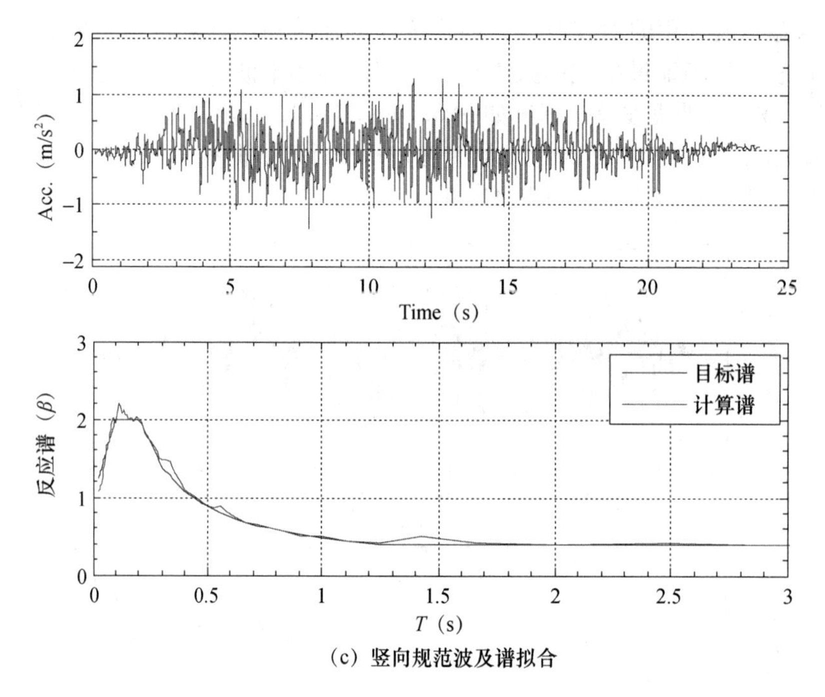

（c）竖向规范波及谱拟合

图 6.10　规范波及谱拟合

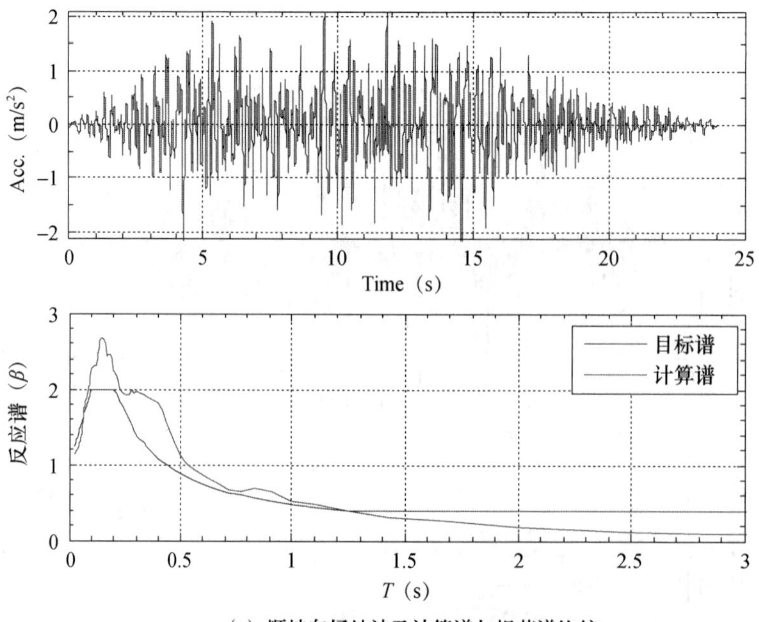

（a）顺坡向场地波及计算谱与规范谱比较

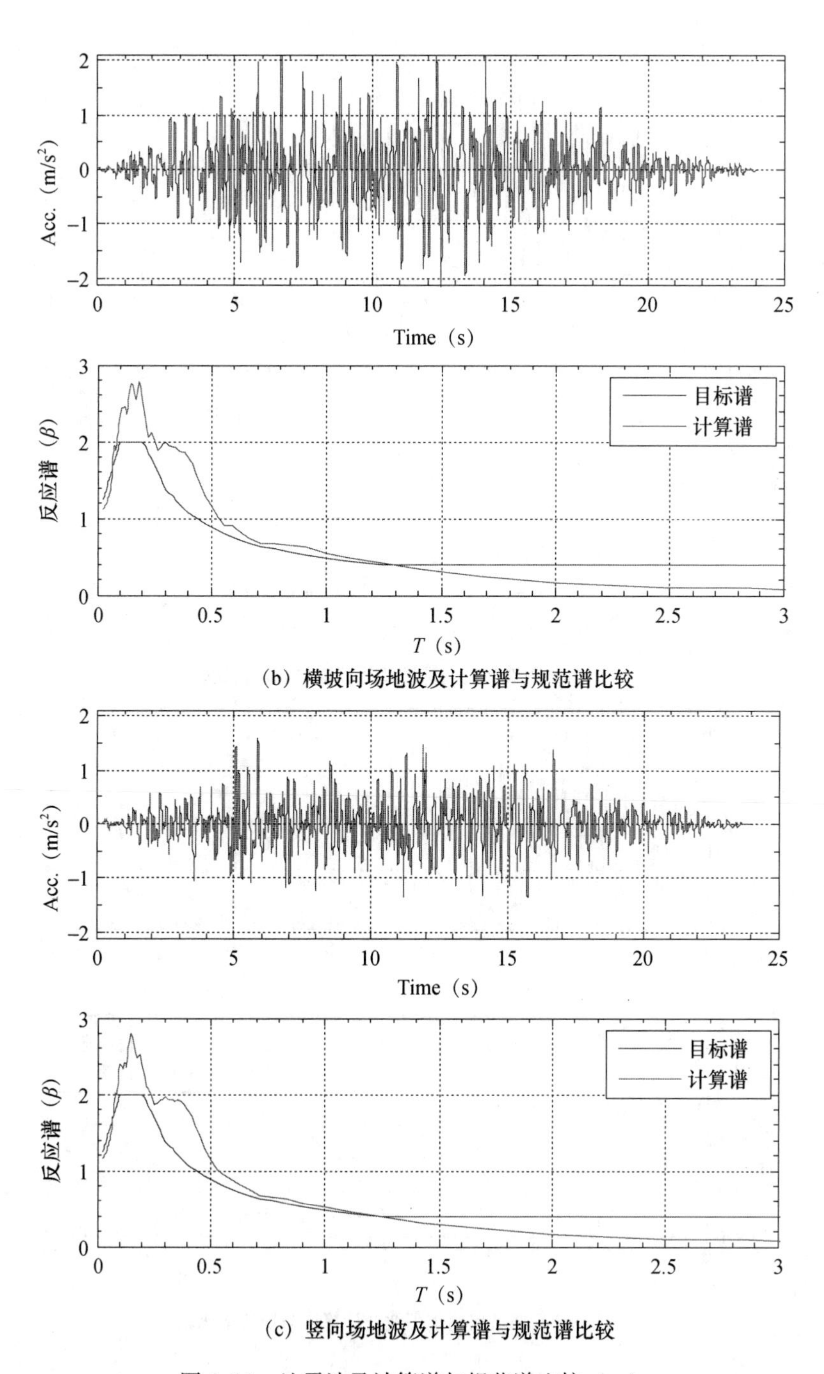

（b）横坡向场地波及计算谱与规范谱比较

（c）竖向场地波及计算谱与规范谱比较

图6.11 地震波及计算谱与规范谱比较（一）

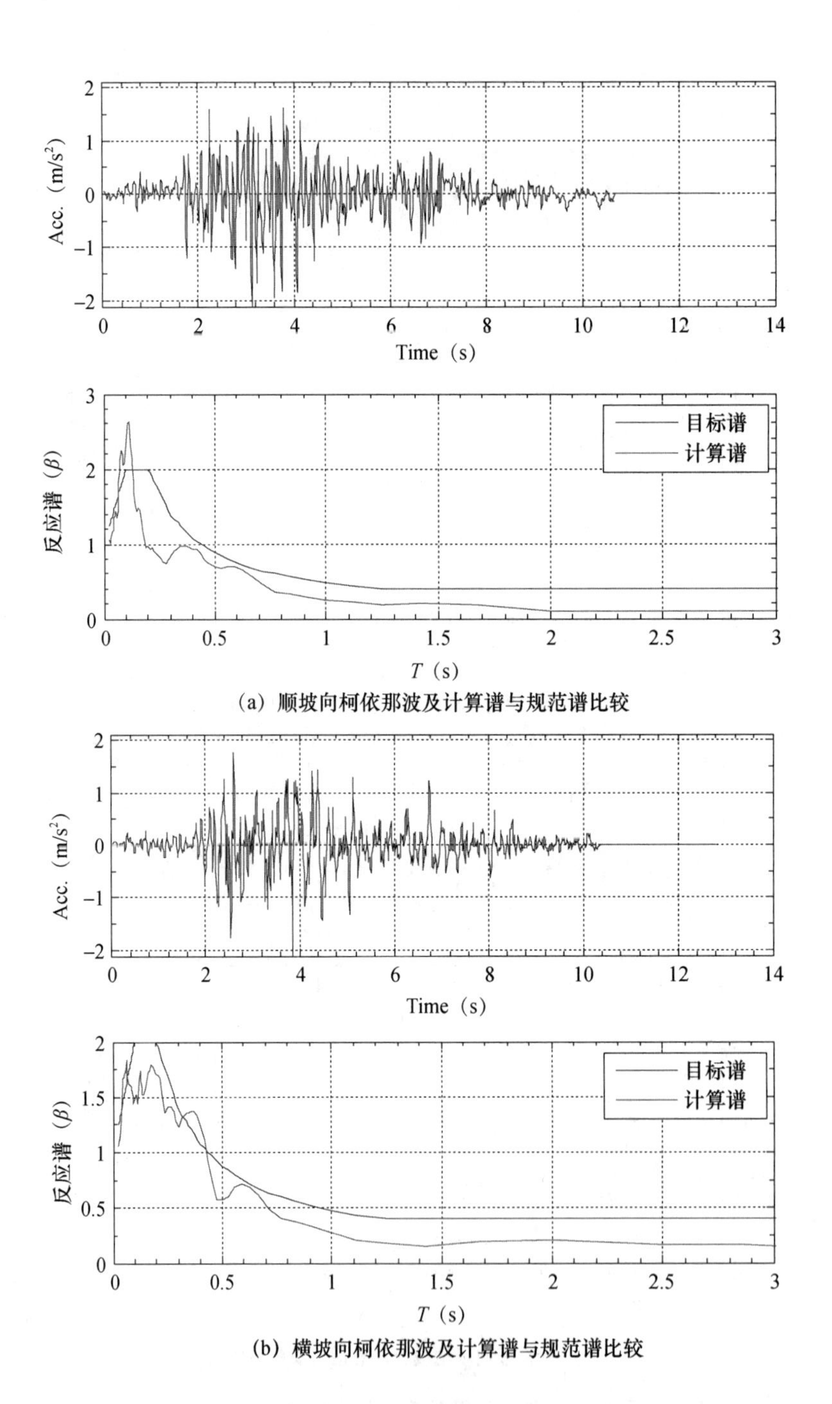

（a）顺坡向柯依那波及计算谱与规范谱比较

（b）横坡向柯依那波及计算谱与规范谱比较

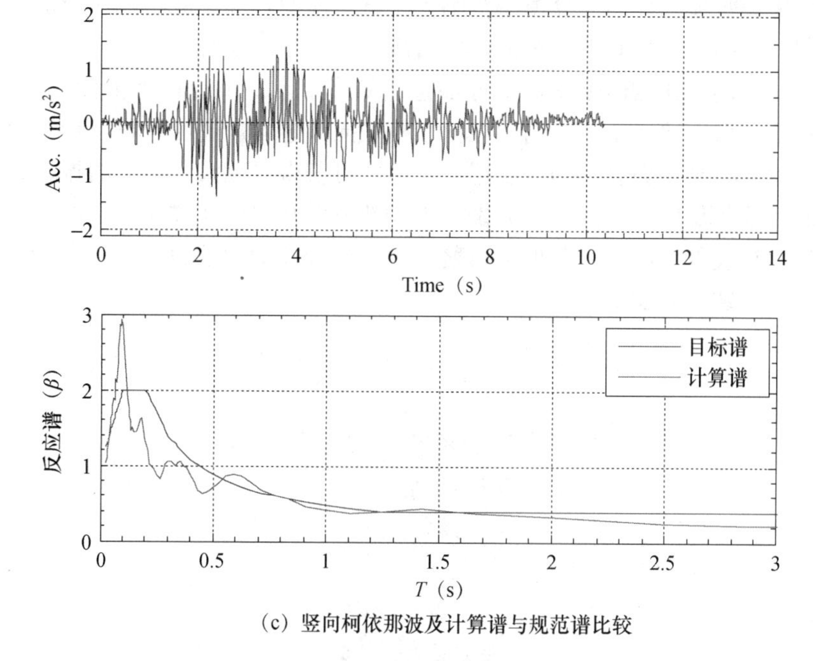

（c）竖向柯依那波及计算谱与规范谱比较

图 6.12 地震波及计算谱与规范谱比较（二）

如图 6.13 所示，对于来自震源的入射地震动，通过数值模拟计算，可以得到地表和地层中任意深度的加速度响应。由于试验模型较实际地基小，若在实际地基中选取与试验模型底面位置相一致的位置，求出其绝对地震响应，将其作为模型底面的地震波进行输入，则模型中该位置以上的地层可得到与实际地基中同样位置相一致的地震动响应。

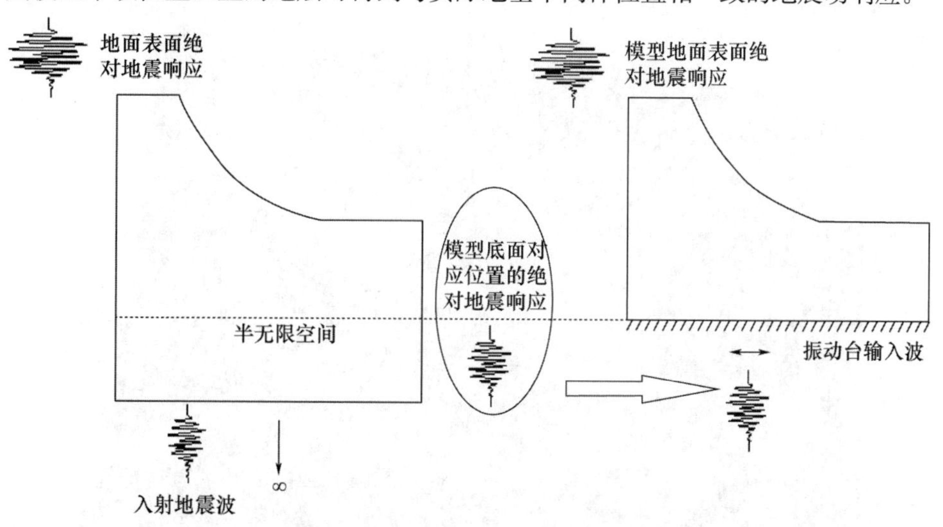

图 6.13 振动台面地震波输入原理

对于振动台试验，一方面，在向振动台面输入地震波时，与之相连的模型底面也受到了相同的强迫振动；另一方面，振动台面为整体运动，台面不同位置的运动路径是一致的。综上所述，首先需要通过数值模拟，求出实际地基中与模型底面相同位置的地震动响应，将平面各点的响应值进行加权平均，然后将平均值作为等效的振动台台面波进行输入。其中，数值计算的计算模型范围大于试验模型，远场能量辐射效应以黏弹性边界方法模拟，空间为三维有限元离散，用时域中心差分法求解。

以规范波为例，在数值模型对应底面选用 8 个节点，节点位置如图 6.14 所示，在规范波作用下，取上述 8 个节点的顺坡向、横坡向和竖向加速度时程，计算对应时刻代数和的平均值，将其作为底面的代表运动，由此可获得规范波作用下的振动台台面输入加速度波时程及其反应谱。同理可分别获得场地波以及柯依那波作用下的振动台台面输入加速度波时程及其反应谱，此处不再赘述。为测量模型的动力响应，布置了加速度计和位移计，其安装位置如图 6.15 所示。

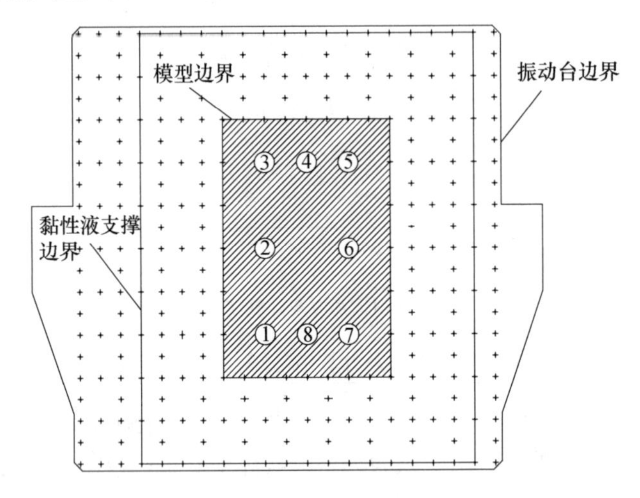

图 6.14　8 个节点的选点位置

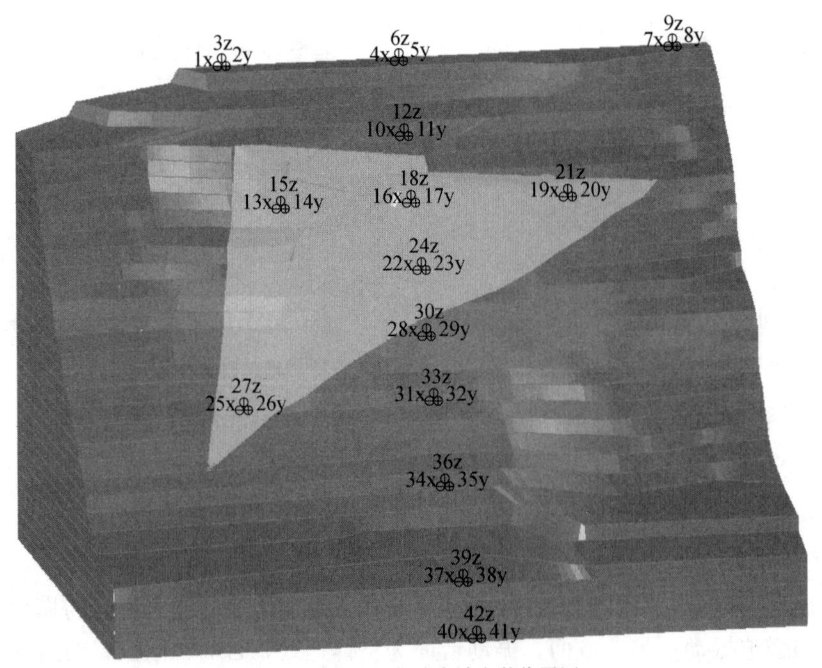

(a) 加速度计安装位置图

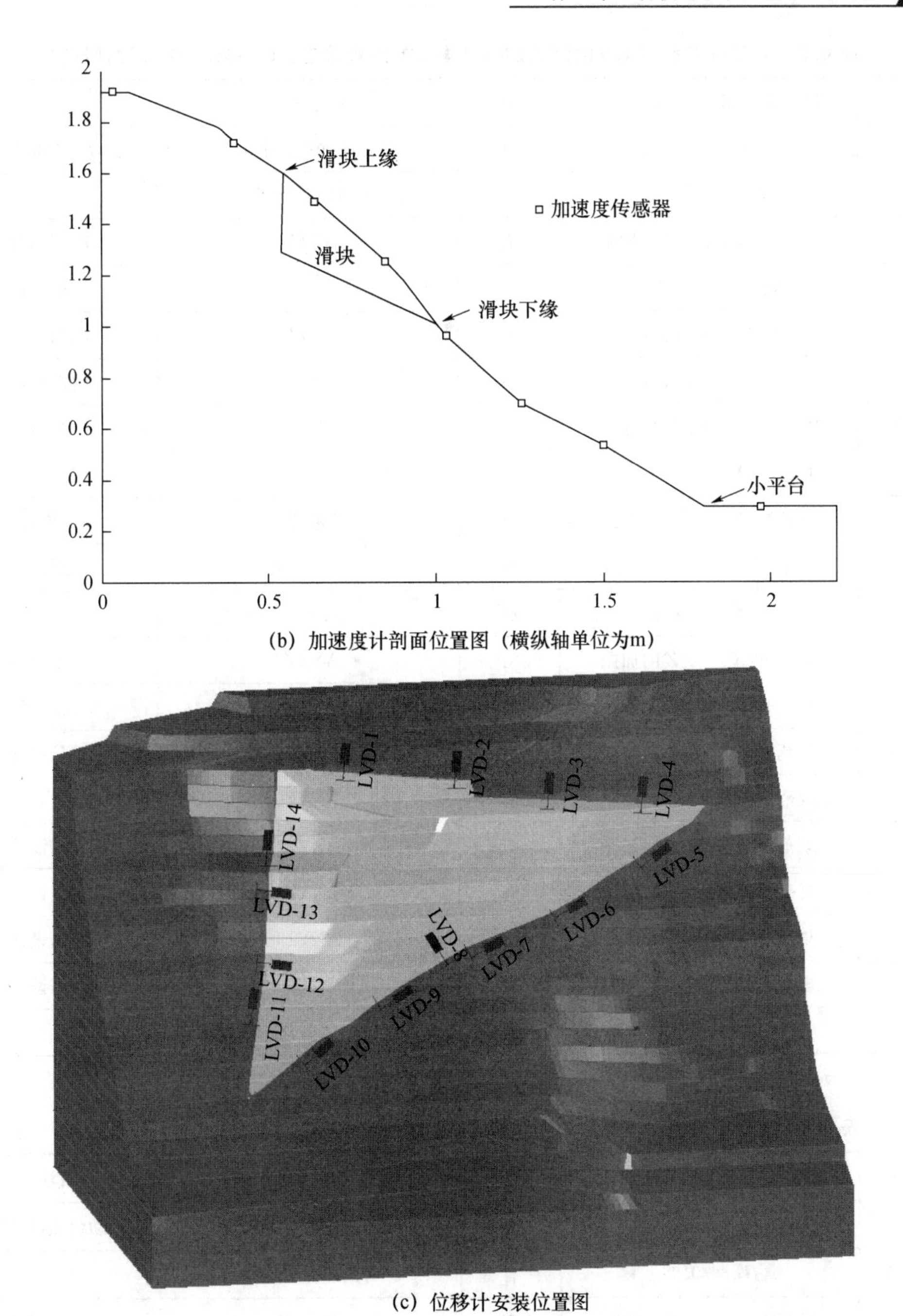

(b) 加速度计剖面位置图（横纵轴单位为m）

(c) 位移计安装位置图

图 6.15 加速度计和位移计安装

6.3.4 试验方案

为了研究强度折减对边坡稳定的影响，本研究进行了强度折减系数 1.0 和 0.8 的两次系列试验。强度折减系数 1.0 对应于边坡滑面抗剪强度设计值，而强度折减系数 0.8 对应于边坡滑面抗剪强度设计值的 0.8 倍。强度折减系数 1.0 时的加振方案见表 6.5；强度折减系数 0.8 时的加振方案见表 6.6。

表 6.5　强度折减系数 1.0 时试验加振方案（X 为顺坡向，Y 为横坡向，Z 为竖向）

工况	地震波/振动台峰值加速度	渗压	测量采集	备注
1-1	白噪声/<0.03g	无	三方向加振分别采集	振动台热机过程
2-1	白噪声/0.05g	有	三方向加振分别采集	
3-1	规范波/X、Y、Z 向加振	有	AXYZ0	0.778 倍设计
4-1	规范波/X 向加振	有	AX1	1 倍设计
5-1	规范波/Y 向加振	有	AY1	1 倍设计
6-1	规范波/Z 向加振	有	AZ1	1 倍设计
7-1	规范波/X、Y、Z 向加振	无	AXYZ1	1 倍设计
8-1	规范波/X、Y、Z 向加振	有	AXYZ2	1 倍设计
9-1	场地波/X、Y、Z 向加振	有	FXYZ1	1 倍设计
10-1	Koyna 波/X、Y、Z 向加振	有	KXYZ1	1 倍设计
11-1	白噪声/0.05g	有	三方向加振分别采集	
12-1	规范波/X、Y、Z 向加振	有	AXYZ3	1.5 倍设计
13-1	规范波/X、Y、Z 向加振	有	AXYZ4	2.0 倍设计
14-1	规范波/X、Y、Z 向加振	有	AXYZ5	3.0 倍设计
15-1	规范波/X、Y、Z 向加振	有	AXYZ6	4.0 倍设计
16-1	规范波/X、Y、Z 向加振	有	AXYZ7	5.0 倍设计
17 1	规范波/X、Y、Z 向加振	有	AXYZ8	6.0 倍设计
18-1	规范波/X、Y、Z 向加振	有	AXYZ9	7.0 倍设计
19-1	规范波/X、Y、Z 向加振	有	AXYZ10	8.0 倍设计
20-1	白噪声/0.05g	有	三方向加振分别采集	

注：对振动台而言：X—南北向；Y—东西向；Z—竖向；X、Y、Z 是相互正交的。

表 6.6　强度折减系数 0.8 时试验加振方案（X 为顺坡向，Y 为横坡向，Z 为竖向）

工况	地震波/振动台峰值加速度	渗压	测量采集	备注
1-2	白噪声/<0.03g	无	三方向加振分别采集	振动台热机过程
2-2	白噪声/0.05g	有	三方向加振分别采集	
3-2	规范波/X、Y、Z 向加振	有	AXYZ0	0.778 倍设计
4-2	规范波/X 向加振	有	AX1	1 倍设计
5-2	规范波/Y 向加振	有	AY1	1 倍设计
6-2	规范波/Z 向加振	有	AZ1	1 倍设计
7-2	规范波/X、Y、Z 向加振	无	AXYZ1	1 倍设计
8-2	规范波/X、Y、Z 向加振	有	AXYZ2	1 倍设计

续表

工况	地震波/振动台峰值加速度	渗压	测量采集	备注
9-2	场地波/X、Y、Z 向加振	有	FXYZ1	1 倍设计
10-2	Koyna 波/X、Y、Z 向加振	有	KXYZ1	1 倍设计
11-2	白噪声/0.05g	有	三方向加振分别采集	
12-2	规范波/X、Y、Z 向加振	有	AXYZ3	1.5 倍设计
12-2j	规范波/X、Y、Z 向加振	有	AXYZ1.8	1.8 倍设计
13-2	规范波/X、Y、Z 向加振	有	AXYZ4	2.0 倍设计
13-2j	规范波/X、Y、Z 向加振	有	AXYZ2.5	2.5 倍设计
14-2	规范波/X、Y、Z 向加振	有	AXYZ5	3.0 倍设计
15-2	规范波/X、Y、Z 向加振	有	AXYZ6	4.0 倍设计
16-2	规范波/X、Y、Z 向加振	有	AXYZ7	5.0 倍设计
17-2	规范波/X、Y、Z 向加振	有	AXYZ8	6.0 倍设计
18-2	规范波/X、Y、Z 向加振	有	AXYZ9	7.0 倍设计

注：对振动台而言：X—南北向；Y—东西向；Z—竖向；X、Y、Z 是相互正交的。

6.4 试验模型的数值计算分析

为了对试验结果与数值方法相互印证，本节使用本书作者开发的 LDDA 计算机程序，模拟试验模型，进行了计算分析。在 LDDA 方法模拟接触缝面时，计入了 J110 的初始间隙值 0.02mm，另外，用黏性边界作为吸能边界以模拟模型边界的黏滞液。

试验模型的网格剖分是由本书作者王璨利用 TrueGrid 网格剖分程序完成的。作为有限元模型建立的一个重要环节，剖分的方式和剖分质量的好坏，会对有限元计算过程和结果造成很大影响。随着有限元技术的发展，人们开发出了大量的前处理软件，其中在国际上被普遍认可的前处理软件有 CFDRC 公司的 CFD-GEOM 和 CFD-MicroMesh，CAE-Beta 公司的 ANSA，Alta-ir 公司的 Hypermesh，EDS 公司的 FEMAP，MSC 公司的 Patran，SamTech 公司的 Samcef/Field 和 TrueGrid 等，另外还有一些大型有限元商业软件自带的网格剖分器，如 Ansys/PreProcesser 和 Marc/Mentat 等[13]。

边坡的动力反应分析，对网格剖分质量有着比较严格的要求，一般要求进行六面体网格的剖分，从而保证计算精度。由于实际边坡结构比较复杂，坡面不平缓，采用一般的有限元网格剖分工具，如 ANSYS、GID 等，都需要进行简化并分层处理，且层与层之间的连接部分都必须上下对应，因此需要统一规划，再将每一层拆分成形状规整并上下一致的部分，过程比较烦琐且需要大量简化，更适用于相对规整结构的网格剖分。相比较而言，利用 TrueGrid 网格剖分程序对实际边坡进行有限元网格剖分则更加简单有效。

TrueGrid 是一种通用网格划分前处理软件，由美国 XYZ Scientific Application 公司推出，可以支持大部分有限元分析软件，如 Ansys、Ls-Dyna、Abaqus、Adina、Auto-dyn、Marc、Nastran 等，整个建模过程通过命令流的形式来完成，可通过程序自带的 Block

或 Cylinder 命令来创建基本块体，也可以支持从外部输入 IGES 数据，再利用 TrueGrid 强大的投影功能来实现复杂模型的建立。

试验模型的有限元网格剖分如图 6.16 和图 6.17 所示，其有 8838 个节点，7760 个单元，26514 个自由度，LS337、J110、f114 作为接触缝面处理，有限元模型（包括接触缝面）的材料特性和边界条件与试验模型取值一致。

本书选取模型试验中的工况 8-1 和工况 13-1（6.3.4 节），两工况均考虑渗压作用，分别为规范波 1 倍和 2 倍设计地震三向加振，将有限元计算值与实测值进行比较，深入分析各种试验结果与观察现象的成因，并检验计算方法与计算模型的合理性。由边坡基频、边坡加速度最大值沿坡高的分布、边坡地震放大系数以及加速度时程可见，其计算值与实测值结果虽难以完全一致，但也基本接近，一些差异的地方也可以解释，计算与试验能相互印证，因而认为试验的地震输入方法、边界条件设置等均较合理。

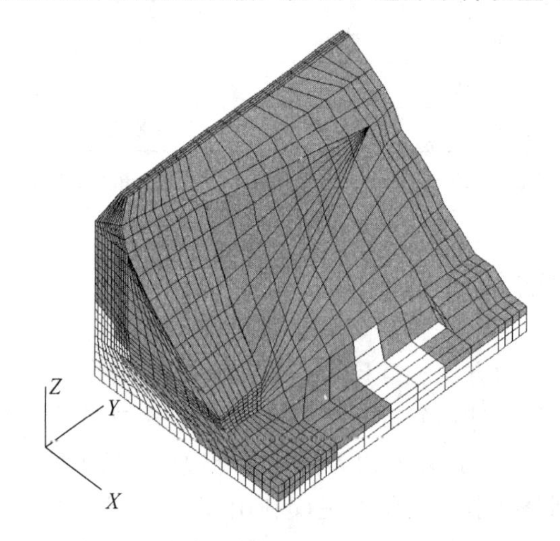

图 6.16　白鹤滩水电站左岸边坡有限元网格剖分

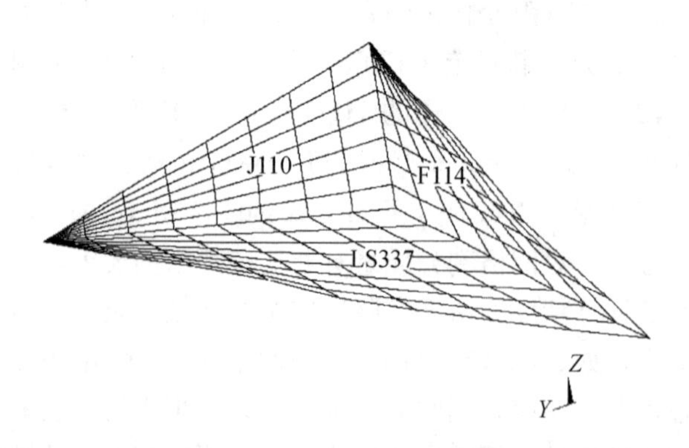

图 6.17　白鹤滩水电站左岸边坡滑块有限元网格剖分

6.4.1　边坡基频的比较

边坡基频计算值与实测值比较率（表 6.7），顺坡向、横坡向、竖向计算值与实测值的相对误差依次为 7.07%、3.95%和 5.81%。

表6.7 边坡基频计算值与实测值的比较率

顺坡向			横坡向			竖向		
计算值	实测值	误差（%）	计算值	实测值	误差（%）	计算值	实测值	误差（%）
17.47	18.80	7.07	20.81	20.02	3.95	38.05	35.96	5.81

6.4.2 边坡地震放大系数的比较

进行加速度最大值沿坡高的分布与边坡地震放大系数的计算值与实测值比较，比较结果工况8-1如图6.18（a）～图6.18（c）所示，工况13-1如图6.19（a）～图6.19（c）所示，由图可知，计算值与实测值基本接近。但中、下部高程计算与试验有一定差异，其原因主要是地形地质条件较复杂，有限元网格保持均匀有困难。有限元动力分析中，如果网格尺寸太小，会要求计算时步很小；如果网格尺寸太大，地震波的高频成分会被滤波。有限元网格尺寸一般要求不大于1/8～1/12波长，模型剪切波速约为140m/s，最大网格尺寸约为0.15m，则95Hz以上的地震波被滤波。因此，如果只考虑试验结果与试验模型的数值进行计算比较，对于加速度局部放大而言，试验结果更合理一些。但试验模型本身对河床部位的地形地质条件有较大简化，由于振动台承载能力有限，模型的地基厚度只有0.29m，试验给出的河床部位局部平台上的实测加速度值难以合理反映真实情况。需要指出的是，河床部位局部平台上的实测加速度值与其他测点比较虽有较大增加，但由于该部位与滑块相距较远，因此，并不影响对边坡整体稳定的评价。

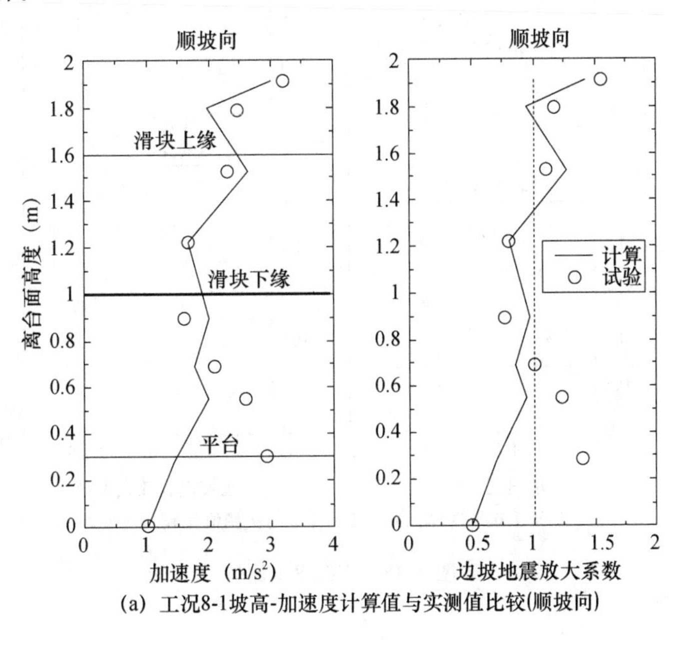

(a) 工况8-1坡高-加速度计算值与实测值比较(顺坡向)

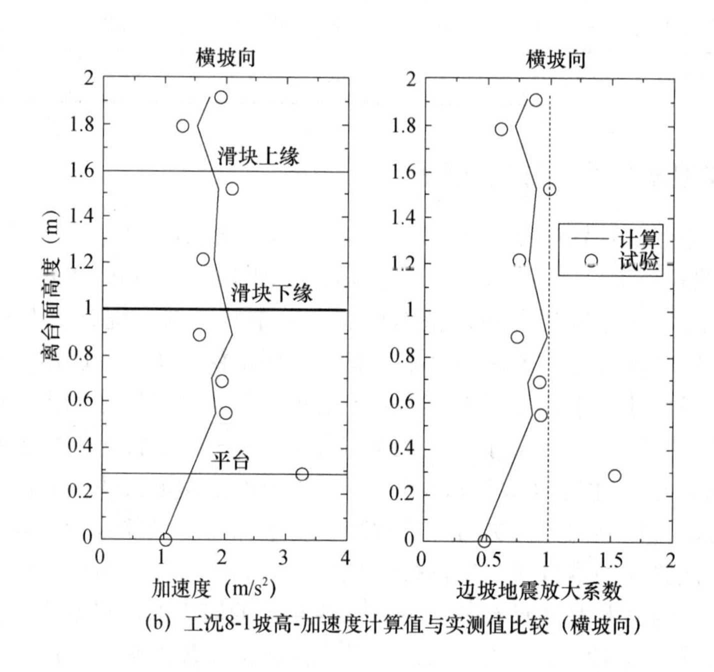

（b）工况8-1坡高-加速度计算值与实测值比较（横坡向）

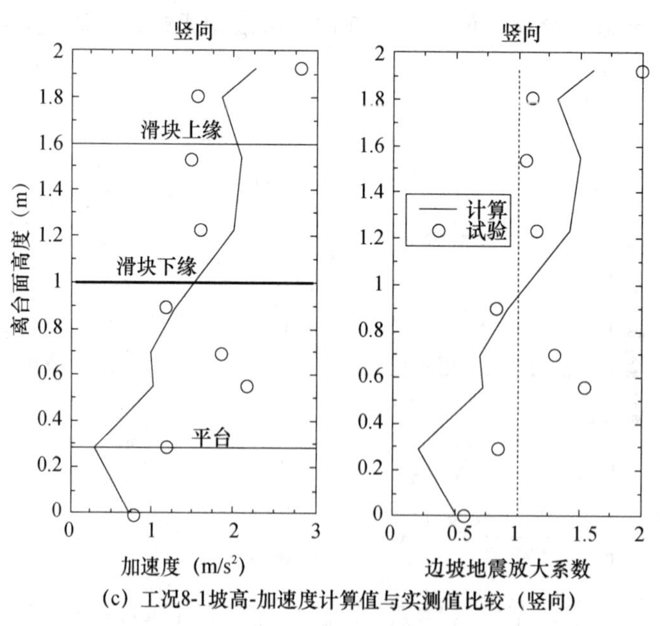

（c）工况8-1坡高-加速度计算值与实测值比较（竖向）

图 6.18　工况 8-1 比较

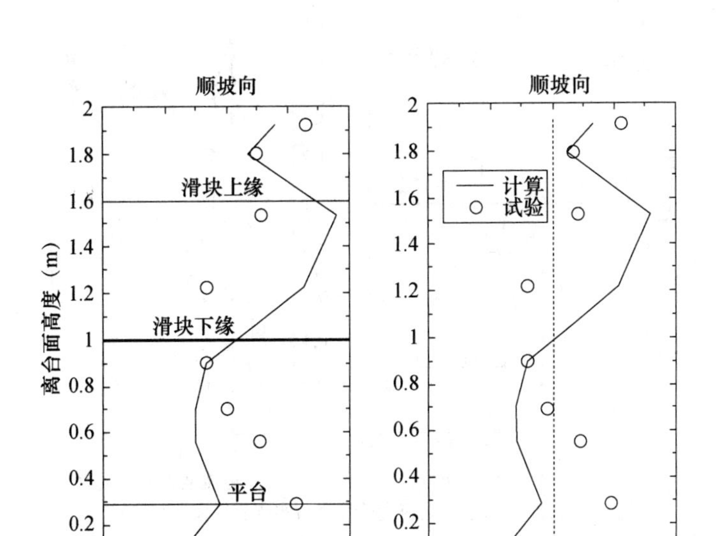

(a) 工况13-1坡高-加速度计算值与实测值比较（顺坡向）

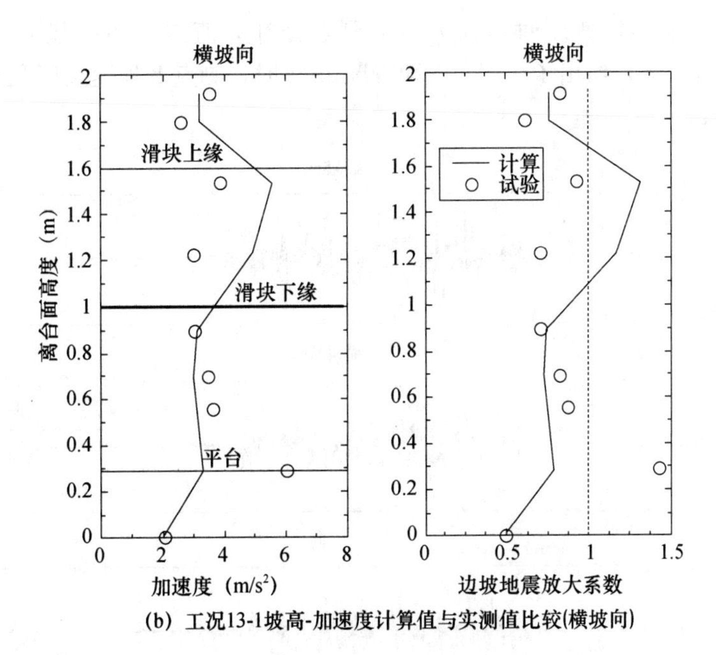

(b) 工况13-1坡高-加速度计算值与实测值比较(横坡向)

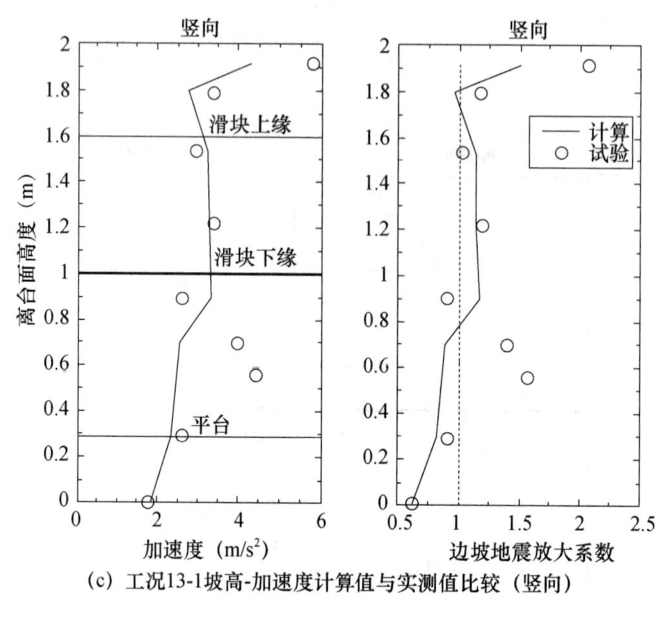

（c）工况13-1坡高-加速度计算值与实测值比较（竖向）

图 6-19　工况 13-1 比较

6.4.3　加速度时程的比较

计算结果表明，加速度时程在大多数测点处计算值与实测值基本接近，图 6.20（a）以及图 6.20（b）给出了工况 8-1 和工况 13-1 时，测点 8 加速度时程计算值与实测值的比较结果。

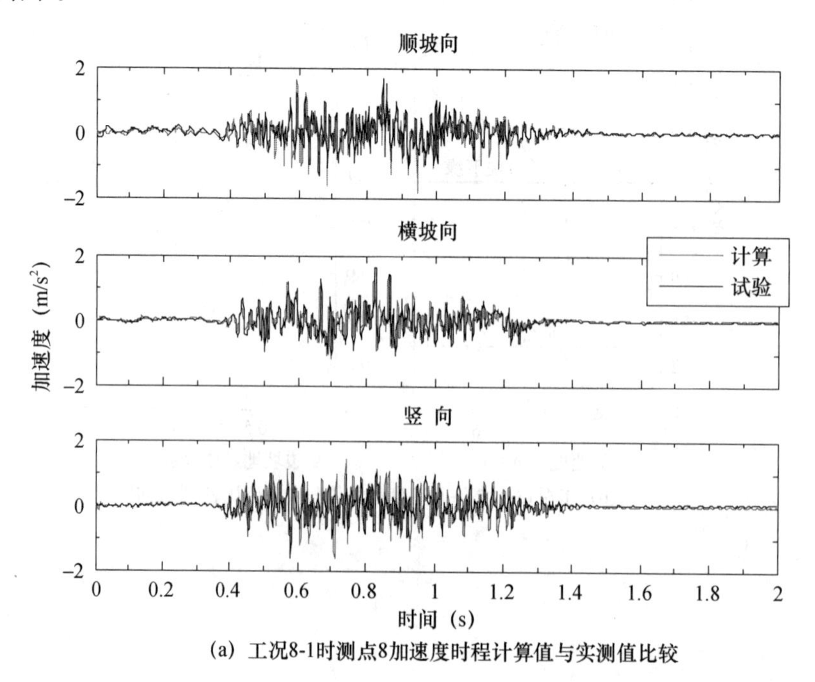

（a）工况8-1时测点8加速度时程计算值与实测值比较

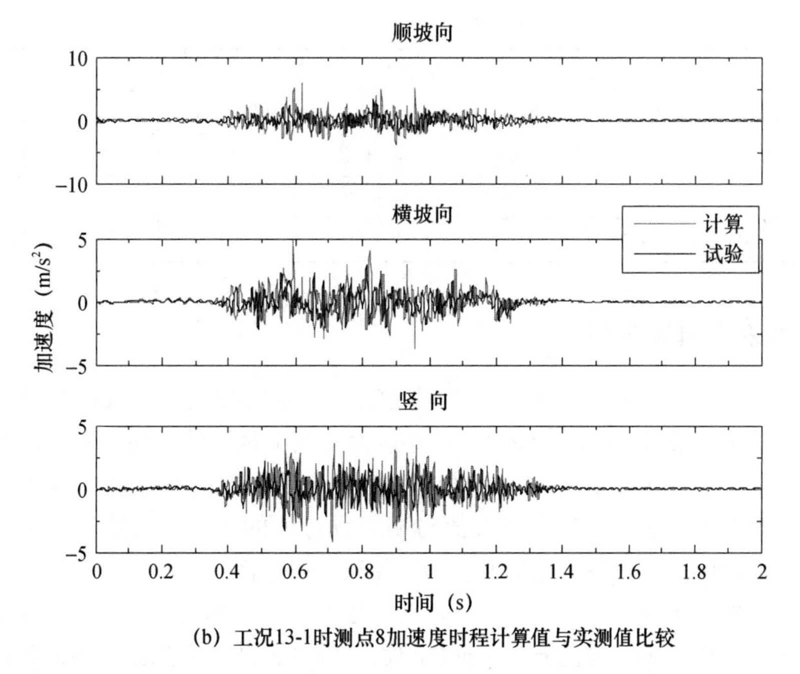

(b) 工况13-1时测点8加速度时程计算值与实测值比较

图 6-20　工况 8-1 和工况 13-1 时测点 8 加速度时程计算值与实测值的比较结果

6.5　试验结果及分析

6.5.1　边坡体基本动力特性分析

本章进行了强度折减 1.0 和 0.8 两次试验，采用白噪声三向加振分别采集响应加速度，并计算边坡顶端中部加速度测点对台面的传递函数，获得模型边坡基本动力特性。激励白噪声频率范围 3.0～120Hz，数据采集长度 180s，频谱分析中 FFT 长度采用 4096，对应频率分辨率为 0.244Hz。

全部加振工况计算得到的频率和阻尼比见表 6.8，由表 6.8 可见，强度折减 1.0 时，模型边坡顺坡向、横坡向和竖向频率依次为 18.80Hz、20.02Hz 和 35.96Hz，对应阻尼比为 9.73%、12.6%和 12.58%；强度折减 0.8 时，模型边坡顺坡向、横坡向和竖向频率依次为 18.31Hz、20.02Hz 和 36.13Hz，对应阻尼比为 10.67%、11.58%和 12.82%；表 6.8 的加振过程对边坡的基频基本无影响，表明表 6.8 的加振对边坡结构面无损伤。

表 6.8　边坡基本频率和阻尼比

强度折减系数	顺坡向		横坡向		竖向		备注
	频率（Hz）	阻尼比（%）	频率（Hz）	阻尼比（%）	频率（Hz）	阻尼比（%）	
1.0	18.80	9.73	20.02	12.60	35.92	12.58	无渗压
	18.80	10.39	20.02	11.00	35.96	12.21	有渗压
	18.80	8.46	20.02	10.98	36.16	12.54	1倍设计加振后
	18.80	9.73	20.02	11.00	36.01	12.89	8倍设计加振后

续表

强度折减系数	顺坡向		横坡向		竖向		备注
	频率（Hz）	阻尼比（%）	频率（Hz）	阻尼比（%）	频率（Hz）	阻尼比（%）	
0.8	18.31	10.67	20.02	11.58	36.13	12.82	无渗压
	18.31	11.33	20.02	10.38	36.13	13.02	有渗压
	18.31	9.34	20.02	9.75	36.13	11.48	1倍设计加振后

6.5.2 加速度响应分析

试验获得了各加振工况、各加速度测点的加速度时程记录，数据量较大，限于篇幅，本书仅给出经整理后强度折减1.0，各加振倍数下规范波三向加振时，顺坡向最大加速度和边坡地震放大系数沿坡高的分布（图6.21），本书对边坡地震放大系数定义为：边坡表面的地震响应加速度最大值与相应设计值的比值。由试验结果可以得出结论：①有、无渗压情况，各测点加速度响应相近，由于渗压较小，本次试验渗压的影响可以不计；②地震波的形状及频率成分，对边坡地震响应和边坡地震放大系数有明显影响，场地波大于规范波，规范波大于柯依那波；③规范波三向加振，不同加振倍数情况下，边坡地震放大系数沿坡高分布不均匀，且呈现为竖向稍大于顺坡向，而顺坡向稍大于横坡向的趋势，除最顶端测点外，边坡地震放大系数在0.5～1.5，平均接近1.0；④强度折减0.8时，加振倍数为设计地震的7倍时，1号滑块已整体失稳，发生滑坡。

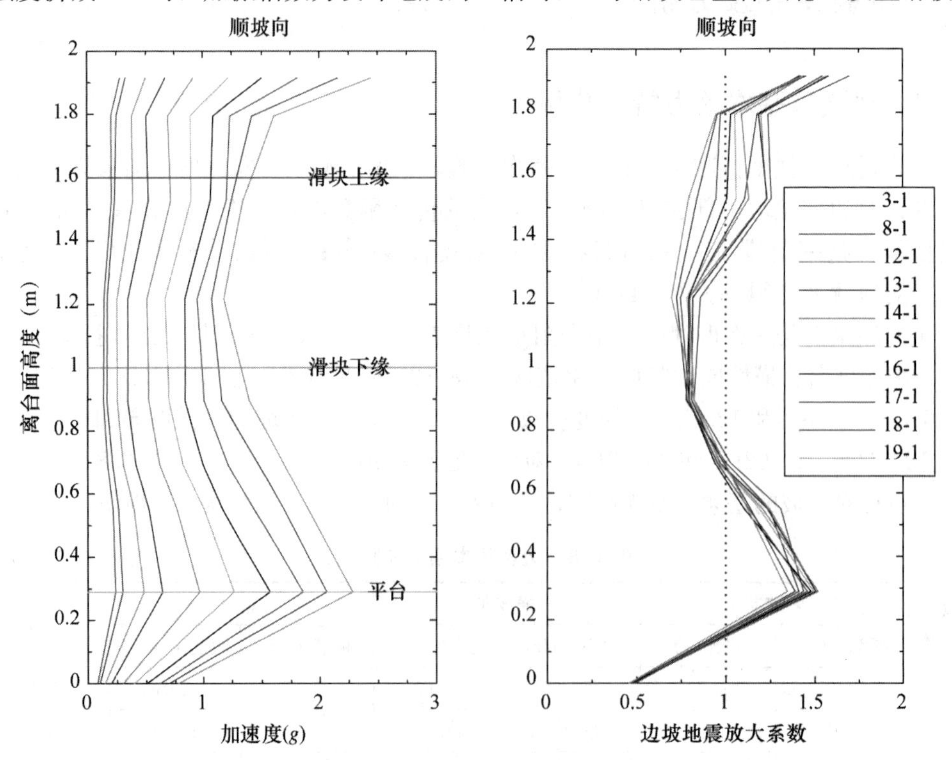

图6.21　各加振倍数规范波三向加振最大加速度沿坡高分布

（工况3-1、8-1、12-1、13-1、14-1、15-1、16-1、17-1、18-1、19-1）

6.5.3 位移响应分析

与加速度响应类似，试验同样采集了各工况、各位移测点的位移时程，图 6.22 和图 6.23 依次示例给出降强系数 0.8 时，1.5 倍设计地震规范波测点 4 张开量位移时程、1-4 号测点张开量残余位移与地震加载倍数的关系。由全部测点位移得出结论：①与加速度响应类似，三向 1 倍设计加振情况，场地波产生的张开量位移比规范波的稍大，而

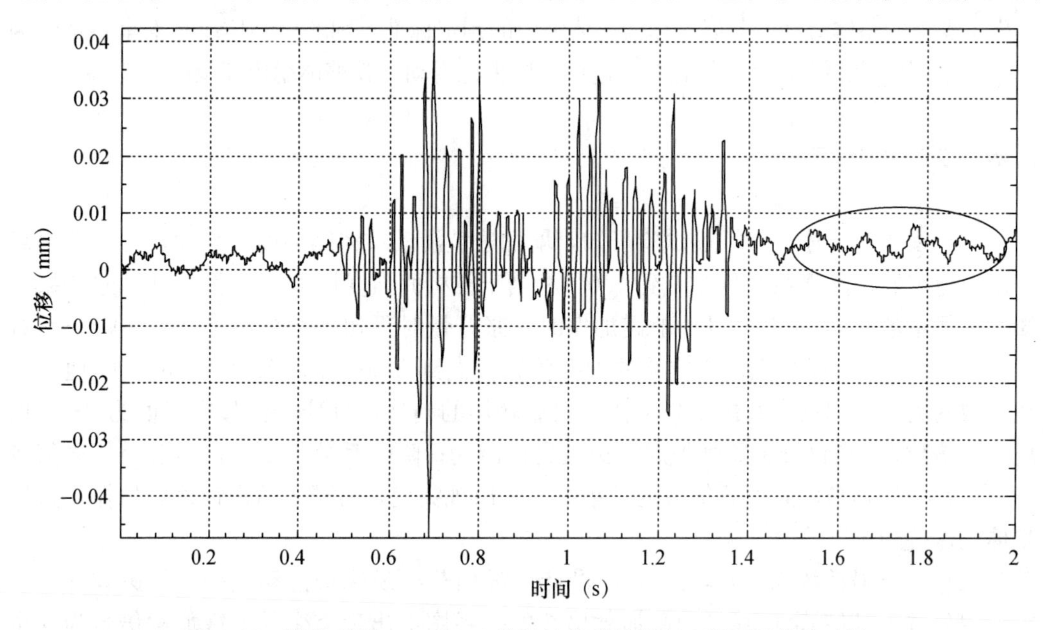

图 6.22 降强系数 0.8 时 1.5 倍设计规范波测点 4 张开量位移时程

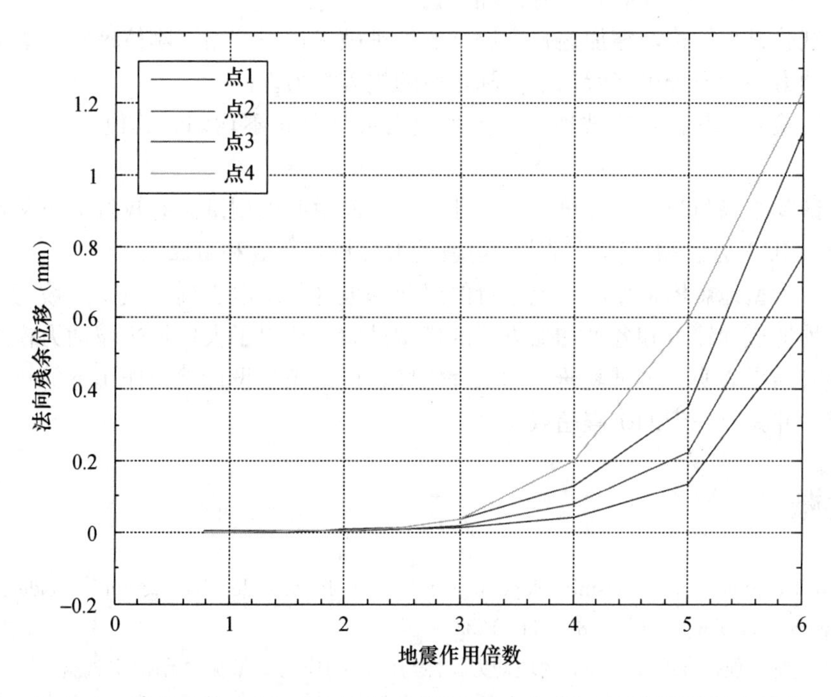

图 6.23 降强系数 0.8 时 1-4 号测点张开量残余位移与地震加载倍数的关系

规范波产生的张开量位移比柯依那波产生的稍大；②降强系数1.0时，规范波三向2倍设计地震加振时，测点4的张开量时程出现了残余位移，而降强系数0.8时，规范波三向1.5倍设计地震加振时，测点4的张开量时程出现了残余位移（图6.22）；③降强系数1.0时，随加振倍数的增大，局部测点的残余位移逐渐增大，但边坡整体仍保持稳定；④降强系数0.8时，不同加振倍数与测点残余位移的关系有较好的规律性，从加振倍数与测点残余位移关系图6.23可见，残余位移突变值在2～3，加振倍数2.5倍以上时，块体产生了少量的整体滑动，若以此作为块体失稳的判定标准，则块体整体超载安全系数约为2.5；⑤降强系数0.8，至7倍超载，边坡整体失稳滑动，其整体稳定安全度为6～7。

6.5 本章小结

（1）从本书所述边坡抗震试验可知，增加边坡滑动块体结构面的强度，可显著提高其动力稳定性。降强系数从0.8到1.0，相当于结构面强度提高了25%，从试验结果可知，降强系数0.8，1.5倍设计地震加振时，张开量时程初现残余位移，而在降强系数1.0时，张开量时程初现残余位移的加振倍数提高到2.0；降强系数0.8时，随地震加载倍数的增加，测点张开量残余位移有明显增加的趋势，且残余位移突变值为2～3地震加载倍数，7倍设计地震加振时，边坡失稳滑动；降强系数1.0时，因残余位移值较小，在残余位移与地震加载倍数的关系图上未出现突变，直至8倍设计地震加振，边坡整体仍保持稳定。

（2）从降强系数0.8时，2～3倍设计地震加载出现残余位移突变，但边坡并未失稳的现象看，“以残余位移与地震加载倍数的关系图上出现突变的地震加载倍数为安全系数值”，可能低估了实际边坡的抗震潜力。

（3）试验显现了边坡随加振强度提高的渐进破坏过程，用“刚体极限平衡方法”计算边坡的动力稳定安全可能低估了实际边坡的抗震潜力。

（4）试验初步获得：边坡地震放大系数沿坡高分布不均匀，其值为0.5～1.5，平均接近1.0。

（5）试验结果与数值计算可相互印证，一方面说明模型试验有较好的可信度；另一方面说明LDDA方法和计算机程序对边坡动力分析是有效和可靠的。

（6）在大型地震模拟振动台上进行的以西部地区某水电工程岩质高边坡为研究对象的考虑三种地震动输入和各种加振方案的模型试验，获得了大比尺边坡动力模型试验的经验，试验结果表明：本试验研究的工程边坡，可以满足设计地震作用下的抗震稳定性安全要求，并具有一定的抗震超载能力。

参考文献

[1] Lin M L, Wang K L. Seismic slope behavior in a large-scale shaking table model test [J]. Engineering Geology, 2006, 86: 118-133.

[2] 徐光兴，姚令侃，高召宁，等. 边坡动力特性与动力响应的大型振动台模型试验 [J]. 岩石力学与工程学报，2008，27 (3)：624-632.

[3] 李振生，巨能攀，侯伟龙，等．陡倾层状岩质边坡动力响应大型振动台模型试验研究 [J]. 工程地质学报，2012，20（2）：242-248.

[4] 杨国香，叶海林，伍法权，等．反倾层状结构岩质边坡动力响应特性及破坏机制振动台模型试验研究 [J]. 岩石力学与工程学报，2012，31（11）：2214-2221.

[5] 邹威，许强，刘汉香，等．强震作用下层状岩质斜坡破坏的大型振动台试验研究 [J]. 地震工程与工程振动，2011，31（4）：143-149.

[6] 叶海林，郑颖人，李安洪，等．地震作用下边坡预应力锚索振动台试验研究 [J]. 岩石力学与工程学报，2012，31（增1）：2847-2854.

[7] Srilatha N，MadhaviLatha G，Puttappa C G. Effect of frequency on seismic response of reinforced soil slopes in shaking table tests [J]. Geotextiles and Geomembranes，2013，36：27-32.

[8] Murakami H，Kaneko T，KIMURA H，et al. New criteria to qualify seismic stability of reinforced slopes，13th World Conference on Earthquake Engineering Conference Proceedings [C]. Vancouver，B. C.，Canada，2004.

[9] 张伯艳，李德玉，王立涛，等．岩质高边坡动力破坏机理的振动台试验研究 [J]. 水电与抽水蓄能，2019，5（2）：28-33.

[10] ZHANG Boyan，LI Deyu. LI Chunlei. Seismic input model of high slope and its test verification，IOP Conf. Series：Earth and Environmental Science 304（2019）042010，doi：10.1088/1755-1315/304/4/042010，Accession number：20194107515349.

[11] ZHANG Boyan，LI Deyu. WANG Litao. Large-scale shaking table model test research on Bai He Tan hydropower station left bank slope [C]. 2016 International Conference on Material Science and Civil Engineering，(ISBN：978-1-60595-378-6)，Guilin，China，August 5-7，2016.

[12] 王海波，涂劲，李德玉．室内动力模型试验中辐射阻尼效应的模拟 [J]. 水利学报，2004（2）：39-44.

[13] 李海峰，吴冀川，刘建波，等．有限元网格剖分与网格质量判定指标 [J]. 中国机械工程，2012，23（3）：368-377.

07 第7章 土质边坡动力模型试验研究

7.1 引言

滑坡是山体斜坡发生大变位或滑动破坏的地质现象的总称，边坡发生失稳破坏的主要形式为滑坡。自然界中的滑坡常给人类家园带来极大的破坏，因此人们很早就开展了对滑坡的研究，有关滑坡研究的文献可以追溯到20世纪初[1]。

边坡动力问题最早是为了研究爆破、地震等动力荷载下土石坝坡的稳定性问题。最初有关坝坡抗震设计的研究中，坡体被当作绝对刚性体，地震力的作用简化为水平和竖直两个方向上的加速度，加速度的值在加载过程中保持不变，作用于最不利于边坡稳定方向上的潜在不稳定的块体重心。运用极限平衡理论便可求出边坡的拟静力安全系数。

1936年，Mononobe等人最早认识到坝坡是变形体，首次提出了一维剪切楔法模型，运用剪切楔法分析进行边坡地震反应的研究工作[2]。此后，Hatanaka将一维剪切楔法模型扩展到了二维情况[3-4]，发现在地震动力作用下土质坝坡的形变是以剪切变形为主。Ambraseys进一步将剪切楔法应用到平面形态为梯形的土质坝坡中[5-6]。

随着剪切楔法在研究坝坡动力问题的重要意义逐渐凸显，并将一维剪切楔法推广到了二维、三维的情况下，Keightley将集中质量的剪切楔法模型用来解释足尺振动试验[7-8]。Ambraseys和Sarma以及Seed和Martin考虑了地震惯性力，同时结合动三轴试验所获得的总应力动剪切强度，用一维剪切楔法模型计算出了滑弧的地震安全系数[9-10]。

Gazetas对1987年之前关于土石坝坡地震反应的研究进行了归纳总结，对比了剪切楔法模型和有限单元法的分析结果的异同点，提出了一种非线性-非弹性的分析方法[11]。

国内，黄文熙、孔宪京、徐志英、沈珠江、祁生文等人也都对土石坝坝坡开展了大量工作[12-17]。

1964年Alaskan地震引发了大量的滑坡激起了研究者们对于边坡动力响应问题的研究。Idriss和Seed首次对于单面土坡的动力响应问题进行了研究[18]。Idriss通过三角黏弹性有限元法研究了刚性基础上坡角为27°的土坡和45°边坡的动力响应问题，输入El Centro地震记录（N-S），发现坡肩处的加速度峰值比坡面任何低于坡肩处的值都大，而坡肩处的值与坡顶后面的值比较则规律并不明显，有时要大得多，有时比较接近[19]。

1971年Davis等对San Fernando地震的余震测量中发现山顶上的地震加速度比山脚成倍增长[20-21]。高野秀夫在斜坡地震原位观测中发现，边坡上的烈度比谷底约大1°，在圆锥山体山上部位要比某些下部位移幅值大7倍[22]。

由于现场监测数据有限，更多探索性的研究是通过数值方法来开展的。Boore首次用基于有限差分的数值方法对山脊在地震动力作用下的地形效应进行了研究[23]。随后有限单元法、边界元法、离散波数法等数值方法也分别被应用于地震作用下山体的地形效应研究中[24-26]。

Sitar and Clough 用有限元法分析发现，边坡的坡角、最大输入加速度以及边坡的自然周期与地震的卓越周期的比值是控制坡体内的加速度以及应力的主要因素[27]。

Geli 等发现以往研究本质上都是研究独立的二维山脊，且该山脊均坐落在一个均质半无限空间之上，沿着坡面从基座到坡肩放大率是变化的。而且当波长等于山脊宽时放大率达到最大，坡肩处的加速度放大率不大于 2，而现场测得的放大率往往是 2～10，甚至达到 30[28]。

Geli 分析了一个更详细的模型，考虑了山脊与山脊之间的相互影响，发现山脊与山脊之间的相互影响比山体结构在场地响应中的影响更大，建议分析应考虑 SV 波、面波以及三维地质结构等因素。

Ashford 研究了简谐波垂直入射均质边坡的地形效应，给出了坡肩处出现峰值加速度放大率的临界坡高条件为 $H/\lambda=0.2$[29]，H 为波高，λ 为简谐波长。祁生文通过大量的数值模拟统计分析得到的临界坡高：$H=(0.17\sim0.21)\lambda$，坡肩后坡体的自然频率相对于地形效应而言，对于地震响应起着控制作用，并提出了一种能够将地形效应和自然频率引起的放大现象分别单独考虑的方法。

Ashford 还研究了简谐波以 0°～30°入射角斜入射均质边坡时的地震动响应，于 2002 年提出了一种用来评价陡倾边坡地震稳定性的简便方法，利用了地震系数将地形放大效应考虑进去。

Lin 基于相似理论开展了高 0.5m×宽 1.3m×坡角 30°的大型土质边坡振动台试验，研究了频率和幅值对边坡模型动力响应的影响。发现边坡模型在加速度为 $0.4g$ 时依旧保持弹性阶段，当达到 $0.5g$ 时开始出现非线性响应特征，并且在坡表产生浅层滑动破坏[30]。

因此，振动台边坡试验对边坡动力失稳和破坏机理的研究更直观，并可以与理论模型相互印证，检验理论模型的正确性。砂质边坡质地均匀，且很容易通过调节含水率来调节砂土的抗剪强度，更容易按设定目标进行试验。

7.2 研究目标

通过振动台主要达到以下几个目标：

(1) 研究不同坡角、土质边坡地震加速度沿坡高的放大效应；

(2) 研究不同坡角下的滑坡形态；

(3) 建立极限平衡分析与加速度时程作用下土质边坡发生滑坡之间的对应关系；

(4) 验证地震作用系数的取值。

7.3 试验设计

(1) 制作试验用模型箱，模型箱长宽高依次为 3.5m、1m、1.3m；

(2) 试验用标准砂，砂重由模型箱大小及边坡形状确定；

(3) 测试标准砂的抗剪断强度值；

（4）制作两种模型，分别采用25°坡角和45°坡角；

（5）极限平衡静动力分析：静力作用安全系数，静动综合作用安全系数，获得滑坡形态和地震作用系数；

（6）研究地基边界阻尼装置模拟地震动辐射阻尼影响；

（7）采用低水平白噪声激励测试边坡动力特性；

（8）确定振动台面输入地震波，进行三条地震波（一条人工波、一条场地波、一条天然波）试验研究，且进行原波（时间比尺为1∶1）和压缩波（时间比尺1∶10）试验；

（9）进行边坡不同地震水平作用下的加振试验，评价边坡抗震稳定安全度。

7.4 试验方案

7.4.1 模型设计

制作两种模型，分别采用25°坡角和45°坡角，模型详细尺寸如图7.1和图7.2所示。

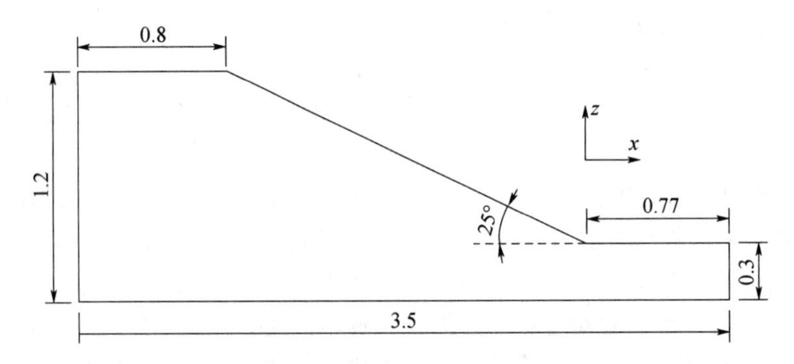

图7.1 25°坡角边坡试验模型设计

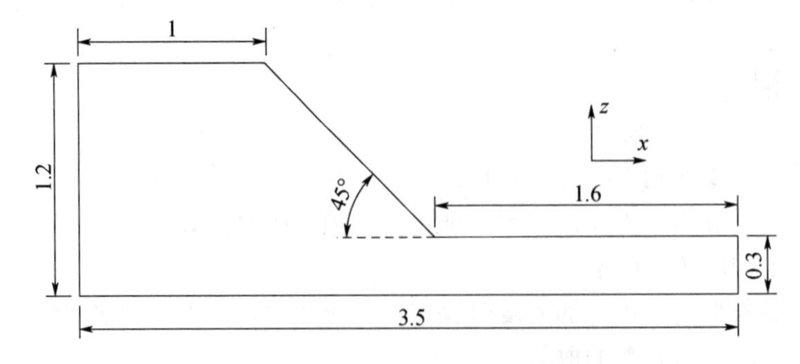

图7.2 45°坡角边坡试验模型设计

7.4.2 模型制作

采用一定含水率的标准砂制作两种模型，分别采用25°坡角和45°坡角。标准干砂中按照设定的含水率加入适量的水，搅拌均匀后倒入模型箱中，按照设计图进行模型加工，并按特定力进行压实。制作好的模型如图7.3和图7.4所示。

图 7.3　25°坡角边坡试验模型

图 7.4　45°坡角边坡试验模型

7.4.3　测点布置

为研究土质边坡地震加速度沿坡高的放大效应，在边坡模型上布置 13 个高精度三向加速度传感器，振动台台面布置一个三向加速度传感器，如图 7.5 和图 7.6 所示。边坡模型上的加速度传感器采用直接埋设的方式，能够很好地反馈边坡测点部位的动力响应。

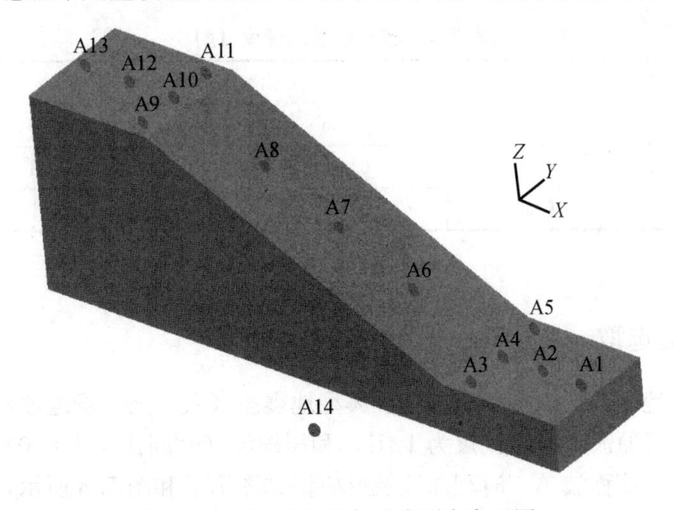

图 7.5　25°坡角边坡加速度测点布置图

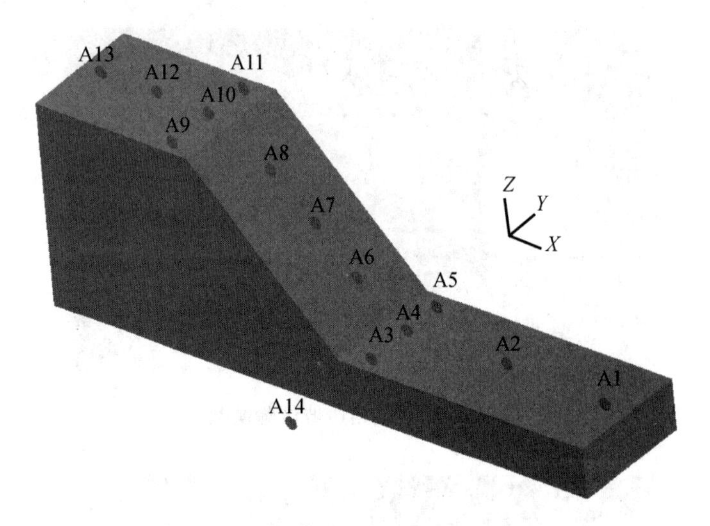

图 7.6 45°坡角边坡加速度测点布置图

7.4.4 试验前分析

边坡土体的湿密度为 1653.21kg/m³，干密度为 1601.948kg/m³，这里取干密度进行计算，相应的干重力密度为 16.02kN/m³，黏聚力取 637.01Pa。坡度分别取 25°和 45°，表 7.1 和表 7.2 为采用 Morgenstern-Price 法计算 25°和 45°边坡在内摩擦角为 30°、35°、40°和 45°时的无地震作用下安全系数和临界地震作用加速度。

静力安全系数和临界地震加速度见表 7.1、表 7.2。

表 7.1 无地震作用时安全系数

坡度	内摩擦角			
	$\varphi=30°$	$\varphi=35°$	$\varphi=40°$	$\varphi=45°$
25°	1.959	2.290	2.657	3.074
45°	1.118	1.277	1.454	1.656

表 7.2 临界地震加速度（g）

坡度	内摩擦角			
	$\varphi=30°$	$\varphi=35°$	$\varphi=40°$	$\varphi=45°$
25°	0.378	0.492	0.609	0.738
45°	0.078	0.166	0.255	0.342

7.4.5 地震波选取

为对比不同地震波的影响，选取三种典型地震波（人工波、场地波和天然波）进行试验研究，并进行原波（时间比尺为 1∶1）和压缩波（时间比尺 1∶10）试验。

（1）人工波（简称波 A）时程曲线及反应谱如图 7.7 和图 7.8 所示，输入波为顺坡向和竖向地震波，竖向取水平向的 2/3。

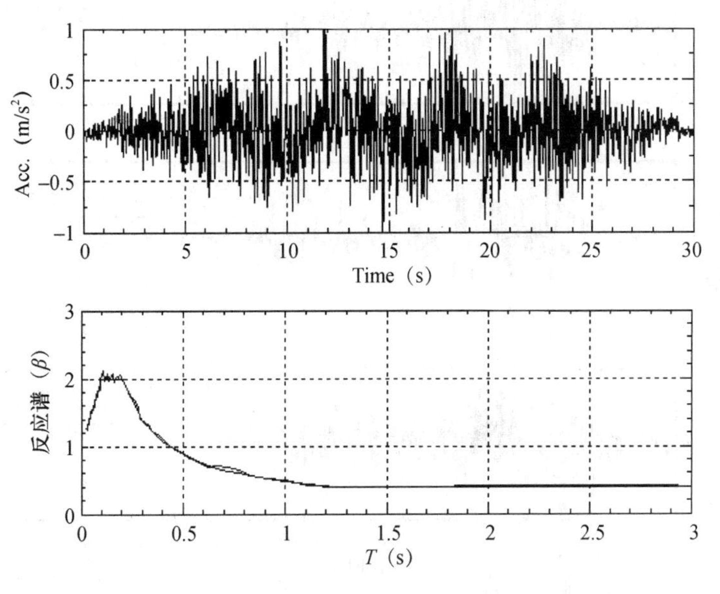

图 7.7　归一化的水平向人工波时程曲线及反应谱

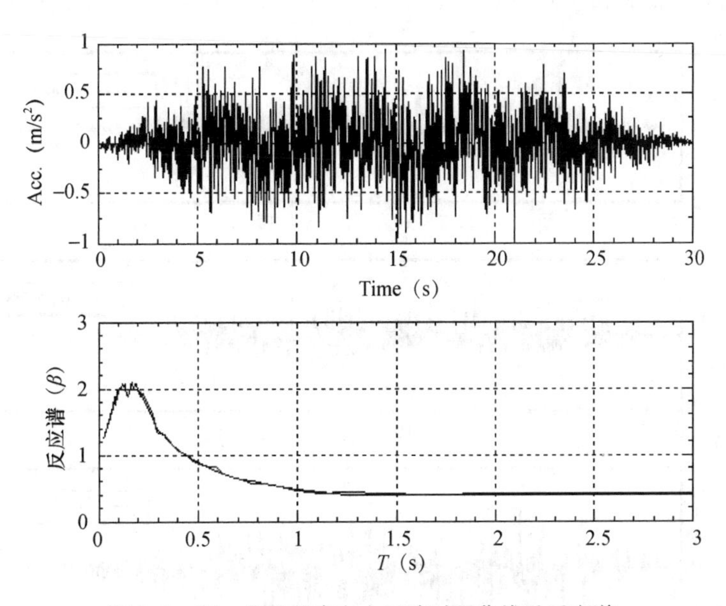

图 7.8　归一化的垂直向人工波时程曲线及反应谱

（2）柯依那波（简称波 K）时程曲线如图 7.9 所示，取顺坡向和竖向分量。

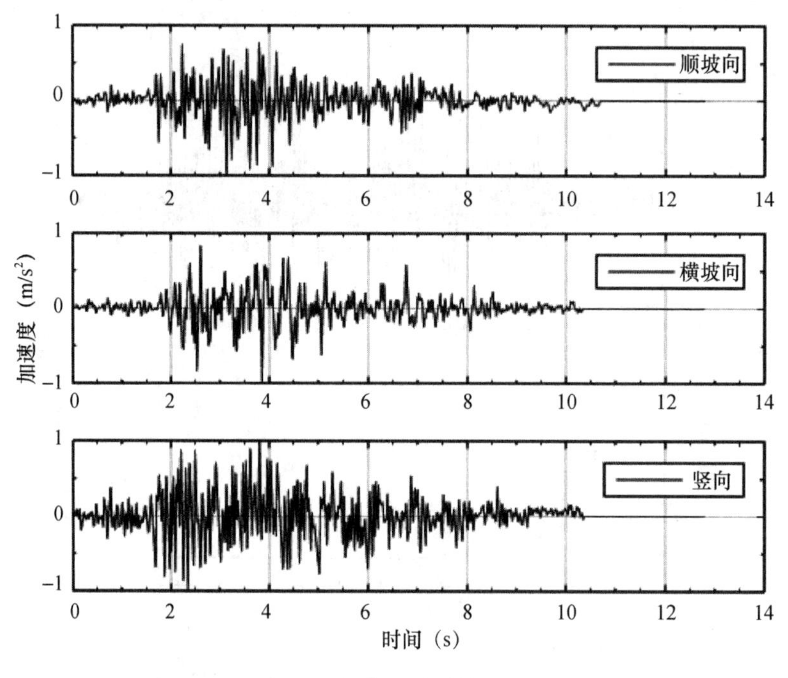

图 7.9　柯依那波时程曲线

（3）场地波（简称波 F）时程曲线如图 7.10 所示，取顺坡向和竖向分量。

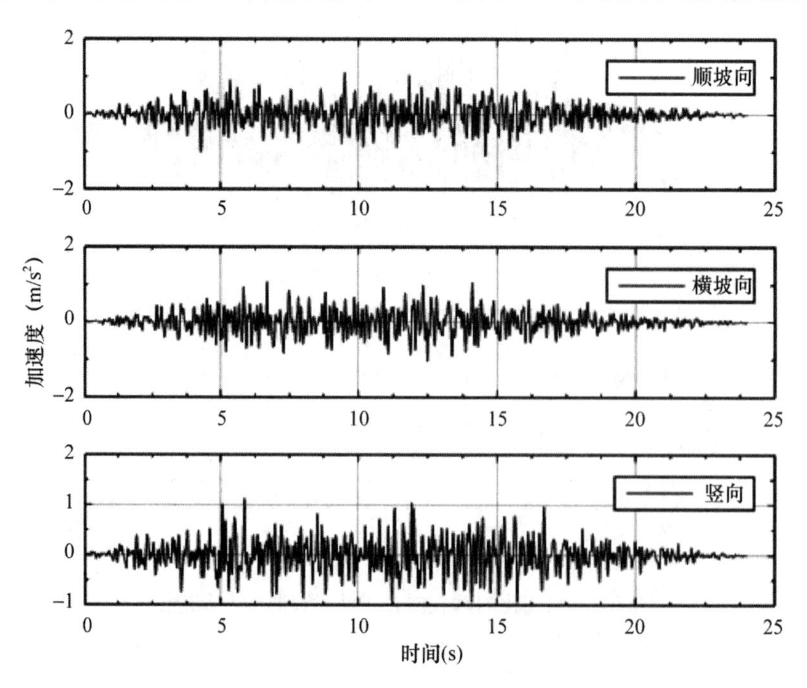

图 7.10　场地波时程曲线

7.4.6　试验流程

结合实际情况，分别制定了25°坡角试验方案和45°坡角试验方案。

25°坡角和45°坡角试验方案相同，分别进行原波和压缩波试验，试验加振方案见表7.3和表7.4。

表7.3　试验加振方案（*X*为顺坡向，*Z*为竖向），（原波，非压缩）

工况	台面输入波/台面加速度峰值	记录文件名	备注
1	白噪声/0.05*g*	二方向加振分别采集	
2	波A/*X*向加振	AX1	0.1*g*（原波，非压缩）
3	波A/*Z*向加振	AZ1	0.1*g*
4	波A/*X*、*Z*向加振	AXZ1	0.1*g*
5	波F/*X*向加振	FX1	0.1*g*
6	波F/*Z*向加振	FZ1	0.1*g*
7	波F/*X*、*Z*向加振	FXZ1	0.1*g*
8	波K/*X*向加振	KX1	0.1*g*
9	波K/*Z*向加振	KZ1	0.1*g*
10	波K/*X*、*Z*向加振	KXZ1	0.1*g*
11	波A/*X*向加振	AX2	0.2*g*（原波，非压缩）
12	波A/*Z*向加振	AZ2	0.2*g*
13	波A/*X*、*Z*向加振	AXZ2	0.2*g*
14	波F/*X*向加振	FX2	0.2*g*
15	波F/*Z*向加振	FZ2	0.2*g*
16	波F/*X*、*Z*向加振	FXZ2	0.2*g*
17	波K/*X*向加振	KX2	0.2*g*
18	波K/*Z*向加振	KZ2	0.2*g*
19	波K/*X*、*Z*向加振	KXZ2	0.2*g*
20	波A/*X*向加振	AX3	0.3*g*
21	波A/*X*向加振	AX4	0.4*g*
22	波A/*X*向加振	AX5	0.5*g*
23	波A/*X*向加振	AX6	0.6*g*
24	波A/*X*向加振	AX7	0.7*g*

表 7.4　试验加振方案（X 为顺坡向，Z 为竖向），(压缩波，1∶10)

工况	台面输入波/台面加速度峰值	记录文件名	备注
1	白噪声/0.05g	二方向加振分别采集	
2	波 A/X 向加振	AX1	0.1g（压缩波）
3	波 A/Z 向加振	AZ1	0.1g
4	波 A/X、Z 向加振	AXZ1	0.1g
5	波 F/X 向加振	FX1	0.1g
6	波 F/Z 向加振	FZ1	0.1g
7	波 F/X、Z 向加振	FXZ1	0.1g
8	波 K/X 向加振	KX1	0.1g
9	波 K/Z 向加振	KZ1	0.1g
10	波 K/X、Z 向加振	KXZ1	0.1g
11	波 A/X 向加振	AX2	0.2g（压缩波）
12	波 A/Z 向加振	AZ2	0.2g
13	波 A/X、Z 向加振	AXZ2	0.2g
14	波 F/X 向加振	FX2	0.2g
15	波 F/Z 向加振	FZ2	0.2g
16	波 F/X、Z 向加振	FXZ2	0.2g
17	波 K/X 向加振	KX2	0.2g
18	波 K/Z 向加振	KZ2	0.2g
19	波 K/X、Z 向加振	KXZ2	0.2g
20	波 A/X 向加振	AX3	0.3g
21	波 A/X 向加振	AX4	0.4g
22	波 A/X 向加振	AX5	0.5g
23	波 A/X 向加振	AX6	0.6g
24	波 A/X 向加振	AX7	0.7g

7.5　试验结果及数据分析

7.5.1　边坡坡面各测点自振特性分析

通过白噪声动态探查，获得了 25°、45°坡面各测点的自振特性，如图 7.11～图 7.14所示。

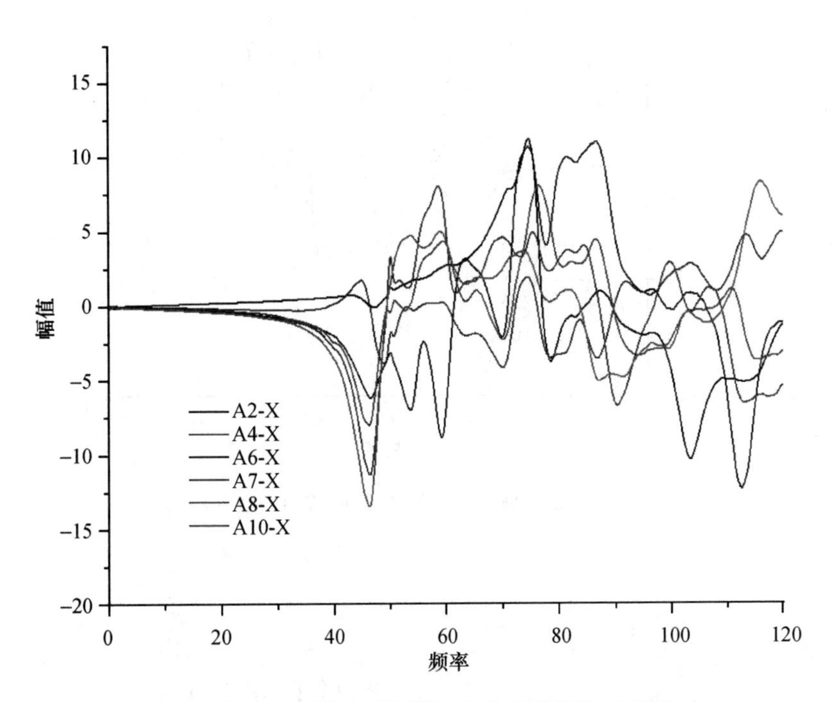

图 7.11　25°边坡坡面各测点 X 向传递函数（虚部）

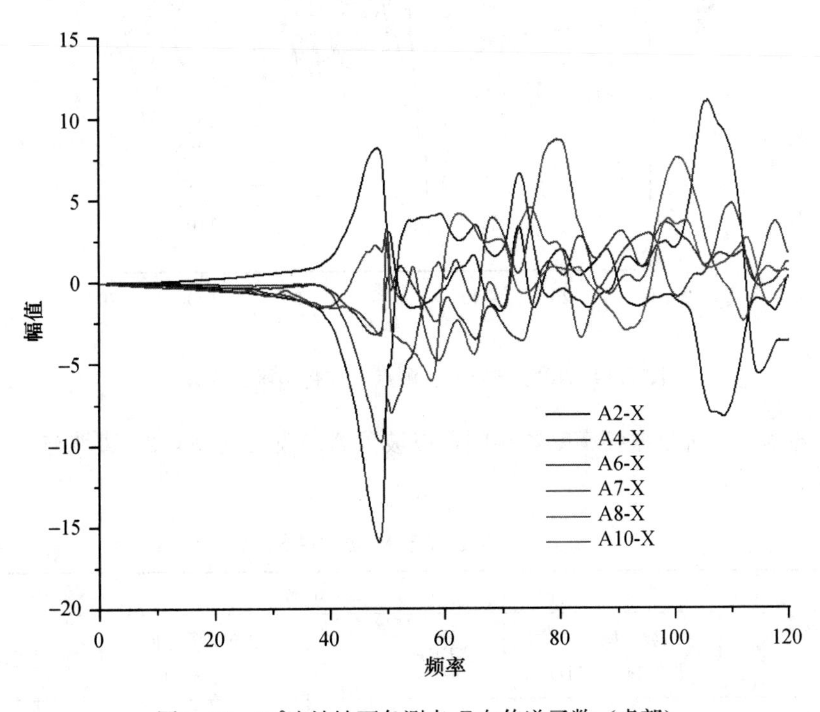

图 7.12　25°边坡坡面各测点 Z 向传递函数（虚部）

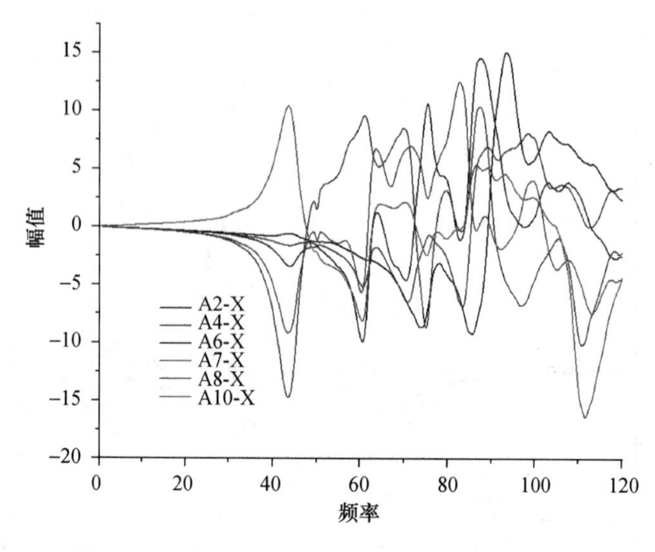

图 7.13 45°边坡坡面各测点 X 向传递函数（虚部）

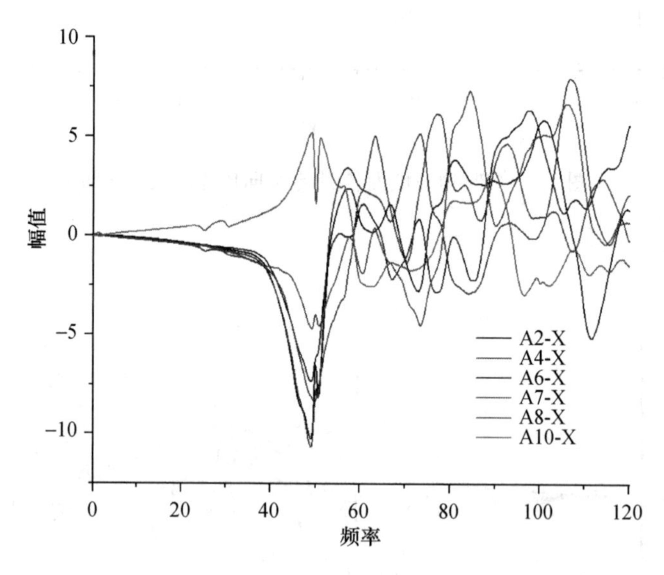

图 7.14 45°边坡坡面各测点 Z 向传递函数（虚部）

坡面各测点一阶自振频率基本相同，以坡顶 A10 测点为例，25°边坡与 45°边坡自振特性见表 7.5。

表 7.5 25°边坡与 45°边坡自振特性

坡角	工况			
	边坡模型 X 向自振频率（Hz）	阻尼比（%）	边坡模型 Z 向自振频率（Hz）	阻尼比（%）
25°	46.567	9.6	54.665	11.9
45°	44.189	6.1	51.709	6.9

7.5.2 25°坡角原波试验数据分析

X方向单向加载不同工况边坡不同高程的放大系数

选取加速度测点 A2 作为基准输入，选取坡面中心线上的 A4、A6、A7、A8、A10，各测点对 A2 测点相应加速度峰值比值作为该测点的放大系数，如图 7.15～图 7.25所示。

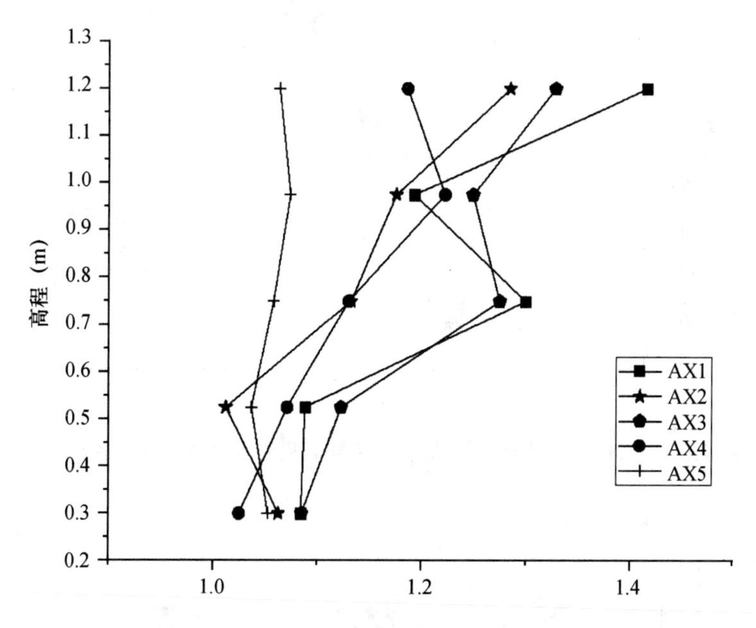

图 7.15 原波各工况下 25°边坡坡面不同高程测点加速度放大系数（一）

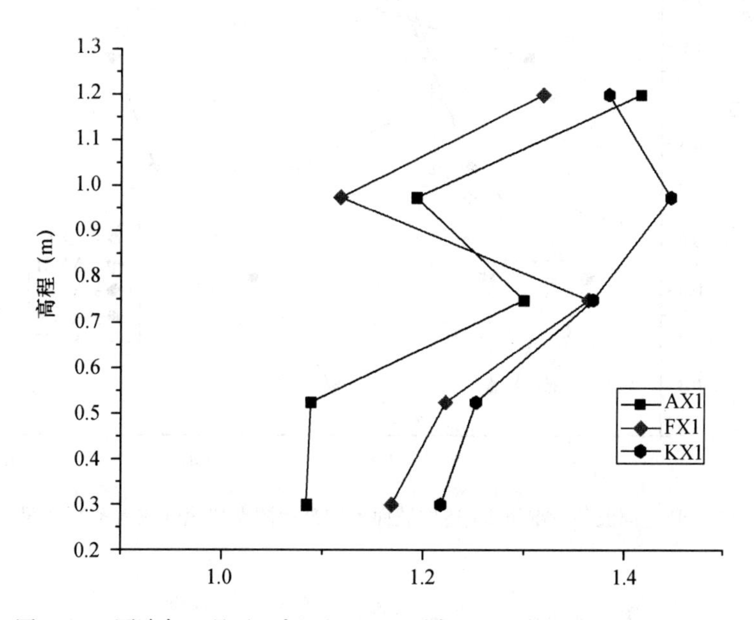

图 7.16 原波各工况下 25°边坡坡面不同高程测点加速度放大系数（二）

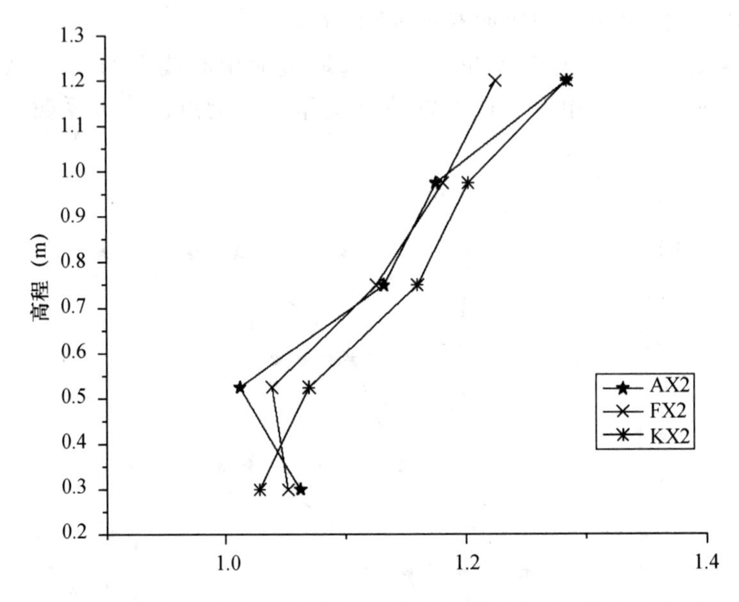

图 7.17　原波各工况下 25°边坡坡面不同高程测点加速度放大系数（三）

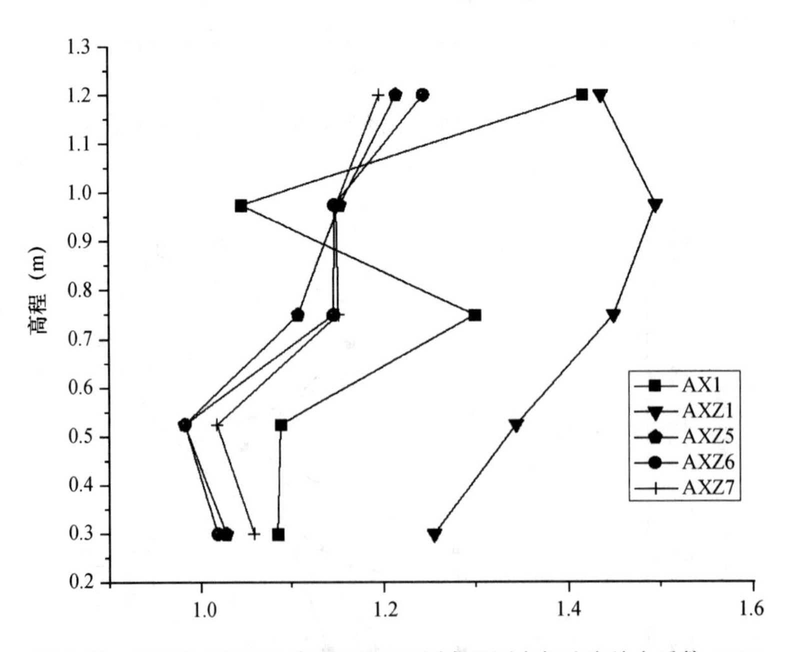

图 7.18　原波各工况下 25°边坡坡面不同高程测点加速度放大系数（四）

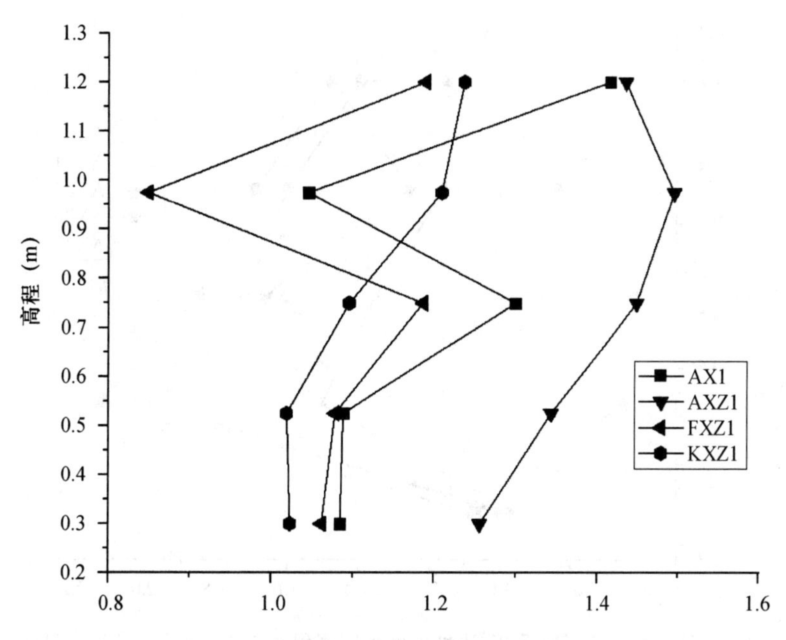

图 7.19　原波各工况下 25°边坡坡面不同高程测点加速度放大系数（五）

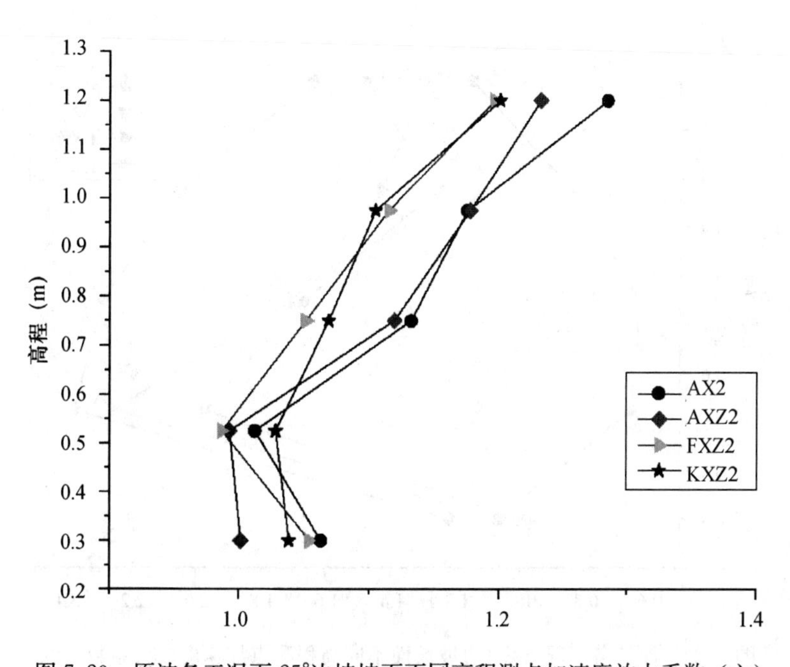

图 7.20　原波各工况下 25°边坡坡面不同高程测点加速度放大系数（六）

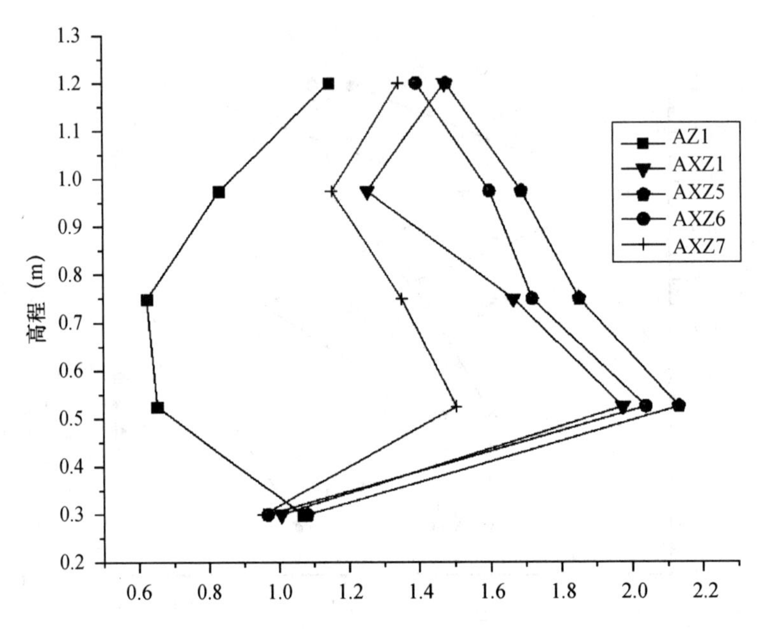

图 7.21　原波各工况下 25°边坡坡面不同高程测点加速度放大系数（七）

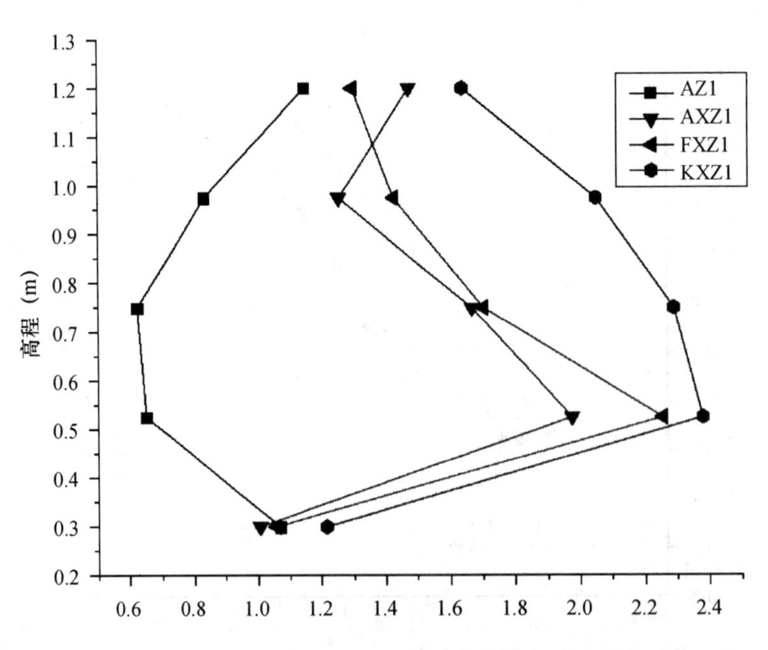

图 7.22　原波各工况下 25°边坡坡面不同高程测点加速度放大系数（八）

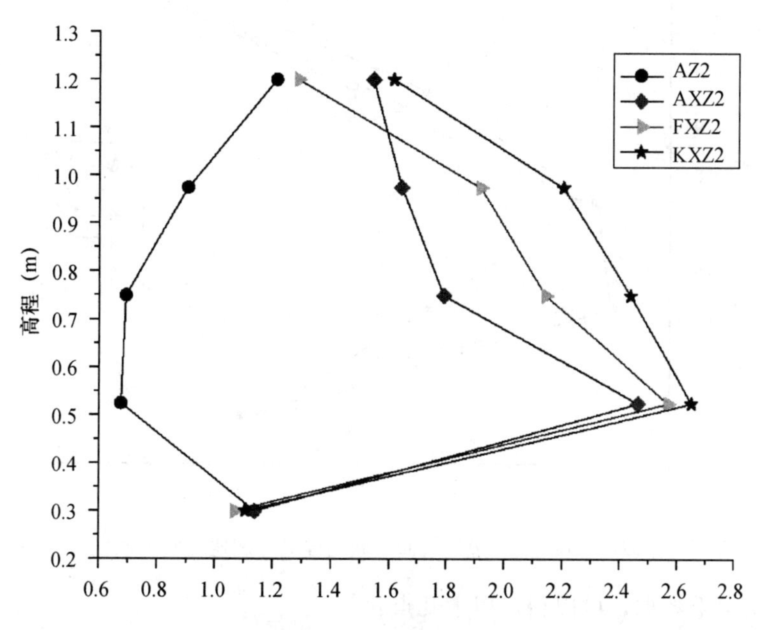

图 7.23 原波各工况下 25°边坡坡面不同高程测点加速度放大系数（九）

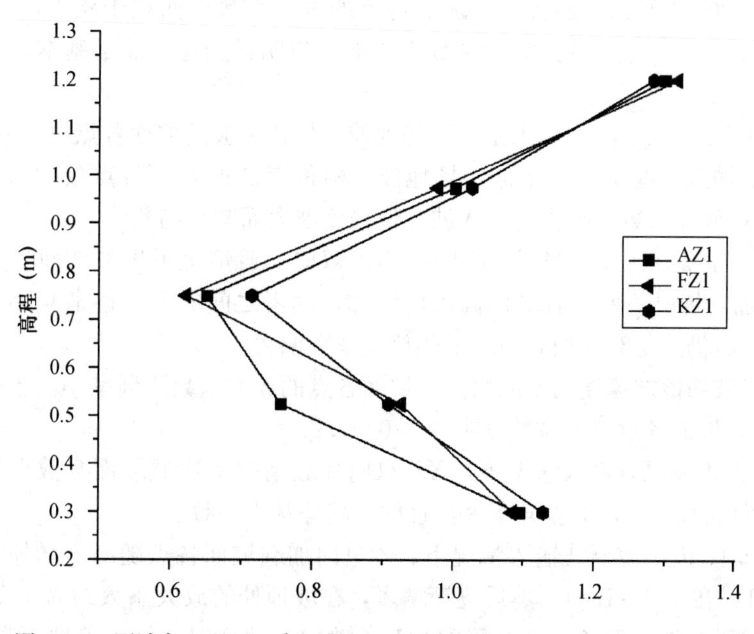

图 7.24 原波各工况下 25°边坡坡面不同高程测点加速度放大系数（十）

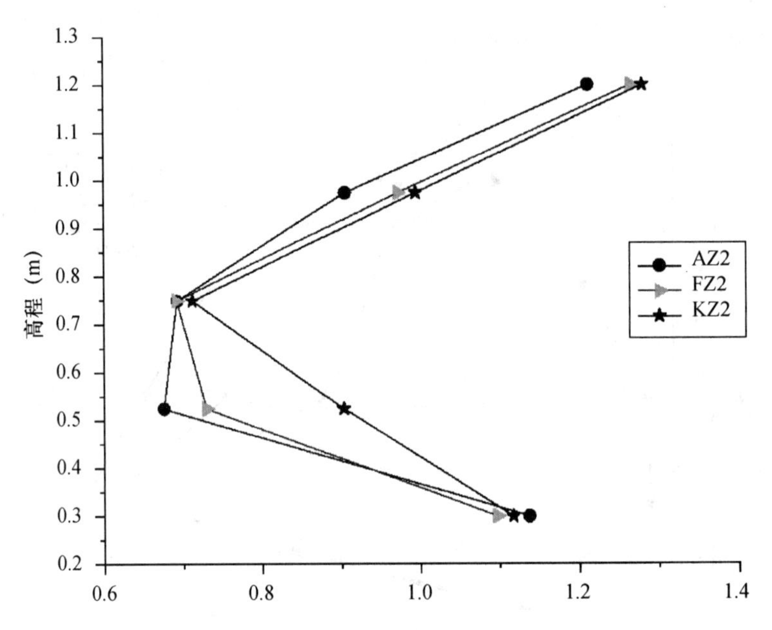

图 7.25　原波各工况下 25°边坡坡面不同高程测点加速度放大系数（十一）

通过分析以上数据，可以得出以下几点：

（1）从图中可以看出，对于 25°坡角的砂质边坡，人工波原波 X 向单向加载情况下，加速度放大系数基本随坡面高度增加而增加，放大系数基本为 1.0～1.5。

随着地震动输入峰值不断提高，坡面各点的放大系数反而趋于减小，当 X 向人工波峰值达到 0.5g 时，坡面各点放大系数不再随高程明显变化，而是基本保持不变，放大系数略大于 1。

（2）在 0.1g 输入情况下，人工波、场地波、柯依那波的坡面各点放大系数为1.0～1.5。在 0.2g 输入情况下，人工波、场地波、柯依那波的坡面各点放大系数为 1.0～1.3。坡面各点放大系数也存在随输入波峰值强度增大而减小的趋势。

（3）在 0.1g 人工波原波输入情况下，XZ 双向加载情况下边坡坡面各点放大系数大于 X 单向加载情况，但随着坡面高度的增加，两者之间的差异逐渐减小，在坡顶处已比较接近，但仍然是双向加载情况下的放大系数偏大。

随着人工波峰值加速度的不断增大，坡面各点的放大系数逐渐减小。当峰值加速度达到 0.7g 时，坡面各点放大系数基本为 1.0～1.2。

在 0.2g 人工波原波输入情况下，XZ 双向加载情况下边坡坡面多数点放大系数反而小于 X 单向加载情况，但差异不大，且放大趋势基本一致。

（4）在 0.1g 人工波原波输入情况下，Z 单向加载坡面各点随高度增加先减小（放大系数小于 1，在 0.6～1.0），然后逐渐增多，在坡顶处的放大系数约为 1.2。小于 XZ 双向加载情况下边坡坡面各点放大系数大于 Z 单向加载情况，但随着坡面高度的增加，两者之间的差异逐渐减小，在坡顶处已比较接近，但仍然是双向加载情况下的放大系数偏大。

7.5.3　25°边坡压缩波试验数据分析

25°边坡压缩波试验数据分析如图7.26～图7.32所示。

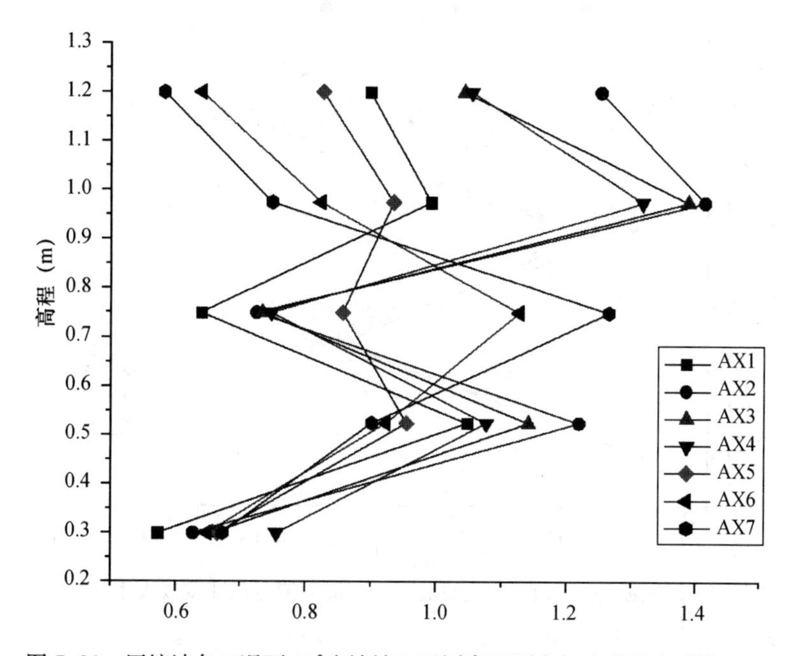

图7.26　压缩波各工况下25°边坡坡面不同高程测点加速度放大系数（一）

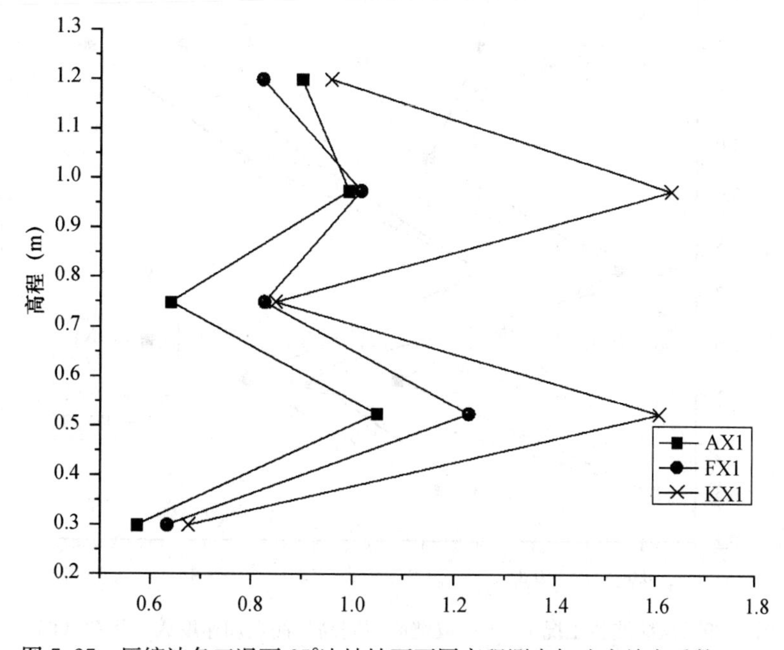

图7.27　压缩波各工况下25°边坡坡面不同高程测点加速度放大系数（二）

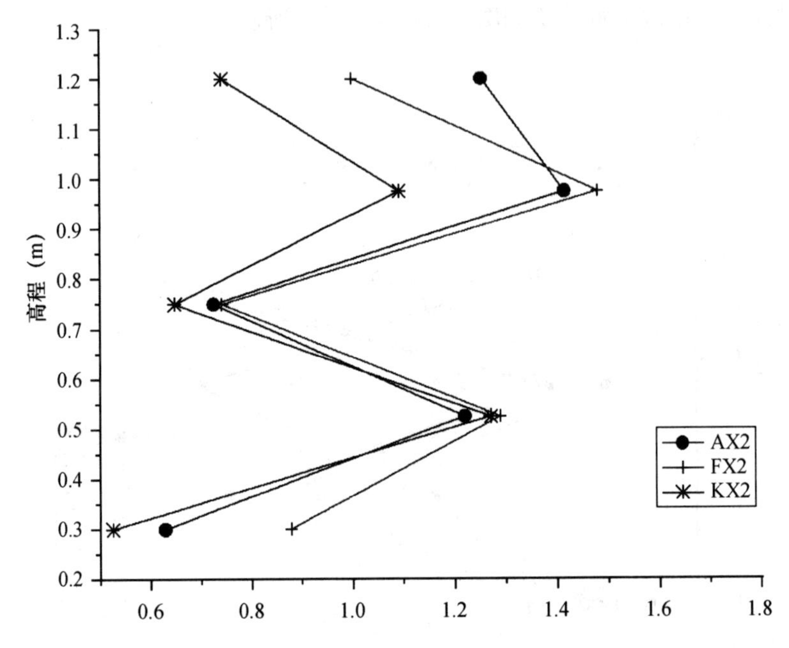

图 7.28　压缩波各工况下 25°边坡坡面不同高程测点加速度放大系数（三）

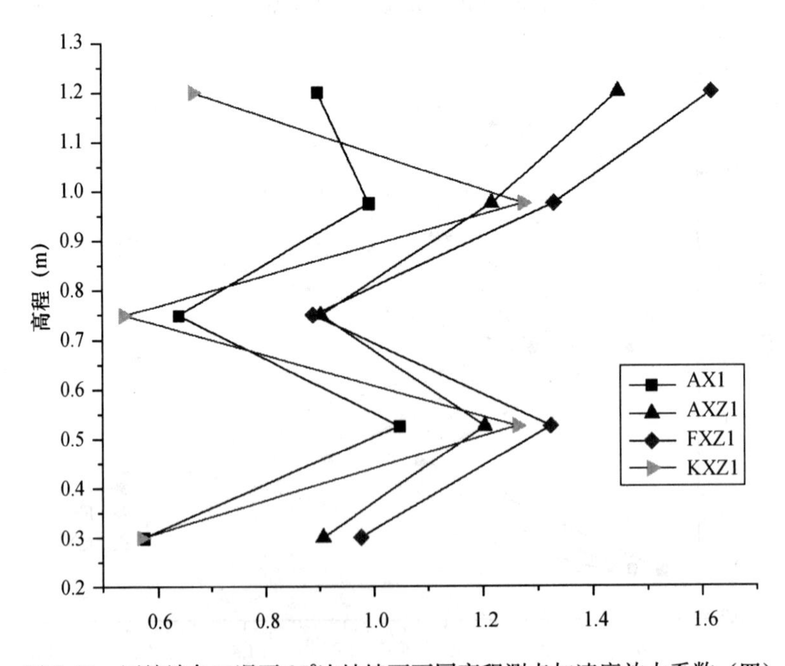

图 7.29　压缩波各工况下 25°边坡坡面不同高程测点加速度放大系数（四）

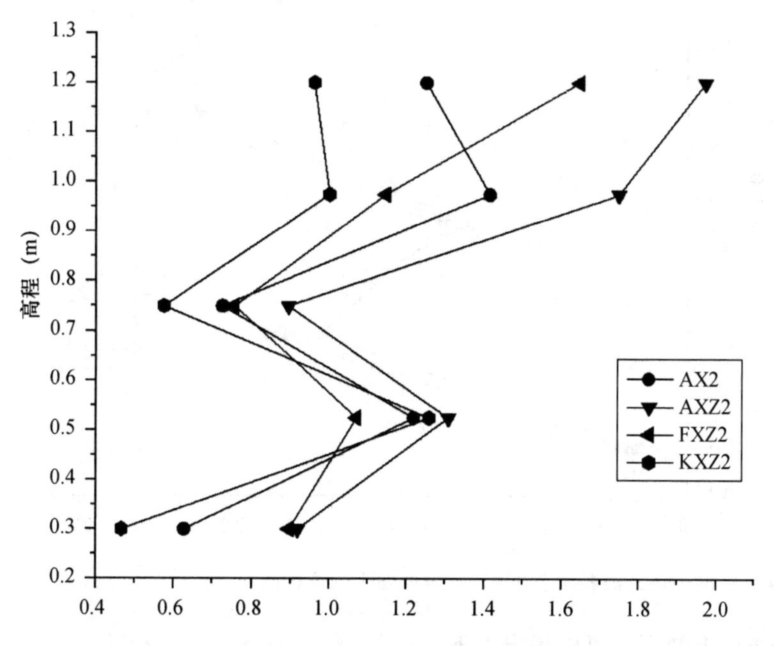

图 7.30　压缩波各工况下 25°边坡坡面不同高程测点加速度放大系数（五）

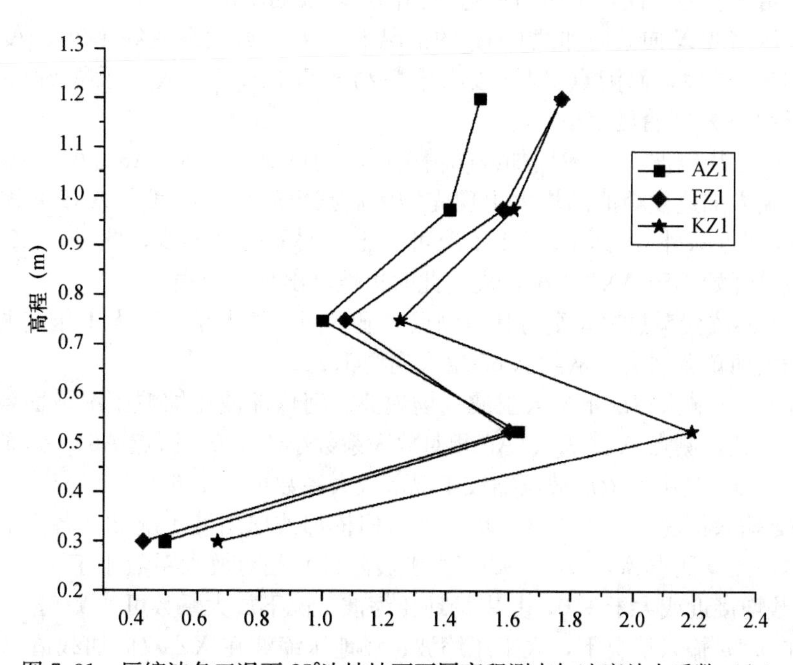

图 7.31　压缩波各工况下 25°边坡坡面不同高程测点加速度放大系数（六）

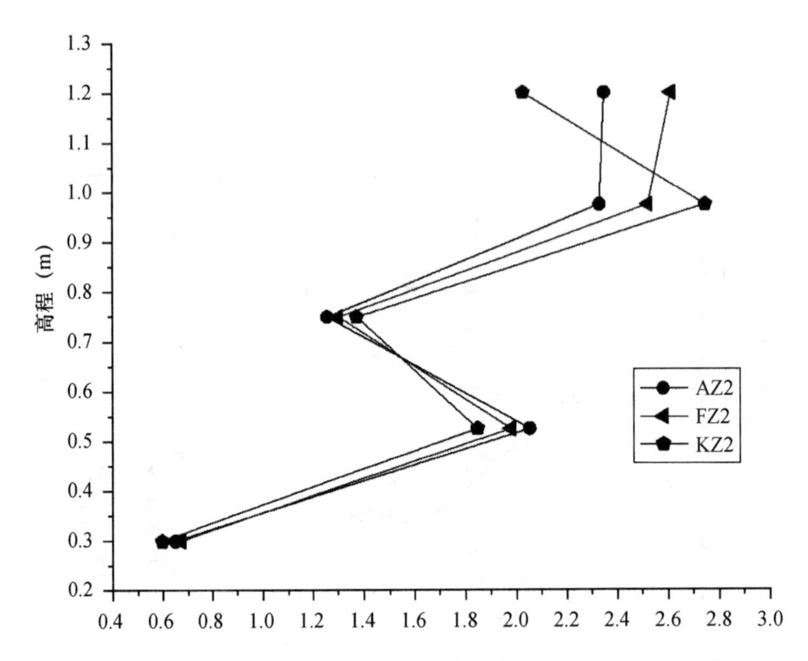

图 7.32 压缩波各工况下 25°边坡坡面不同高程测点加速度放大系数（七）

通过分析以上数据，可以得出以下几点：

（1）从图中可以看出，25°边坡在人工压缩波 X 向单向加载的情况下，加速度放大系数与原波情况明显不同，不再简单随坡面高度增加而增加。

在人工压缩波 X 向单向加载 0.1g 的情况下，A6（放大系数约 1.1）、A8（放大系数约 1.0）略有放大，而测点 A4（放大系数约 0.58）、A7（放大系数约 0.65）、A10（放大系数约 0.9）则明显较小。

（2）在人工压缩波 X 向单向加载的情况下，测点 A4、A6、A8、A9 的放大系数随人工压缩波输入加速度峰值的增大出现先增大后减小的规律，其中 AX2 工况放大系数均最大（A4 测点除外）。其中 AX4 工况可看出是明显的分界线，此时，A6、A8、A9 的放大系数已开始小于 AX1 工况，表明此时边坡已出现一定损伤。

测点 A5 的放大系数规律则与其他测点明显不同，放大系数随人工压缩波输入加速度峰值的增大而单调增大（从约 0.65 增大到约 1.25）。

（3）在 0.1g 输入情况下，人工波、场地波、柯依那波压缩波工况坡面各点放大系数规律基本一致，测点 A4、A7、A9 相对放大系数小于 1.0。测点 A6、A8 放大系数均接近或大于 1.0，其中柯依那波压缩波工况下放大系数可达 1.6。

在 0.2g 输入情况下，人工波、场地波、柯依那波压缩波工况坡面各点放大系数规律仍然基本一致，测点 A4、A7、A9（人工波除外）相对放大系数小于 1.0。测点 A6、A8 放大系数均接近或大于 1.0，其中场地压缩波工况下放大系数可达 1.5。

（4）在 0.1g 输入情况下，人工压缩波、场地压缩波在 XZ 双向加载情况下，25°边坡坡面各点放大系数明显大于人工压缩波 X 向单向加载情况。柯依那波压缩波 XZ 双向加载情况下，边坡坡面测点 A4、A7、A9 相对放大系数小于人工压缩波 X 向单向加载情况，而在 A6、A8 测点放大系数则明显增大。

在 0.2g 水平 XZ 双向加载输入情况下，整体放大情况基本是人工波压缩波情况下，

25°边坡坡面各测点放大系数最低，其中坡顶测点放大系数可达2.0。柯依那波压缩波情况下放大系数最小（0.45～1.0）。

（5）在0.1g输入水平下，人工压缩波、场地压缩波、柯依那波压缩波在Z向加载情况下，25°坡角边坡坡面各测点放大系数规律基本一致，其中坡面A5测点放大最大（柯依那波压缩波时可达2.2），而A4测点则很小（0.4～0.7）。

在0.2g输入水平下，人工压缩波、场地压缩波、柯依那波压缩波在Z向加载情况下，25°坡角边坡坡面各测点放大系数规律基本一致，但此时边坡坡面中上部测点A8、A9放大系数明显大于坡面中下部测点，其中A8柯依那波压缩波时约可达2.8。

7.5.4　45°边坡原波试验数据分析

45°边坡原波试验数据分析，如图7.33～图7.41所示。

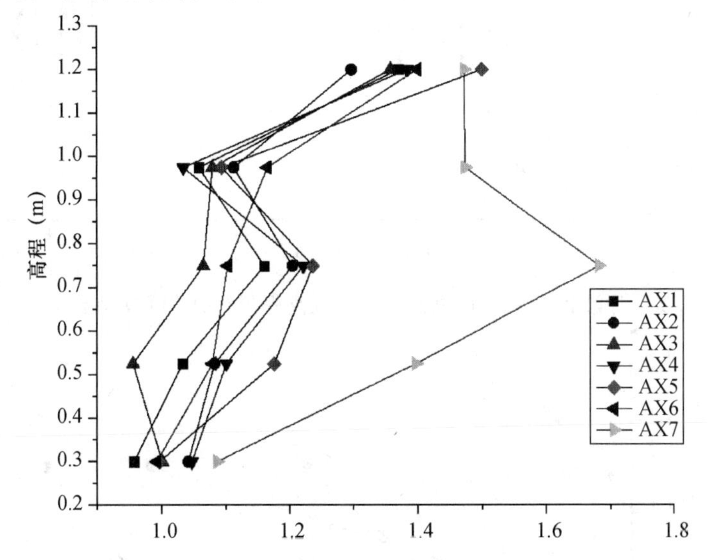

图7.33　原波各工况下45°边坡坡面不同高程测点加速度放大系数（一）

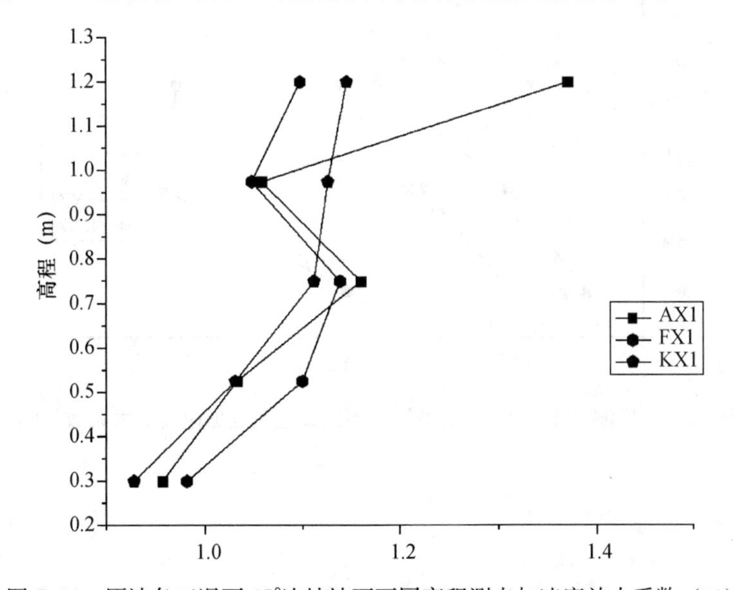

图7.34　原波各工况下45°边坡坡面不同高程测点加速度放大系数（二）

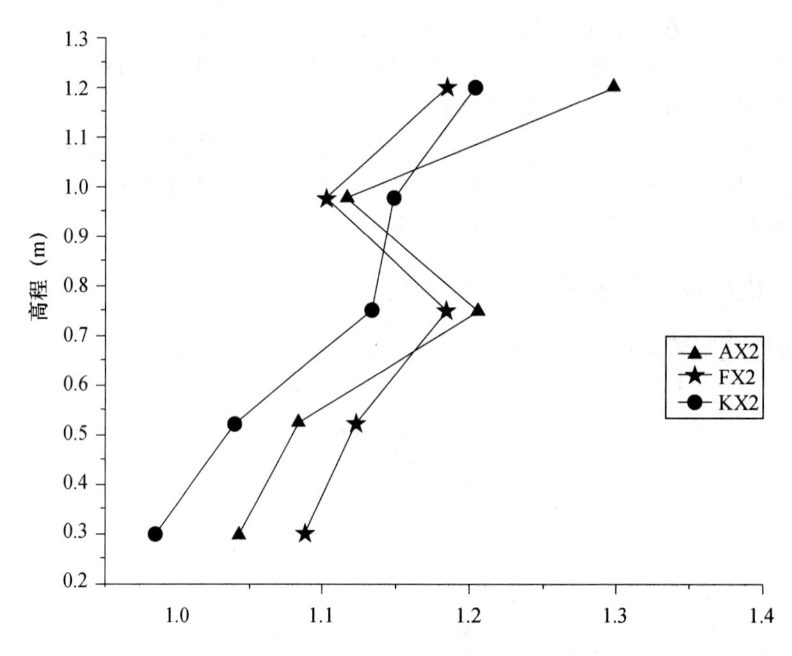

图 7.35　原波各工况下 45°边坡坡面不同高程测点加速度放大系数（三）

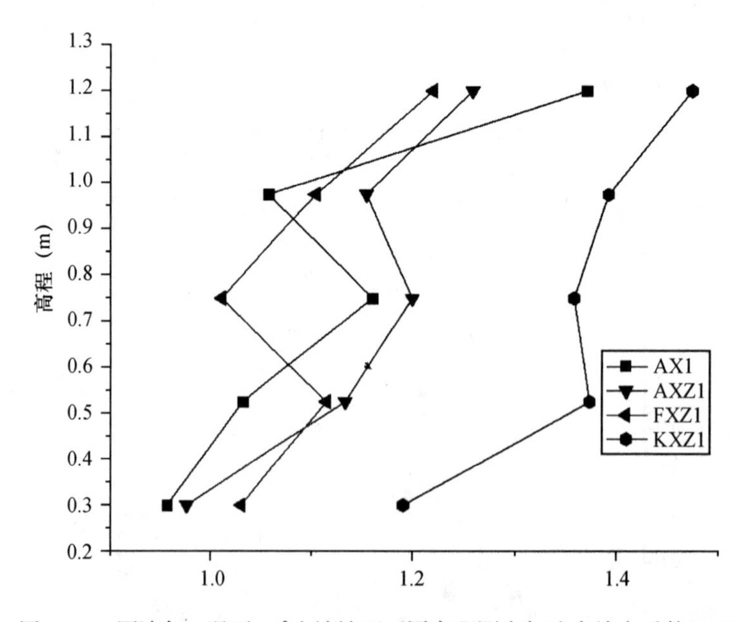

图 7.36　原波各工况下 45°边坡坡面不同高程测点加速度放大系数（四）

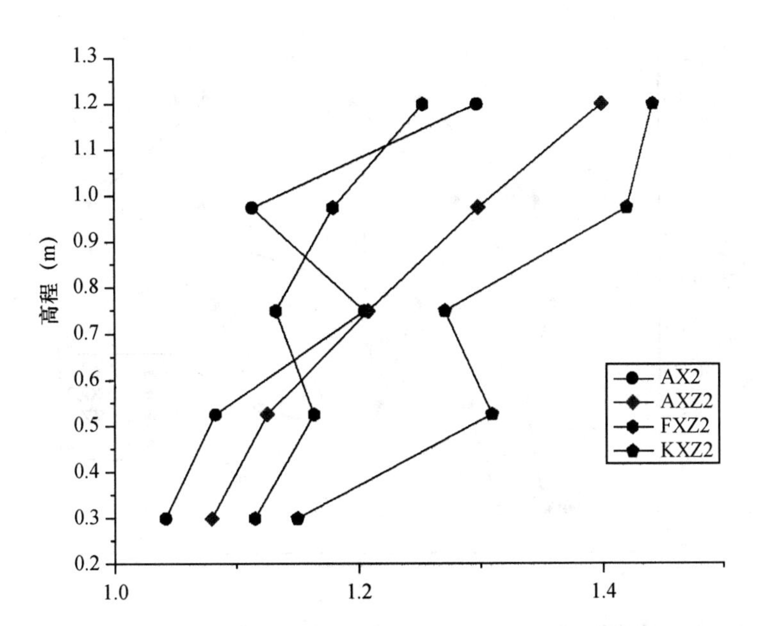

图 7.37 原波各工况下 45°边坡坡面不同高程测点加速度放大系数（五）

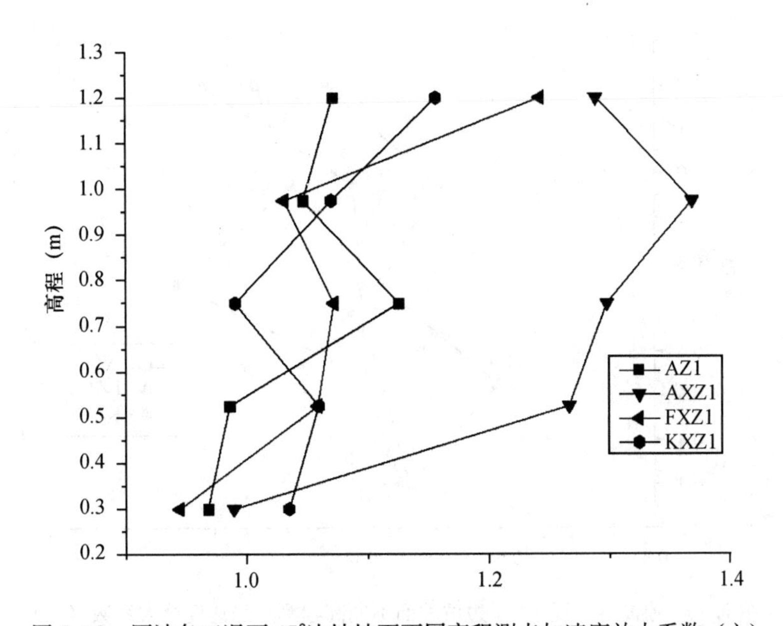

图 7.38 原波各工况下 45°边坡坡面不同高程测点加速度放大系数（六）

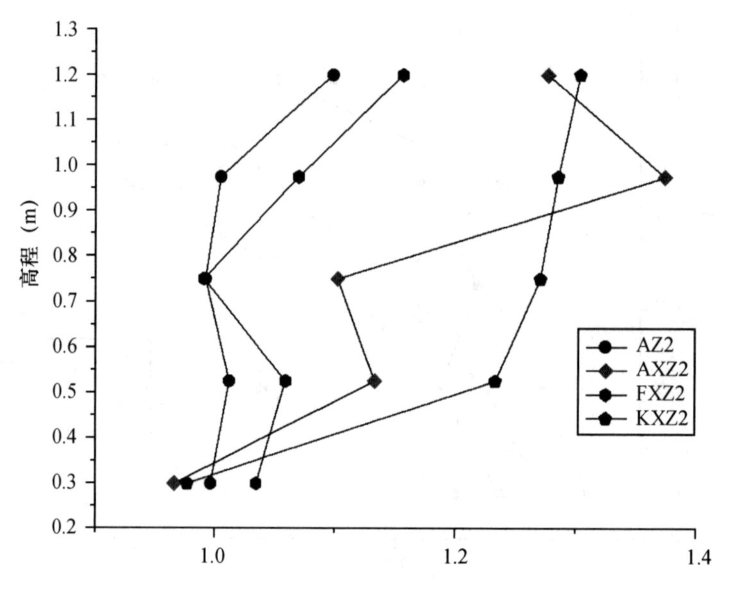

图 7.39　原波各工况下 45°边坡坡面不同高程测点加速度放大系数（七）

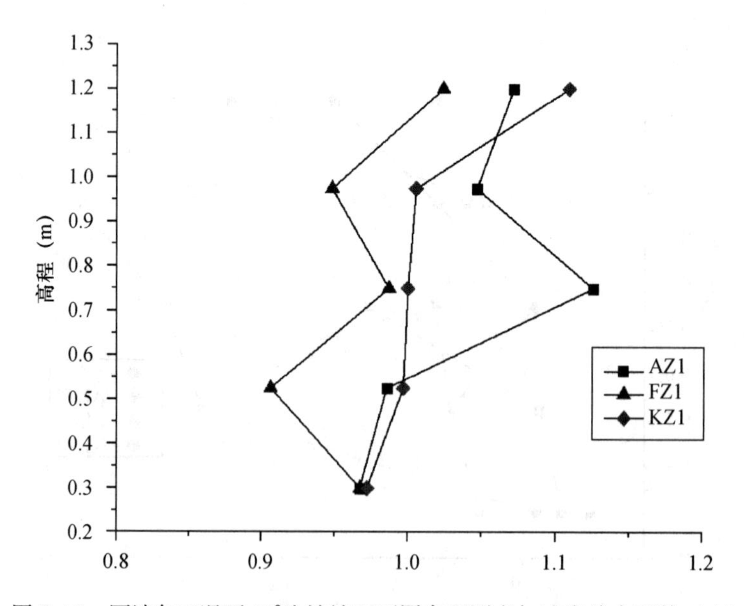

图 7.40　原波各工况下 45°边坡坡面不同高程测点加速度放大系数（八）

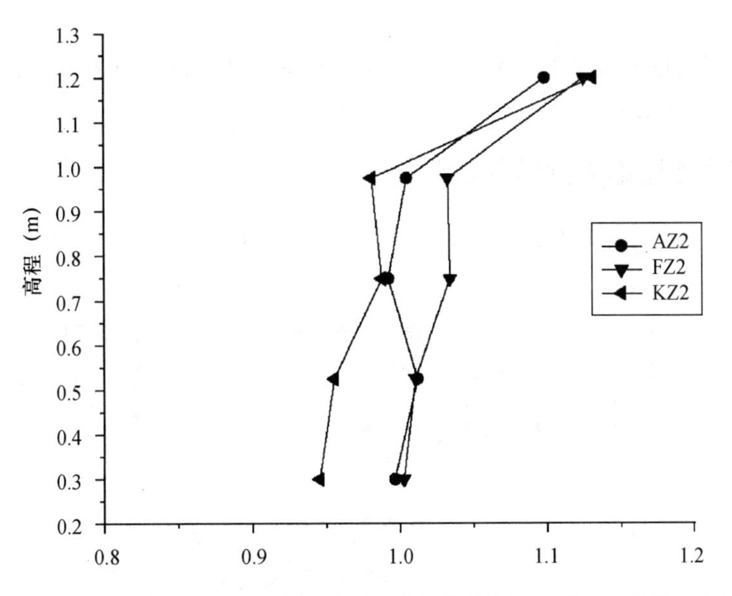

图 7.41 原波各工况下 45°边坡坡面不同高程测点加速度放大系数（九）

通过分析以上数据，可以得出以下几点：

(1) 从图中可以看出，对于 45°坡角的砂质边坡，人工波原波 X 向单向加载情况下，加速度放大系数基本随坡面高度增加而增加，放大系数基本为 1.0～1.5，其中坡顶测点的加速度放大系数最大。

随着地震动输入峰值不断提高，坡面各点的放大系数沿坡高的变化规律基本一致。其中在 $0.2g$ 输入情况下，各测点（顶部除外）放大系数大于 $0.1g$ 输入情况，而在 $0.3g$ 输入情况下，各测点基本都等于或小于 $0.1g$ 输入情况，说明此时边坡可能已经出现一定的损伤。

在 $0.4g$、$0.5g$、$0.6g$、$0.7g$ 输入情况下，45°坡角的砂质边坡坡面上各测点放大系数逐渐增加。在 $0.7g$ 输入情况下，坡面中间测点 A6、A7、A8 的放大系数明显增多，其中坡面中间测点 A7 的放大系数最大，达到约 1.7。

(2) 在 $0.1g$ 输入情况下，人工波、场地波、柯依那波的坡面各点放大系数规律基本一致，在 0.9～1.2（人工波时顶部测点放大系数接近 1.4）。

在 $0.2g$ 倍输入情况下，人工波、场地波、柯依那波的坡面各点放大系数在1.0～1.3。

(3) 在 $0.1g$ 原波输入水平下，XZ 双向加载情况下边坡坡面各点放大系数基本大于 X 向单向加载情况，随着坡面高度增加而增加的放大趋势基本一致，放大系数基本在0.9～1.4。其中，柯依那波原波情况下，坡面各测点的放大系数明显大于其他工况。

在 $0.2g$ 原波输入水平下，XZ 双向加载情况下边坡坡面各点放大系数比 $0.1g$ 水平下略有增加，基本在 1.0～1.5。

(4) 在 $0.1g$ 原波输入水平下，XZ 双向加载情况下边坡坡面各点放大系数基本大于 Z 向单向加载情况，随着坡面高度增加而增加的放大趋势基本一致，放大系数基本仍在 0.9～1.4。其中，人工原波和柯依那波原波情况下，坡面各测点的放大系数明显大于其他工况。

在 0.2g 原波输入水平下，XZ 双向加载情况下边坡坡面各点放大系数比 0.1g 水平下略有增加，基本在 1.0～1.4。

7.5.5 45°边坡压缩波试验数据分析

45°边坡压缩波试验数据分析，如图 7.42～图 7.49 所示。

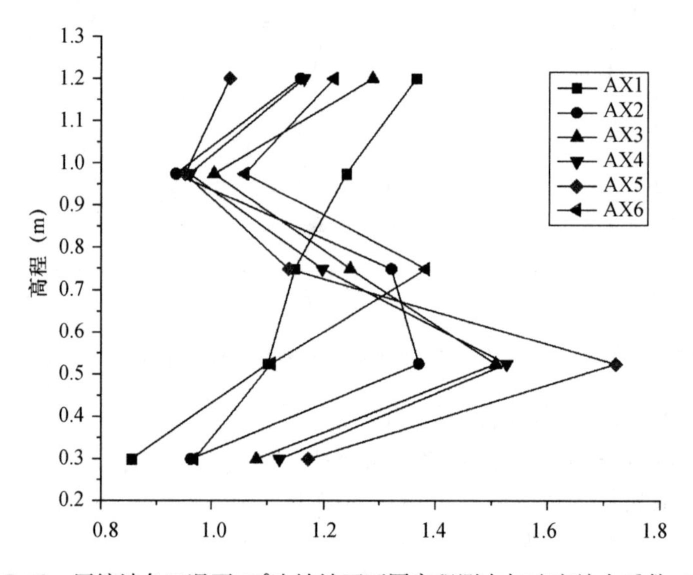

图 7.42 压缩波各工况下 45°边坡坡面不同高程测点加速度放大系数（一）

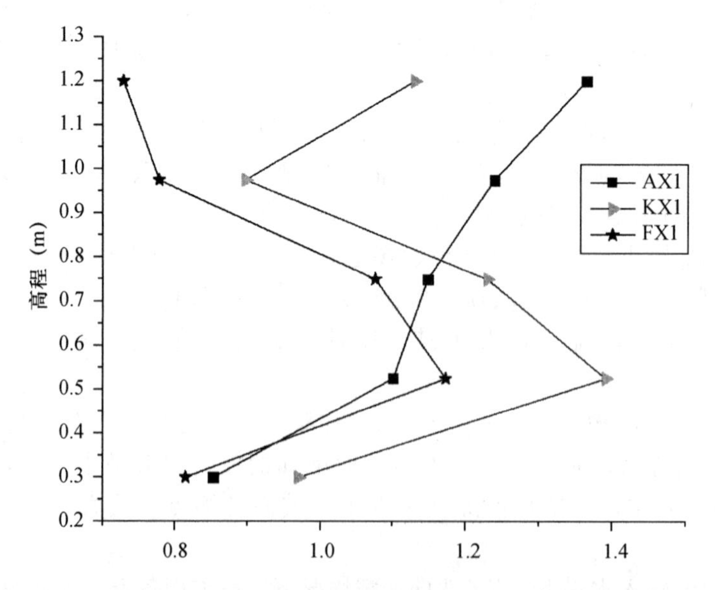

图 7.43 压缩波各工况下 45°边坡坡面不同高程测点加速度放大系数（二）

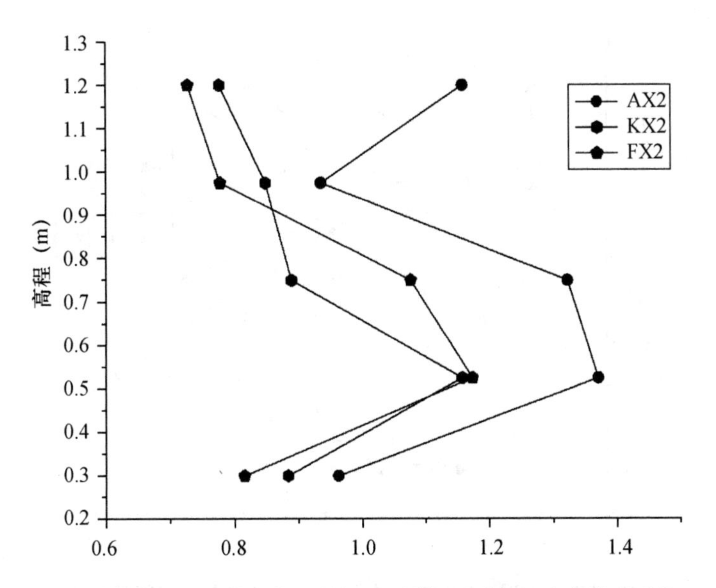

图 7.44 压缩波各工况下 45°边坡坡面不同高程测点加速度放大系数（三）

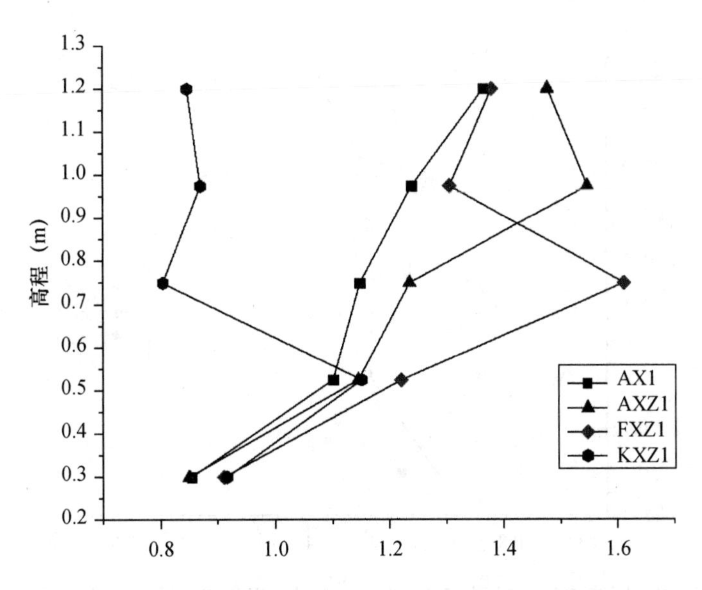

图 7.45 压缩波各工况下 45°边坡坡面不同高程测点加速度放大系数（四）

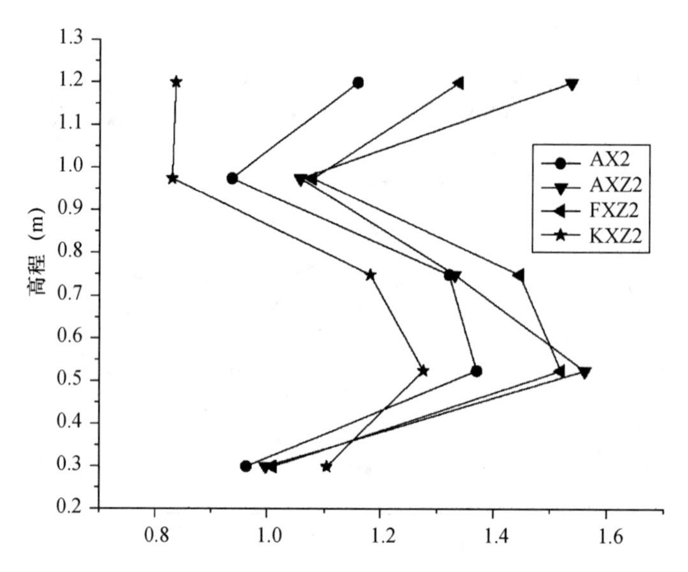

图 7.46 压缩波各工况下 45°边坡坡面不同高程测点加速度放大系数（五）

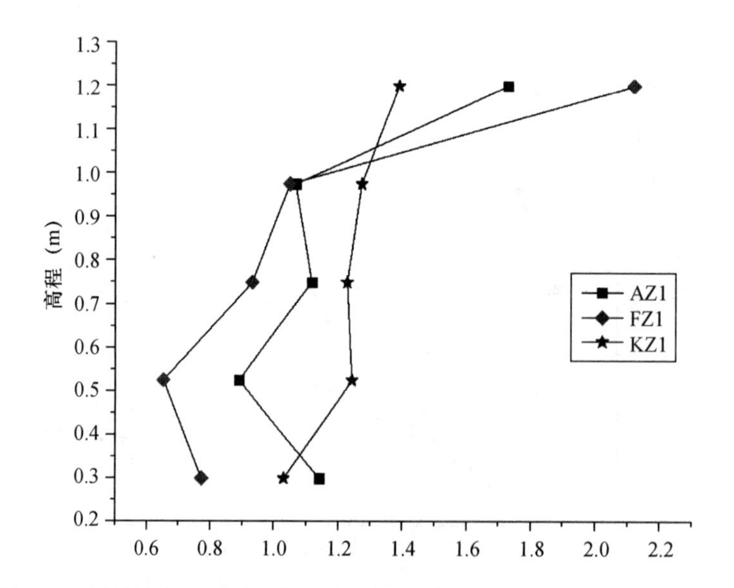

图 7.47 压缩波各工况下 45°边坡坡面不同高程测点加速度放大系数（六）

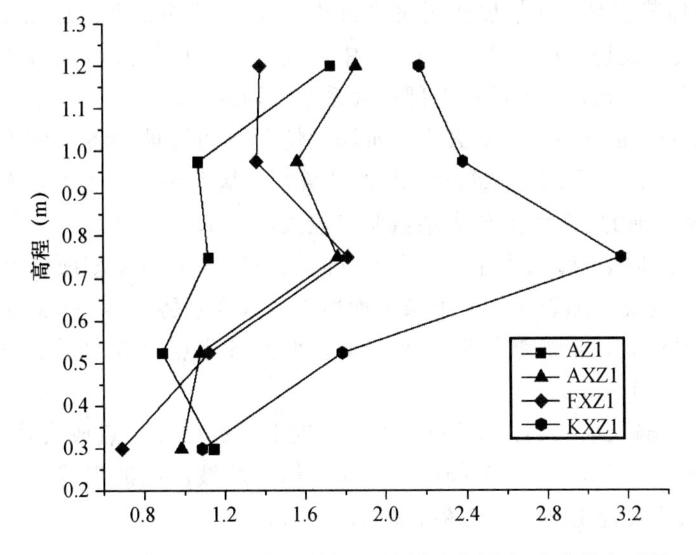

图7.48　压缩波各工况下45°边坡坡面不同高程测点加速度放大系数（七）

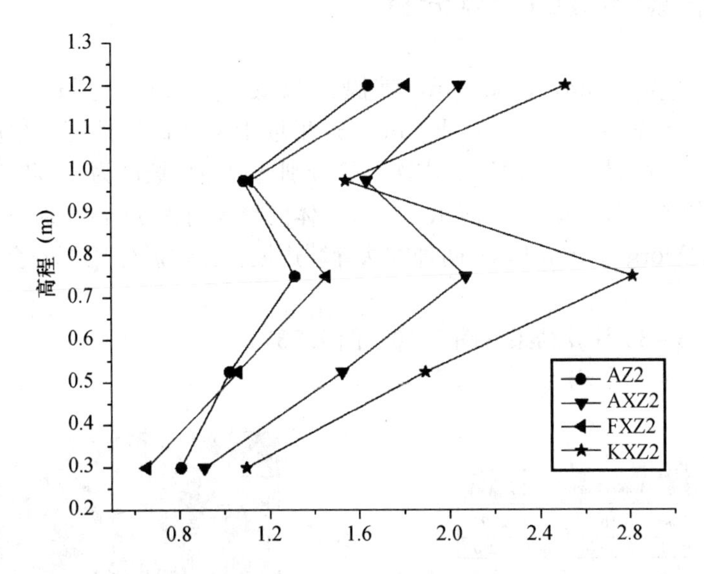

图7.49　压缩波各工况下45°边坡坡面不同高程测点加速度放大系数（八）

通过分析以上数据，可以得出以下几点：

（1）从图中可以看出，对于45°坡角的砂质边坡，人工压缩波 X 向单向加载0.1g 输入水平工况下，加速度放大系数随坡面高度增加而增加，放大系数在0.9～1.4。

但当人工压缩波 X 向单向加载输入水平不断加大，加速度放大系数不再是简单随坡面高度增加而增加，而是在坡面中下部A6测点的放大系数明显增大，而在坡面中上部的A8、A9测点则基本随加速度峰值的增大而减小，范围在1.0～1.2。

柯依那波压缩波和场地波压缩波在0.1g 和0.2g 水平 X 向单向加载情况下，45°坡角的砂质边坡坡面的各测点放大规律基本一致，即坡面中下部的A6、A7测点放大较多，而坡面中上部的A8、A9放大较少，说明坡面放大系数与不同输入波本身特性相关。

（2）在0.1g 压缩波输入水平下，XZ 双向加载情况下边坡坡面各点放大系数基本大于X向单向加载情况（柯依那波压缩波除外），随着坡面高度增加而增加的放大趋势基本一致，放大系数基本在0.9～1.6。其中，柯依那波压缩波坡面各测点的放大规律与其他压缩波明显不同，其坡面中上部放大系数反而偏小，为0.8左右。

在0.2g压缩波输入水平下，XZ双向加载情况下边坡坡面各点放大系数放大规律基本一致，均为坡面中上部的A8测点未明显增大，基本在1.0附近，而坡面中下部的A6、A7测点及坡顶的A9测点放大系数明显较大，在1.2～1.6。

（3）在0.1g压缩波输入水平下，XZ双向加载情况下边坡坡面各点放大系数基本大于Z单向加载情况，随着坡面高度增加而增加的放大趋势基本一致，放大系数基本仍在0.8～1.7。其中，柯依那波压缩波情况下，坡面各测点的放大系数明显大于其他工况，放大系数在1.1～3.2。

在0.2g原波输入水平下，XZ双向加载情况下边坡坡面各点放大系数比0.1g水平下略有增加，基本在0.8～2.0范围内。其中，柯依那波压缩波情况下，坡面各测点的放大系数明显大于其他工况，放大系数在1.1～2.8。

7.6 基于试验参数的计算分析

边坡模型底宽3.5m，坡高1m，坡脚距离底部0.3m，边坡土体的湿密度为1653.21kg/m^3，干密度为1601.948kg/m^3，这里取干密度进行计算，相应的干容重为16.02kN/m^3，黏聚力取637.01Pa。本次计算分别选取边坡坡度为25°和45°边坡进行计算，边坡模型如图7-50～图7-57所示。边坡土体内摩擦角为35°，分别采用Bishop simplified和GLE/Morgenstern-Price两种方法计算边坡在无地震作用下安全系数和临界地震加速度值。

（1）25°坡φ=35°计算结果（图7.50～图7.53）

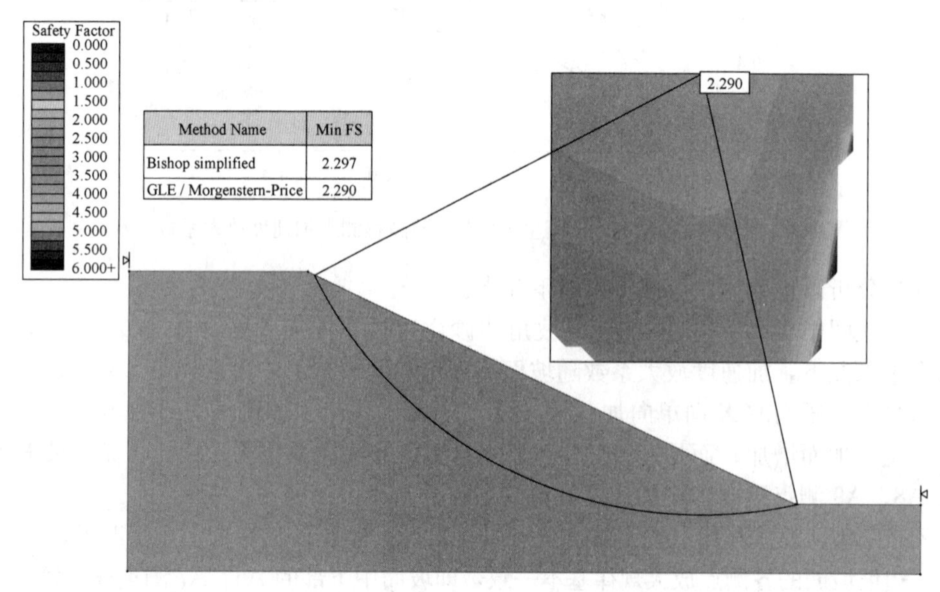

图7.50 无地震作用下安全系数

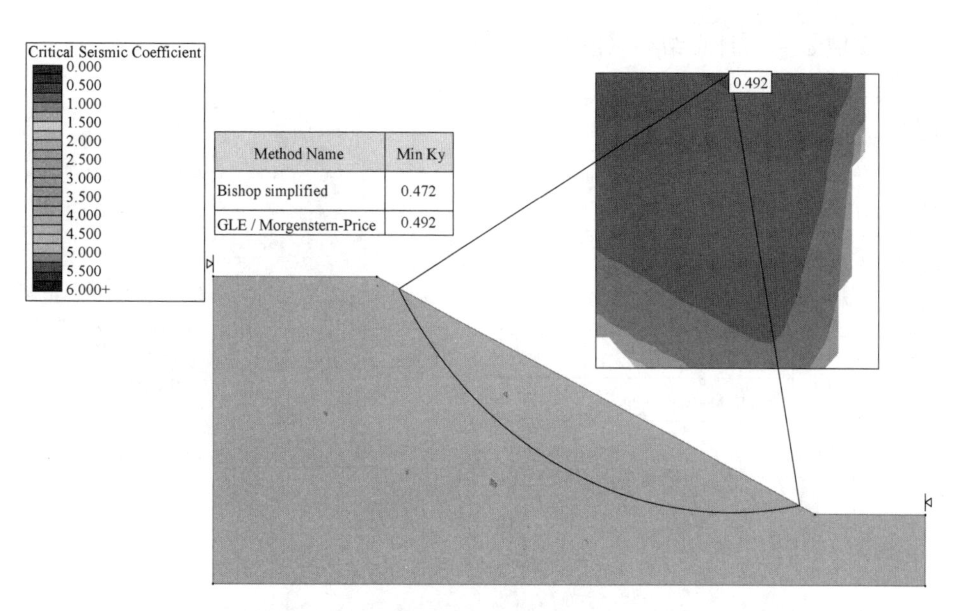

图 7.51　临界地震作用加速度（单位：g）

图 7.52　25°边坡试验现场破坏照片 1

图 7.53　25°边坡试验现场破坏照片 2

（2）45°坡 $\varphi=35°$计算结果（图 7.54～图 7.57）

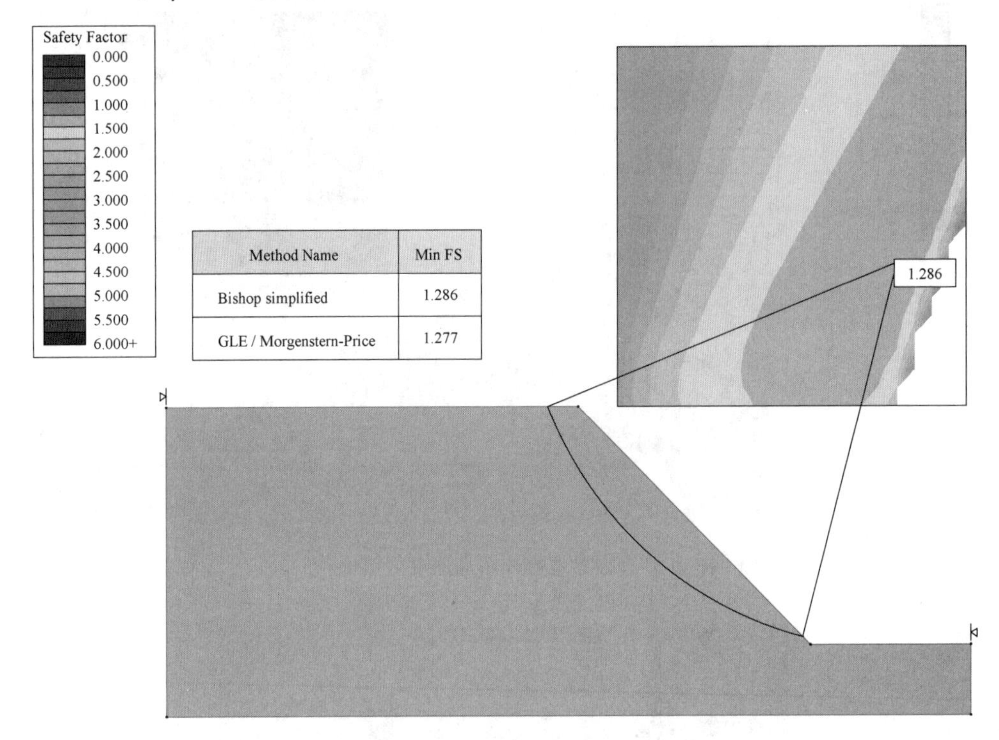

图 7.54　无地震作用下安全系数

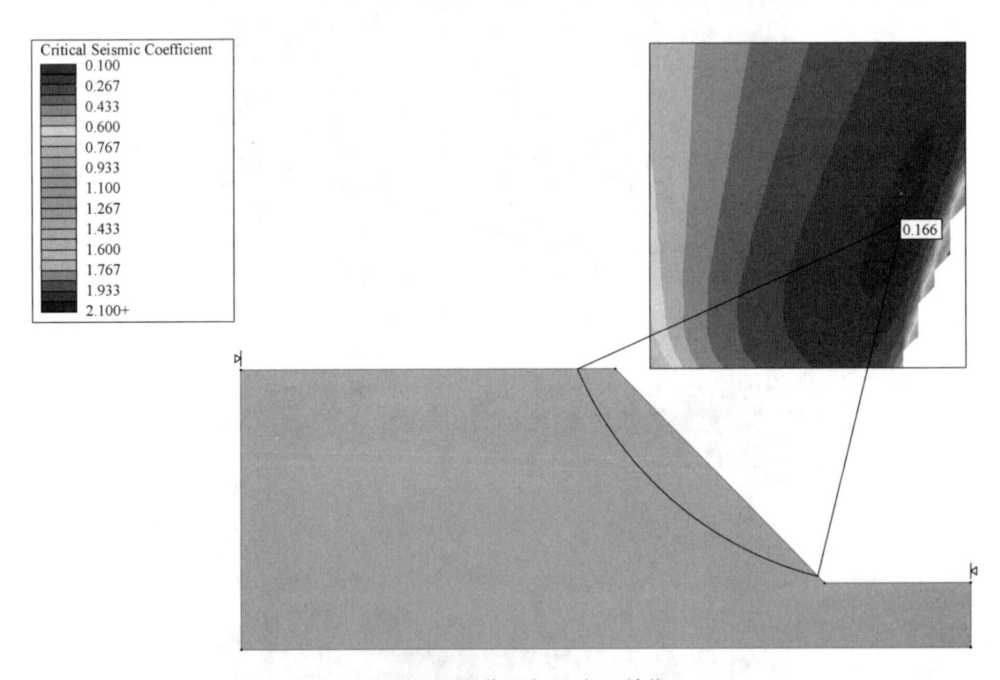

图 7.55　临界地震作用加速度（单位：g）

图 7.56　45°边坡坡顶试验现场破坏照片 1

图 7.57　45°边坡试验现场破坏照片 2

7.7　本章小结

模型试验作为边坡抗震稳定分析研究的一个重要方法，具有不可替代的作用。本章重点研究了不同波形、不同峰值强度、不同类型（压缩波与原波）、不同坡角对砂质边坡坡面沿高程放大系数的影响，通过试验数据分析可以得出以下结论：

（1）对于 25°坡角的砂质边坡，人工波原波 X 向单向加载情况下，加速度放大系数基本随坡面高度增加而增加，放大系数基本在 1.0～1.5。

随着地震动输入峰值不断提高，坡面各点的放大系数反而趋于减小，当 X 向人工波峰值达到 $0.5g$ 时，坡面各点放大系数不再随高程明显变化，而是基本保持不变，放大系数略大于 1。此时，坡面出现裂缝和滑移现象，与计算结果基本相符。

研究了人工波、场地波、柯依那波原波对坡面各点放大系数的影响，其放大系数随高度的变化规律基本一致，放大系数在 1.0～1.5。坡面各点放大系数也存在随输入波峰值强度增大而减小的趋势。

XZ 双向加载情况下边坡坡面各点放大系数一般大于 X、Z 单向加载情况，但随着坡面高度的增加，两者之间的差异逐渐减小，在坡顶处已比较接近，但仍然是双向加载情况下的放大系数偏大。

（2）对于 25°坡角的砂质边坡，人工压缩波 X 向单向加载情况下，加速度放大系数与原波情况明显不同，不再简单随坡面高度增加而增加。

在人工压缩波 X 向单向加载 $0.1g$ 的情况下，A6（放大系数约 1.1）、A8（放大系数约 1.0）略有放大，而测点 A4（放大系数约 0.58）、A7（放大系数约 0.65）、A10（放大系数约 0.9）则明显较小。

测点 A4、A6、A8、A9 的放大系数随人工压缩波输入加速度峰值的增大出现先增大后减小的规律，其中 AX2 工况放大系数均最大（A4 测点除外）。其中 AX4 工况可看出是明显的分界线，此时，A6、A8、A9 的放大系数已开始小于 AX1 工况，表明此时边坡已出现一定损伤。

测点 A5 的放大系数规律则与其他测点明显不同，放大系数随人工压缩波输入加速度峰值的增大而单调增大（从约 0.65 增大到约 1.25）。

人工波、场地波、柯依那波压缩波工况坡面各点放大系数规律基本一致，测点A4、A7、A9相对放大系数小于1.0。测点A6、A8放大系数均接近或大于1.0，其中柯依那波压缩波工况下放大系数可达1.6。

与原波情况相比可以看出，相同坡角的边坡，压缩波输入情况下其坡面各点随高程放大的规律明显不同，说明边坡放大效应与输入波的频率范围密切相关。

（3）对于45°角的砂质边坡，人工波原波X向单向加载情况下，加速度放大系数基本随坡面高度增加而增加，放大系数基本在1.0～1.5，其中坡顶测点的加速度放大系数最大。

随着地震动输入峰值不断提高，坡面各点的放大系数沿坡高的变化规律基本一致。其中在0.2g输入情况下，各测点（顶部除外）放大系数大于0.1g输入情况，而在0.3g输入情况下，各测点基本都等于或小于0.1g输入情况，说明此时边坡可能已经出现一定的损伤。

在0.4g、0.5g、0.6g、0.7g输入情况下，45°角砂质边坡坡面上各测点放大系数逐渐增加。在0.7g输入情况下，坡面中间测点A6、A7、A8的放大系数明显增多，其中坡面中间测点A7的放大系数最大，达到约1.7。

人工波、场地波、柯依那波的坡面各点放大系数规律基本一致，在0.9～1.2（人工波时顶部测点放大系数接近1.4）。

XZ双向加载情况下边坡坡面各点放大系数基本大于X、Z单向加载情况，随着坡面高度增加而增加的放大趋势基本一致，放大系数基本在0.9～1.5。其中，柯依那波原波情况下，坡面各测点的放大系数明显大于其他工况。

在0.2g原波输入水平下，XZ双向加载情况下边坡坡面各点放大系数比0.1g水平下略有增加，基本在1.0～1.4。

（4）对于45°坡角的砂质边坡，人工压缩波X向单向加载0.1g输入水平工况下，加速度放大系数随坡面高度增加而增加，放大系数在0.9～1.4。

但当人工压缩波X方向单向加载输入水平不断加大，加速度放大系数不再是简单随坡面高度增加而增加，坡面放大系数与不同输入波本身特性相关。

XZ双向加载情况下边坡坡面各点放大系数基本大于X向单向加载情况，随着坡面高度增加而增加的放大趋势基本一致，放大系数基本在0.9～1.6。其中，柯依那波压缩波坡面各测点的放大规律与其他压缩波明显不同，其坡面中上部放大系数反而偏小，为0.8左右。

XZ双向加载情况下边坡坡面各点放大系数基本大于Z向单向加载情况，随着坡面高度增加而增加的放大趋势基本一致，放大系数基本仍在0.8～1.7。其中，柯依那波压缩波情况下，坡面各测点的放大系数明显大于其他工况，放大系数在1.1～3.2。

（5）数值模拟与试验破坏情况基本相符，说明计算结果基本能够反映砂质边坡的破坏模式。

参考文献

[1] 胡广韬，张珂，毛延龙．滑坡动力学［M］．北京：地质出版社，1995.

[2] Mononobe N，Takata A，Matumura M. Seismic stability of the earth dam. In：Section and Congress on Large Dams [C]. Washington，1936：435-442.

[3] Hatanaka M. Three dimensional consideration on the vibration of earth dams [J]. J Jap Soc Civ Engrs，1952，37：10.

[4] Hatanaka M. Fundamental consideration on the earthquake resistant properties of the earth dams [J]. Bulletins-Disaster Prevention Research Institute，Kyoto University，1955，11：1-22.

[5] Ambraseys N N. On the shear response of a two-dimensional truncated wedge subjected to an arbitrary disturbance [J]. Bulletin of the Seismological Society of America，1960，50 (1)：45-56.

[6] Ambraseys N N. The seismic stability of earth dams，In：Proc，2th World Conf. on Earthq. Engrg [C]. Tokyo，Gakujutsu Bunken Fukya-kai，1960，Ⅱ，1345-1363.

[7] Keightley W O. Vibration tests of structures [J]. Earthquake Engineering Research Laboratory，Caltech，Pasadena，1963.

[8] Keightley W O. Vibrational characteristics of an earth dam [J]. Bull. Seism. Soc. Am，1966，56 (6)：1207-1226.

[9] Ambraseys，N N，Sarma，S K. The response of earth dams to strong earthquakes [J]. Geotechnique，1967，17 (3)：181-213.

[10] Seed H B，Martin G R. The seismic coefficient in earth dam design [J]. J. Geotech. Engrg.，ASCE，1966，92，SM3：25-58.

[11] Gazetas G. Seismic response of earth dams：some recent developments [J]. Soil Dyn. Earthq. Engrg.，1987，6 (1)：3-47.

[12] 黄文熙．土的工程性质 [M]. 北京：中国水利电力出版社，1983.

[13] 孔宪京，韩国城．土石坝与地基地震反应分析的波动-剪切梁法 [J]. 大连理工大学学报，1994，34 (2)．

[14] 孔宪京，刘君，韩国城，等．混凝土面板堆石坝地震反应的剪切梁法 [J]. 水利学报，2001 (7)：55-60.

[15] 徐志英．奥罗维尔土坝三维简化动力分析 [J]. 岩土工程学报，1996，18 (2)：82-87.

[16] 沈珠江．理论土力学 [M]. 北京：中国水利水电出版社，2000.

[17] 祁生文．边坡动力响应分析及应用研究 [D]. 北京：中国科学院地质与地球物理研究所，2002.

[18] Idriss I. M，Seed H. B. Response of earthbanks during earthquakes [J]. J. Soil Mech. Found. Div. ASCE，1967，93 (SM3)：61-82.

[19] Idriss I M. Finite element analysis for the seismic response of earthbanks [J]. J. Soil Mech. Found. Div. ASCE，1968，94 (SM3)：617-636.

[20] 王良琛．混凝土坝地震动力分析 [M]. 北京：地震出版社，1981.

[21] 李国豪．工程结构抗震动力学 [M]. 上海：上海科技出版社，1987.

[22] 丁彦慧．中国西部地区地震滑坡预测方法研究 [D]. 硕士学位论文，北京：中国地质大学，1997.

[23] Boore D M. A note on the effect of simple topography on seismic SH waves [J]. Bull. Seism. Soc. Am，1972，62：275-284.

[24] Smith W D. The application of finite element analysis to elastic body wave propagation problems [J]. Geophysical Journal International，1975，42：747-768.

[25] Sanchez-Sesma F，Herrera I，Aviles J. A boundary method for elastic wave diffraction：application to scattering SH waves by surface irregularities [J]. Bull. Seism. Soc. Am.，1982，72：473-490.

[26] Bard PY. Diffracted waves and displacement field over two-dimensional elevated topographies [J]. Geophys. J. R. Astr. Soc. 1982，71：731-760.

[27] Sitar N，Clough G W. Seismic response of steep slopes in cemented soils. J. Geotech. Engrg. 1983，109：210-227.

[28] Geli L，Bard P Y，Jullien B. The effect of topography on earthquake ground motion：a review and new results [J]. Bull. Seism. Soc. Am.，1988，78：42-63.

[29] Ashford S A，Sitar N，Lysmer J，et al. Topographic effects on the seismic response of steep slopes. Bulletin of the Seismological Society of America，1997，87 (3)：701-709.

[30] Lin M L，Wang K L. Seismic slope behavior in a large-scale shaking table model test [J]. Engineering Geology，2006，86 (2)：118-133.